高职机电与汽车类工学结合创新型系列规划教材

单片机仿真及制作项目教程

——基于Proteus ISIS

● 主　编　周文军
● 副主编　谢祥强　付济林

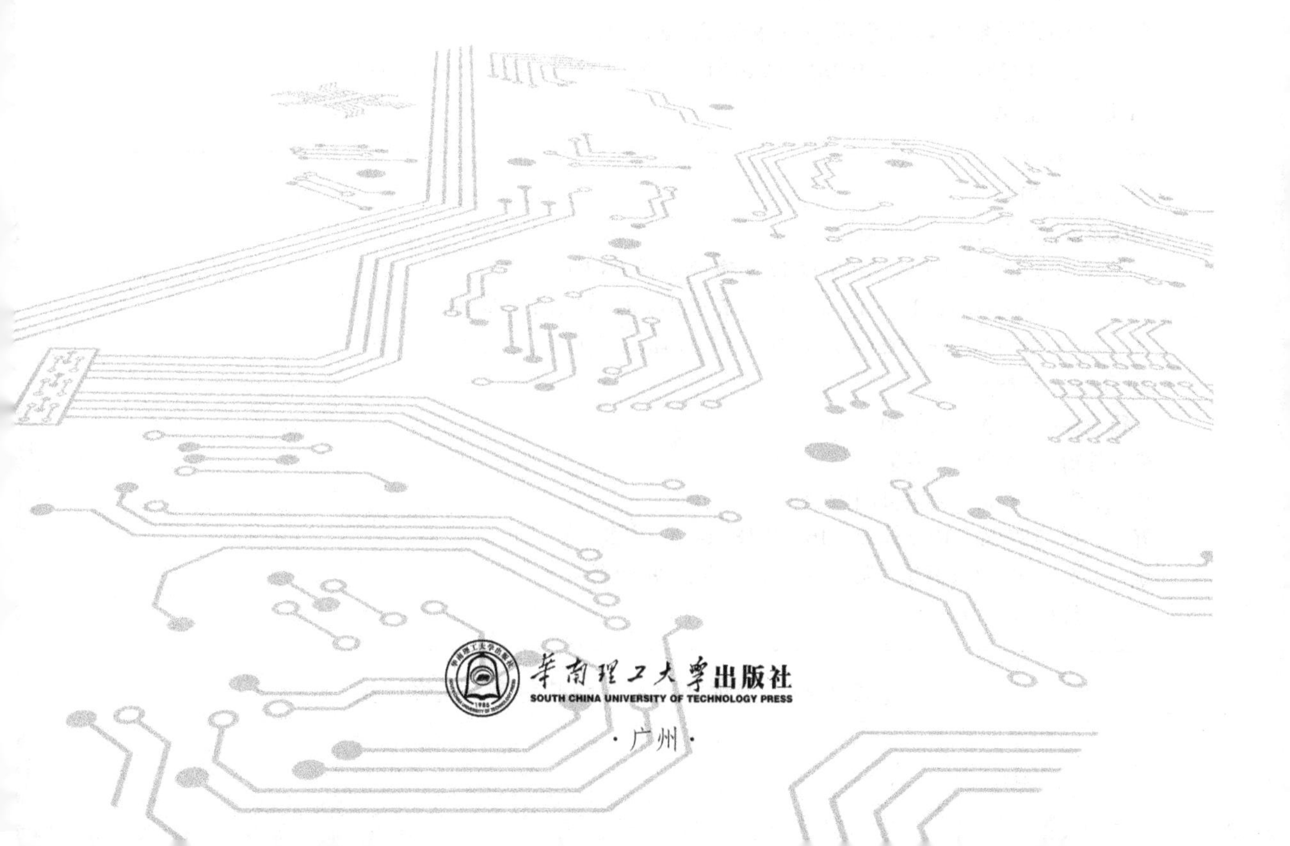

华南理工大学出版社
SOUTH CHINA UNIVERSITY OF TECHNOLOGY PRESS
·广州·

图书在版编目(CIP)数据

单片机仿真及制作项目教程：基于 Proteus ISIS/周文军主编．—广州：华南理工大学出版社,2015.4(2022.7 重印)

(高职机电与汽车类工学结合创新型系列规划教材)

ISBN 978－7－5623－4533－6

Ⅰ.①单… Ⅱ.①周… Ⅲ.①单片微型计算机－系统仿真－应用软件－高等职业教育－教材 Ⅳ.①TP368.1

中国版本图书馆 CIP 数据核字(2015)第 021588 号

单片机仿真及制作项目教程——基于 Proteus ISIS

DANPIANJI FANGZHEN JI ZHIZUO XIANGMU JIAOCHENG——JIYU PROTEUS ISIS

周文军　主编

出 版 人：柯　宁

出版发行：华南理工大学出版社

(广州五山华南理工大学 17 号楼,邮编 510640)

http：//hg.cb.scut.edu.cn　　E-mail：scutc13@scut.edu.cn

营销部电话：020－87113487　87111048（传真）

总 策 划：毛润政

执行策划：冯丽萍　王柳婵

责任编辑：王柳婵　朱彩翩

印 刷 者：广东虎彩云印刷有限公司

开　　本：787mm×1092mm　1/16　**印张**：14.5　**字数**：362 千

版　　次：2015 年 4 月第 1 版　2022 年 7 月第 7 次印刷

定　　价：30.00 元

"高职机电与汽车类工学结合创新型系列规划教材"

编 写 委 员 会

序言

在“十一五”期间，华南理工大学出版社组织广西的一些高校教师编写出版了高职高专机械与电子信息类教材30多种，不仅解决了各高职高专院校急需相关教材的燃眉之急，更是相关高职高专院校教学改革的催化剂和载体。经过不少于五年的使用实践，各院校对工学结合及行动引导教学有了更深刻的认识和体会，配合行动引导教学的实验实训条件有了质的发展，针对高职生源因材施教的把握更加切合实际。进入“十二五”以来，更强调课程内容与职业标准对接、教学过程与生产过程对接。因此，对原教材进行较大程度的修改和创新性补充势在必行，由此催生了华南理工大学出版社“高职机电与汽车类工学结合创新型系列规划教材”。

为了使本系列教材能够发挥应有的作用，华南理工大学出版社邀请具有丰富的职业教育教学管理经验和教学经验的专家、学者组成编委会，除进行小组讨论和个别的网上沟通以外，还专门组织召开了两次工作会议，对选题的科学性和普适性、系列教材的中心要求做了深入细致的研讨，对编审队伍的组成进行严格筛选。在此基础上，又组织有教材编审队伍主要成员参加的编委会扩大研讨会，学习贯彻编委会对系列教材的具体要求，对每种教材的编写大纲进行了具体而细致的研讨。通过这一系列的活动，总结了“十一五”期间的教材建设经验，在教材选题的系统性、教学过程的策略性等方面达成共识：以工作过程为导向，实施行动引导教学，把最近几年的教学改革成果融入本次教材建设中。首先，在选题时要注意系统性，弃片面顾全面，轻功利重功能，化矛盾达协调，变生硬构架为有机生成，力求使分立的科目组成合理的课程体系；其次，在教学策略上要注意动力性，有动力的学习才能形成有效率、有效果、有效用的学习，使学习变成一个主观能动的实现自我价值的过程，既符合综合职业能力的职业成长规律过程，更符合职业学习的规律，特别是符合高职院校学生的学习心理和学习习惯。行动引导教学，是以能力培养为本位，构建学生完成职业工作所需要的知识、能力与素质，具有鲜明的职业性特征，要求始终围绕培养对象的职业能力这一主题，力求将工作结构转化为课程结构，将工作内容转化为课程内容，以塑造全面发展的职业人才为目标，充分考虑学生的职业成长规律，不仅使学生能够适应当前职业的要求，而且也为学生的动态职业生涯提供发展空间；更重要的是以职业工作为基础，培养能够解决岗位工作中综合的、复杂的实际问题的职业人才，促使学生完成学习生涯向职业生涯过渡。另外，还应该注意学生自学能力的培养。最近几年，无论是对实践专家成长规律的调研，还是对新近毕业生的追踪调查，都有一个相同的指向：学生的自学能力是学生终身受用的适应社会和持续发展的能力。因此，在设计学习训练项目时应该注意给学生一定的自主学习空间，让学生有自主选择学习内容、自主分配学习时间、自

主选择学习方法、自主申请参加考核的机会。

编委会经认真细致的研讨，对本系列教材提出了具体要求：

(1) 必须贯彻工学结合的指导思想，以工作过程为导向，按“做、学、教一体化”教学模式组织构架，基于行动引导教学方法根据项目载体、任务驱动的教学方式选择内容。

(2) 注意因材施教，照顾普通高职高专学生的入学基础和生源特点，重视技能训练与知识学习的融合，正确把握基本技能训练、基础知识学习和综合分析能力培养的程度，避免过度拔高；在文字组织上力求精炼明了和通俗易懂，避免繁琐抽象的公式推导和冗长的过程叙述。

(3) 以“感性引导理性，从实践导入理论，由形象过渡到抽象，先整体后细节”的认知规律为主线，以开发智力和调动学习积极性为目的，力争以添加教学课件和微课为手段，形成理实一体，文字、图片、视频相结合的立体教材。

今年六月，国务院在《关于加快发展现代职业教育的决定》中指出，我国职业教育事业快速发展，体系建设稳步推进，培养培训了大批中高级技能型人才，为提高劳动者素质、推动经济社会发展和促进就业作出了重要贡献。要促进经济提质增效升级，满足人民群众生产生活多样化的需求，必须把加快发展现代职业教育摆在更加突出的战略位置。由此，我国将加快推进现代职业教育体系建设，打通职业教育学生从中职、专科、本科到研究生的上升通道。正是在职业教育的发展喜人又逼人的形势下，华南理工大学出版社“高职高专机电与汽车类工学结合创新型系列规划教材”的第一批选题正式与大家见面了。这无疑给参与系列教材建设的院校解决了教学所需的工学结合教材的燃眉之急，并对教育教学改革起到积极的推动作用。然而，应该承认，我国的高职教育工学结合教材还处于建设期，存在问题不可避免，欢迎广大读者和同行不吝赐教，为我国的职业教育作出积极贡献。

梁建和
2014 年 8 月于南宁

前言

单片机已经渗透到我们生活的各个领域，几乎很难找到哪个领域没有单片机的踪迹。导弹的导航装置、飞机上各种仪表的控制、计算机的网络通信与数据传输、工业自动化过程的实时控制和数据处理、广泛使用的各种智能 IC 卡、民用豪华轿车的安全保障系统、录像机、摄像机、全自动洗衣机的控制、程控玩具以及电子宠物等等，这些都离不开单片机。更不用说自动控制领域的机器人、智能仪表、医疗器械了。科技越发达，智能化的东西就越多，使用的单片机就越多。因此，单片机的学习、开发与应用将造就一批计算机应用与智能化控制的科学家、工程师。编者结合多年教学和实际项目中积累的经验，编写内容涵盖以下几个方面：

（1）内容全面，由浅入深。

本书涵盖了 51 单片机 C 语言程序设计所需掌握的各方面知识点。首先详细介绍了 51 单片机的集成开发环境和开发流程，然后结合实例对 51 单片机 C 语言程序设计的基础知识点进行介绍，接着对 51 单片机 C 语言的程序设计进行了详细的讲解，包括中断设计、定时计数器、串行接口设计等内容，最后设计了一个完整的综合应用实例。本书不仅介绍 51 单片机 C 语言，还对单片机的硬件资源，以及如何使用 51 单片机 C 语言来编程控制单片机的各种片上资源进行了详细介绍，让读者可以做到熟练应用。

（2）结合实例，加深理解。

关于单片机的每个知识点都是结合任务驱动来进行编写的，每个知识点均给出了其在程序设计中的编程示例，每个例子都可以进行仿真与实际制作，读者可以在学习独立知识点的同时，根据应用示例举一反三，快速掌握相应知识点在整个程序设计系统中的实际应用。

（3）仿真调试，强化理解。

本书对 51 单片机 C 语言的典型开发环境 Keil uVision、STC_ISP 在线下载和 Proteus 进行了详细介绍，在讲解过程中，结合完整的 51 单片机 C 语言程序实例，详细阐述了如何仿真调试各种单片机片上的资源，切合读者的需求，使读者能够强化对程序的理解。

（4）仿真、万能板与双面 PCB 板三法结合，切合所有读者需求。

本书采用三种方法来实现所有示例：Proteus 仿真、万能板实物制作与双面 PCB 板实物制作。读者可以根据自身情况选取其中较容易实现的一种方法，基本可以切合所有读者的需求。本书所有例子均可以通过作者自主开发的配套实验板进行测试，并在网盘里（网络下载地址：http://pan. baidu. com/s/1kTHXxun 提取密码：rdq9）附有全部实例的电路板制作正反面高清照片以及演示运行时的录像。配套实验板提供“整板”和“散件套件”两种形式，可与出版社联系，需单独购买。

参加本书编写的有：南宁职业技术学院周文军（任务1、5、7、9、12～15）、杜立婵（任务4）、叶远坚（任务11），广西农业职业技术学院牙彰震（任务2），百色职业学院岑曦（任务3），广西水利电力职业技术学院罗芬（任务6），广西电力职业技术学院谢祥强（任务8）以及广西现代职业技术学院付济林（任务10）。全书由周文军负责统稿。

由于编写时间仓促，书中难免存在不足之处，恳请读者批评指正。

编　者

2014年10月

目　录

模块一　认识单片机最小系统及开发环境

任务1　让一个LED灯闪烁起来

【任务要求】

制作一个单片机最小系统电路板，控制一个 LED 灯闪烁。要求能通过调节参数、改变程序来改变 LED 灯闪烁的频率。

【学习目标】

（1）熟悉单片机的基本概念；

（2）掌握单片机的硬件开发环境：51 单片机学习板；

（3）掌握单片机的软件开发环境：Keil uVision2 编译环境、Proteus ISIS 仿真环境和 STC－ISP 程序下载环境；

（4）掌握单片机系统开发的基本流程，能用万能板或双面 PCB 板制作一个最小系统电路；

（5）能将网盘中的程序下载到所制作的电路板中并调试。

【知识链接】

本项目将通过单片机驱动单个 LED 灯闪烁，带领读者进入单片机世界，对单片机和单片机系统进行初步的认识。在此，首先简要介绍单片机的基本概念，然后学习单片机和单片机开发所需要的软硬件环境，其中软件环境包括：Keil uVision2 编译环境、Proteus ISIS 仿真环境和 STC－ISP 实际程序下载环境；硬件环境为单片机学习开发板。

一、单片机简介

单片机是集成在一块芯片上的微型计算机系统。如图 1－1 所示是 STC89C52RC 单片机，目前所用的所有 51 系列单片机的外观和引脚都与这款单片机相似，均为 40 引脚，且引脚功能基本相同。尽管单片机的大部分功能集成在一块小芯片上，但它具有一个完整计算机所需要的大部分部件：中央处理器（CPU）、内存及内部和外部总线系统，同时集成诸如通信接口、定时器、实时时钟等外围设备，如图 1－2 所示。而现在最强大的单片机系统甚至可以将声音、图像、网络和复杂的输入输出系统集成

图 1－1　单片机实物图

在一块芯片上。

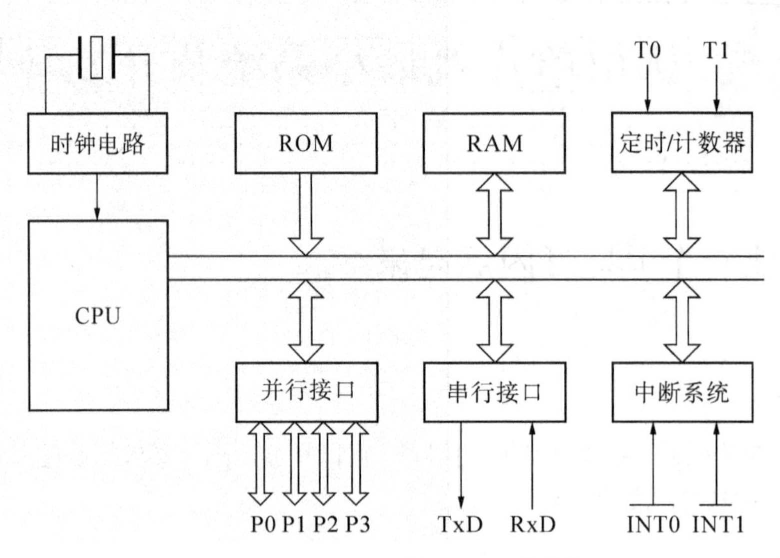

图 1－2　8051 系列单片机的基本结构

（一）单片机的发展历史及应用领域

单片机诞生于 20 世纪 70 年代末，经历了 SCM、MCU、SoC 三大阶段。第一阶段是 SCM 单片微型计算机（Single Chip Microcomputer，SCM）阶段，主要是寻求单片形态嵌入式系统的最佳体系结构。第二阶段是 MCU 微控制器（Micro Controller Unit，MCU）阶段，主要的技术发展方向是在不断扩展满足嵌入式应用的同时，加强对象系统要求的各种外围电路与接口电路，凸显其对象的智能化控制能力。第三阶段是 SoC 片上系统（System on Chip，SoC），是目前单片机嵌入式系统的独立发展之路，向 SoC 阶段发展，就是寻求芯片在应用系统上的最大化应用，专用单片机的发展自然形成了 SoC 化趋势。因此，对单片机的理解可以从单片微型计算机、单片微控制器延伸到单片应用系统。

目前单片机渗透到我们生活的各个领域，几乎很难找到哪个领域没有单片机的踪迹，其主要应用如下：

（1）智能仪器仪表上的应用：单片机具有体积小、功耗低、控制功能强、扩展灵活、微型化和使用方便等优点，广泛应用于仪器仪表中，结合不同类型的传感器，可实现诸如电压、功率、频率、湿度、温度、流量、速度、厚度、角度、长度、硬度、元素、压力等物理量的测量。采用单片机控制可使仪器仪表数字化、智能化、微型化，且功能比采用电子或数字电路更加强大。例如精密的测量设备：功率计、示波器、各种分析仪等。

（2）工业控制中的应用：用单片机可以构成形式多样的控制系统、数据采集系统。例如工厂流水线的智能化管理、电梯智能化控制、各种报警系统、与计算机联网构成的二级控制系统等。

（3）家用电器中的应用：现在的家用电器基本上都采用了单片机控制，从电饭煲、洗衣机、电冰箱、空调机、电视机、其他音响视频器材，再到电子称量设备等，五花八门，无所不在。

（4）计算机网络和通信领域中的应用：现行的单片机普遍具备通信接口，可以很方便地与计算机进行数据通信，为其在计算机网络和通信设备中的应用提供了极好的接口条件。现在的通信设备基本上都实现了单片机智能控制，从手机、电话机、小型程控交换机、楼宇自动通信呼叫系统、列车无线通信，再到日常工作中随处可见的移动电话、集群移动通信、无线电对讲机等。

（5）医用设备领域中的应用：单片机在医用设备中的用途亦相当广泛，例如医用呼吸机、各种分析仪、监护仪、超声诊断设备及病床呼叫系统等。

（6）各种大型电器中的模块化应用：某些专用单片机设计用于实现特定功能，从而在各种电路中进行模块化应用，而不要求使用人员了解其内部结构。如音乐集成单片机，看似简单的功能，微缩在纯电子芯片中，需要复杂的类似于计算机的原理（有别于磁带机的原理）。音乐信号以数字的形式存于存储器中（类似于 ROM），由微控制器读出，转化为模拟音乐电信号（类似于声卡），这种模块化应用极大地缩小了体积，简化了电路，降低了损坏、错误率，也便于更换。

（7）汽车设备领域中的应用：单片机在汽车电子中的应用非常广泛，例如汽车中的发动机控制器，基于控制器局域网络（CAN）总线的汽车发动机智能电子控制器，GPS 导航系统，ABS 防抱死系统，制动系统等。

（8）此外，单片机在工商、金融、科研、教育、国防航空航天等领域都有着十分广泛的用途。

（二）51 单片机引脚功能

如图 1－3a 所示为电路原理图中的单片机引脚所对应的功能图，引脚上的数字为引脚编号，框体里面的字母说明为功能表示。在原理图中一般将功能相似的引脚放在一块，而实物中的引脚则如图 1－3b 所示，是按逆时针方向依次编号的。

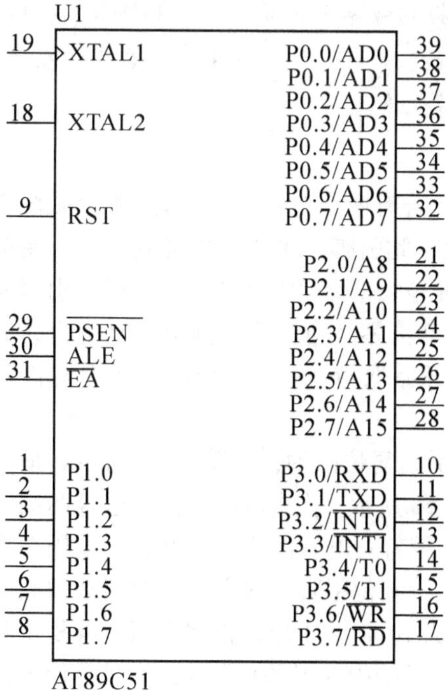

U1
19 XTAL1
18 XTAL2
9 RST
29 PSEN
30 ALE
31 EA
1 P1.0
2 P1.1
3 P1.2
4 P1.3
5 P1.4
6 P1.5
7 P1.6
8 P1.7
P0.0/AD0 39
P0.1/AD1 38
P0.2/AD2 37
P0.3/AD3 36
P0.4/AD4 35
P0.5/AD5 34
P0.6/AD6 33
P0.7/AD7 32
P2.0/A8 21
P2.1/A9 22
P2.2/A10 23
P2.3/A11 24
P2.4/A12 25
P2.5/A13 26
P2.6/A14 27
P2.7/A15 28
P3.0/RXD 10
P3.1/TXD 11
P3.2/INT0 12
P3.3/INT1 13
P3.4/T0 14
P3.5/T1 15
P3.6/WR 16
P3.7/RD 17
AT89C51

（a）原理图中的单片机引脚

1 P1.0 — VCC 40
2 P1.1 — P0.0 39
3 P1.2 — P0.1 38
4 P1.3 — P0.2 37
5 P1.4 — P0.3 36
6 P1.5 — P0.4 35
7 P1.6 — P0.5 34
8 P1.7 — P0.6 33
9 RST/VPD — P0.7 32
10 RXD P3.0 — EA/VPP 31
11 TXD P3.1 — ALE/PROG 30
12 INT0 P3.2 — PSEN 29
13 INT1 P3.3 — P2.7 28
14 T0 P3.4 — P2.6 27
15 T1 P3.5 — P2.5 26
16 WR P3.6 — P2.4 25
17 RD P3.7 — P2.3 24
18 XTAL2 — P2.2 23
19 XTAL1 — P2.1 22
20 VSS — P2.0 21
8031 8051 8751

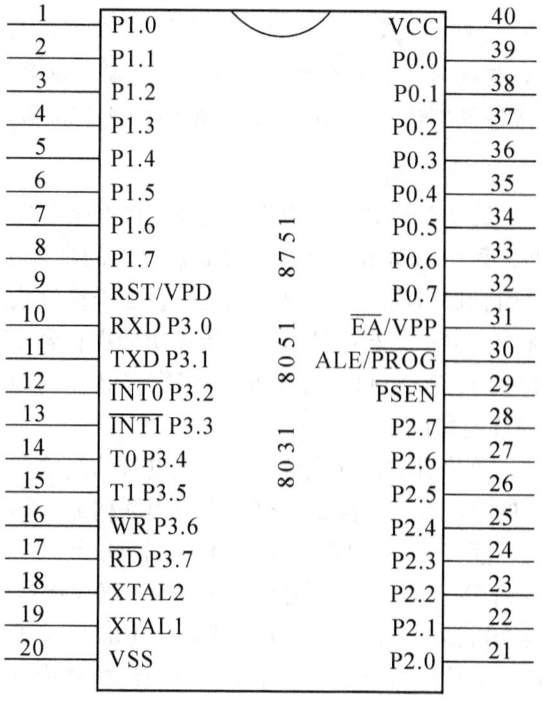

（b）实物中的单片机引脚

图 1－3 单片机引脚

1. **电源引脚**

第40脚（VCC）为电源引脚正端，第20脚（VSS）为接地引脚。这两个引脚在原理图中通常为隐藏，所以原理图中未标示出来。单片机工作电压通常为4～5.5V，部分低压单片机工作电压为3V。

2. **外接晶振引脚**

第18、19脚XTAL2、XTAL1用来接时钟电路，为单片机提供时钟脉冲，如图1－4所示。在MCS－51芯片内部有一个高增益反相放大器，其输入端为芯片引脚XTAL1，其输出端为引脚XTAL2。而在芯片的外部，XTAL1和XTAL2之间跨接晶体振荡器和微调电容，从而构成一个稳定的自激振荡器，这就是单片机的时钟电路。

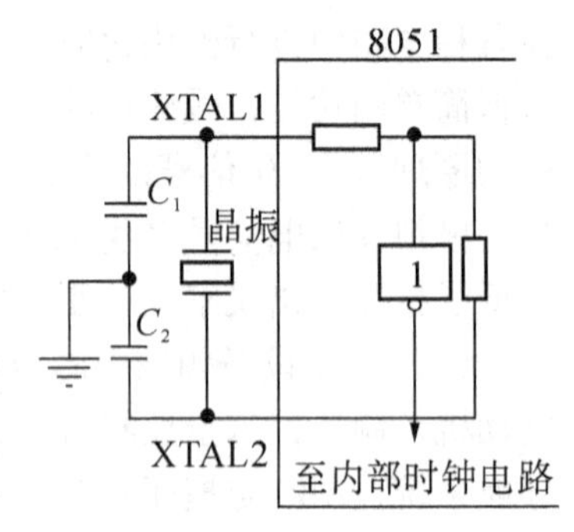

图1－4　常用单片机晶振电路

单片机系统中的各个部分是在一个统一的时钟脉冲控制下有序地进行工作，时钟电路是单片机系统最基本、最重要的电路。这也可以简单地理解为：每一个时钟脉冲输入到单片机，单片机就进行一个动作，脉冲的速度和稳定性就决定了单片机的运行速度和稳定性。

注意：

- 时钟电路产生的振荡脉冲经过触发器进行二分频之后，才成为单片机的时钟脉冲信号。请读者特别注意时钟脉冲与振荡脉冲之间的二分频关系，否则会造成概念上的错误。
- 一般电容 C_1 和 C_2 取30pF左右，晶体的振荡频率范围是1.2～24MHz。晶体振荡频率高，则系统的时钟频率也高，单片机运行速度也就快。MCS－51单片机在通常情况下使用6MHz、11.0592MHz或12MHz的振荡频率。

3. **复位引脚**

第9脚（RST）为复位引脚。在振荡器运行时，若有两个机器周期（即24个振荡周期，采用12MHz晶振时为2μs）以上的高电平出现在此引脚，将使单片机复位，只要这个引脚保持高电平，单片机便一直处于复位状态。复位后P0～P3端口均置“1”，引脚表现为高电平，程序计数器和特殊功能寄存器SFR全部清零。当复位引脚由高电平变为低电平时，PC＝0000H，CPU从程序存储器的0000H开始取指执行。复位操作不会对内部RAM有影响。

单片机的外部复位电路有上电自动复位和按键手动复位两种，如图1－5所示。最简单的上电复位电路由电容和电阻串联构成，如图1－5a所示。上电瞬间，由于电容两端电压不能突变（保持为0V），复位引脚电压端为 V_{CC}，随着对电容的充电，电容两端压差将达到5V，即复位引脚接近0V。为了确保单片机复位，复位引脚上的高电平时间必须大于两个机器周期的时间，R 典型值为10kΩ，C 典型值为10μF。51单片机多采用上电复位和按键复位组合电路，但手动复位按键在单片机的最小系统中并不是必需的，它只是使单片机的复位控制方便些。

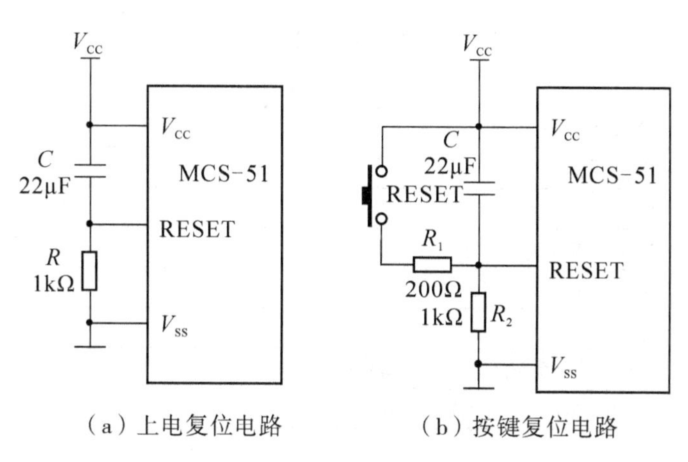

（a）上电复位电路　　（b）按键复位电路

图 1－5　单片机复位电路

4. 输入输出引脚

P0 端口（P0.0～P0.7）是一个 8 位漏极开路型双向 I/O 端口，端口置“1”（对端口写“1”）时作高阻抗输入端。作为输出口时能驱动 8 个 TTL 门电路，P0 端口需外接上拉电阻。

P1 端口（P1.0～P1.7）是一个带有内部上拉电阻的 8 位双向 I/O 端口。输出时可驱动 4 个 TTL 门电路。端口置“1”时，内部上拉电阻将端口拉到高电平，作输入用。对内部 Flash 程序存储器编程时，接收低 8 位地址信息。除此之外，P1 端口还用于一些专门功能，如表 1－1 所示。

表 1－1　P1 端口引脚第二功能

P1 端口引脚	兼用功能
P1.0	T2（外部计数器），时钟输出（C51、S51 无此功能）
P1.1	T2EX（定时器 2 捕捉和重载触发及方向控制）（C51、S51 无此功能）
P1.5	MOSI（用于在线编程）（C51、C52 无此功能）
P1.6	MISO（用于在线编程）（C51、C52 无此功能）
P1.7	SCK（用于在线编程）（C51、C52 无此功能）

P2 端口（P2.0～P2.7）是一个带有内部上拉电阻的 8 位双向 I/O 端口。输出时可驱动 4 个 TTL 门电路。端口置“1”时，内部上拉电阻将端口拉到高电平，作输入用。对内部 Flash 程序存储器编程时，接收高 8 位地址和控制信息。在访问外部程序和 16 位外部数据存储器时，P2 端口送出高 8 位地址。而在访问 8 位地址的外部数据存储器时，其引脚上的内容在此期间不会改变。

P3 端口（P3.0～P3.7）是一个带有内部上拉电阻的 8 位双向 I/O 端口。输出时可驱动 4 个 TTL 门电路。端口置“1”时，内部上拉电阻将端口拉到高电平，作输入用。对内部 Flash 程序存储器编程时，接收控制信息。除此之外，P3 端口还用于一些专门功能，如表 1－2 所示。

表 1-2　P3 端口引脚第二功能

P3 端口引脚	兼用功能
P3.0	串行通信输入（RXD）
P3.1	串行通信输出（TXD）
P3.2	外部中断 0（INT0）
P3.3	外部中断 1（INT1）
P3.4	定时器 0 输入（T0）
P3.5	定时器 1 输入（T1）
P3.6	外部数据存储器写选通（WR）
P3.7	外部数据存储器读选通（RD）

5. 其他的控制或复用引脚

第 29 脚（$\overline{\text{PSEN}}$）是外部程序存储器的读选通信号输出端。当单片机从外部程序存储器取指令或常数时，每个机器周期输出两个脉冲，即两次有效，但访问外部数据存储器时，将不会有脉冲输出。

第 30 脚（ALE/PROG）在访问外部数据存储器时，会出现一个 ALE（地址锁存允许）脉冲。ALE 的输出用于锁存地址的低位字节。即使不访问外部存储器，ALE 端仍以不变的频率输出脉冲信号（此频率是振荡器频率的 1/6）。而对 Flash 存储器编程时，这个引脚用于输入编程脉冲 PROG。

第 31 脚（$\overline{\text{EA}}$/VPP）为外部程序存储器访问允许端。当此引脚访问外部程序存储器时，应输入低电平。要使单片机只访问外部程序存储器（地址为 0000H ~ FFFFH），此引脚必须保持低电平。当使用内部的程序存储器时，此引脚应与 VCC 相连。对 Flash 存储器编程时，此引脚用于施加 VPP 编程电压。由于 STC 单片机内部程序存储器容量大，且 STC 单片机不需要单独施加编程电压，故此引脚在 STC 单片机中会作他用。

（三）单片机最小系统

初学者可能对单片机最小系统感觉很神秘，其实单片机最小系统很简单，就是能使单片机工作的、器件构成最少的系统。

时钟电路和复位电路设计完毕后，单片机最小系统就完整了。如图 1-6 所示是单片机最小系统原理图，图 1-7 是用万能板制作的单片机最小系统实物图，图 1-8 是用双面板制作的单片机最小系统实物图。只要接上电源，单片机就能独立工作。最小系统虽然简单，但是却是大多数控制系统必不可少的关键部分。对于 MCS-51 单片机，其内部已经包含了一定数量的程序存储器和数据存储器，在外部只要增加时钟电路和复位电路即可构成单片机最小系统。本任务只要按图 1-7 或图 1-8 将单片机制作出来，把程序下载到单片机中，这个电路板就构成一个单片机最小系统了。它能独立运行，只要给它通上 5V 的电源，就能一直按程序要求工作。

（四）51 单片机存储器

8051 系列单片机的存储器结构特点之一是将程序存储器和数据存储器分开，并有各自的寻址机构和寻址方式。这种结构的单片机称为哈佛结构单片机。该结构与通用微机的存储器结构不同。一般微机只有一个存储器逻辑空间，可随意安排 ROM 或 RAM，访问时用同一

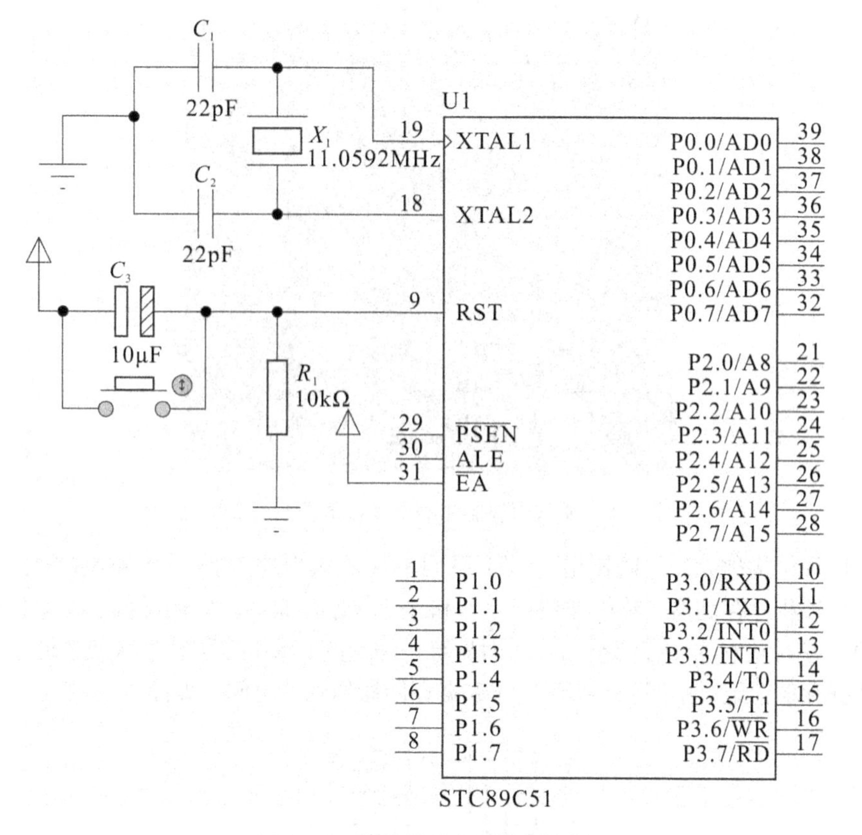

图1－6　单片机最小系统原理图

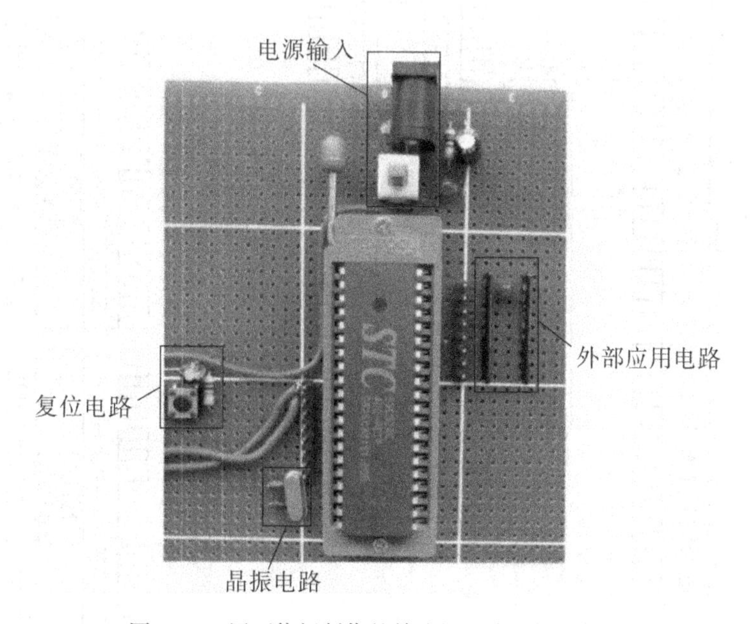

图1－7　用万能板制作的单片机最小系统实物图

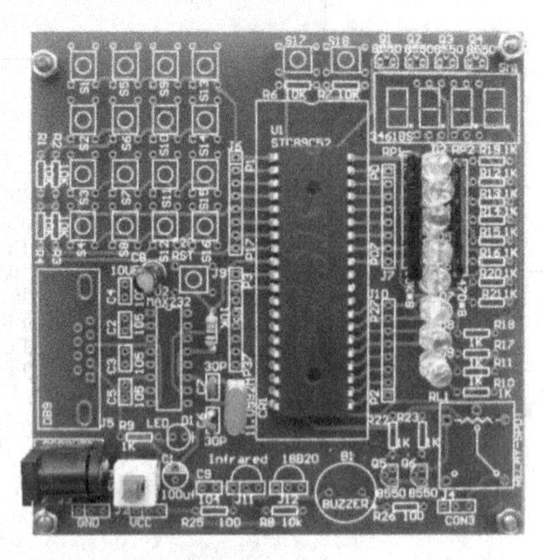

图 1－8　用双面板制作的单片机最小系统实物图

种指令，这种结构称为普林斯顿型。8051 系列单片机在物理上有 4 个存储空间：片内程序存储器、片外程序存储器、片内数据存储器和片外数据存储器。但在逻辑上，即从用户的角度上，8051 单片机有 3 个存储空间：片内外统一编址的 64KB 的程序存储器地址空间、256B 的片内数据存储器地址空间和 64KB 片外数据存储器的地址空间，如图 1－9 所示。

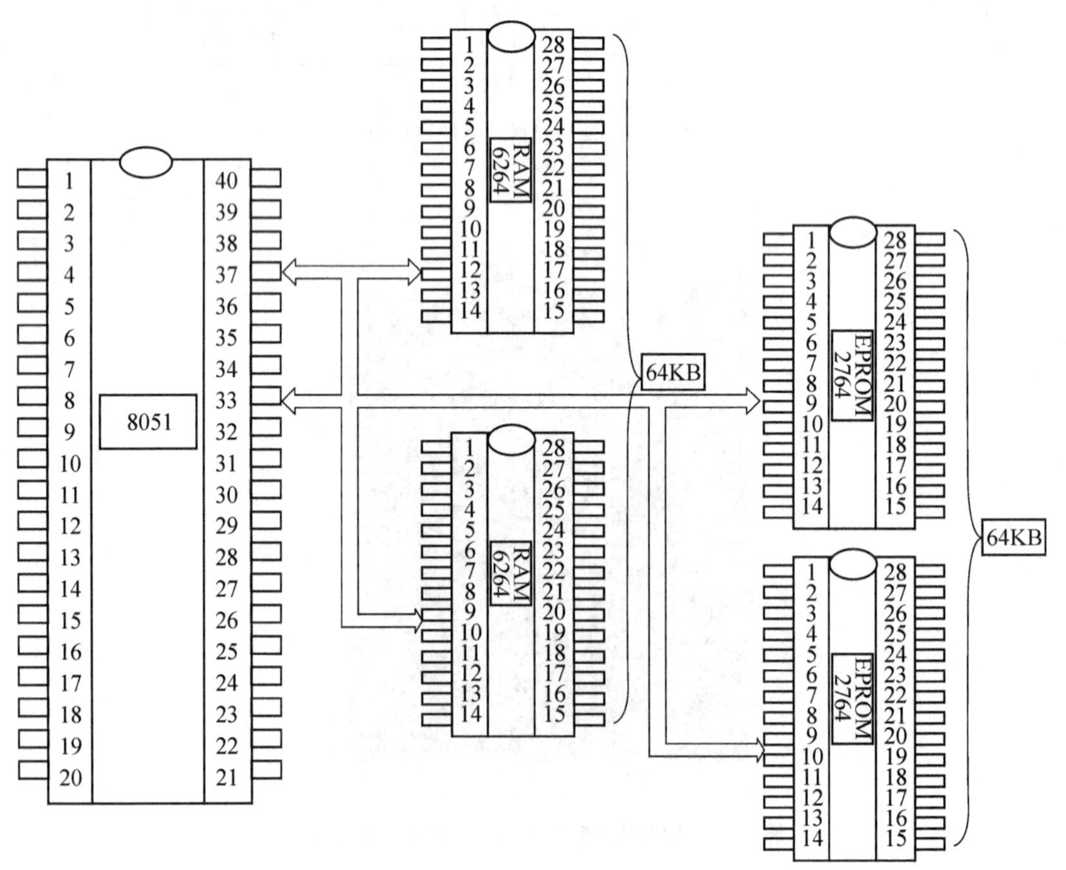

图 1－9　MCS－51 存储器结构

1. 程序存储器

单片机启动复位后，程序计数器的内容为0000H，所以系统将从0000H单元开始执行程序。但在程序存储中有些特殊的单元，使用中应加以注意。其中一组特殊单元是0000H～0002H，系统复位后，PC为0000H，单片机从0000H单元开始执行程序，如果程序不是从0000H单元开始，则应在这3个单元中存放一条无条件转移指令，让CPU直接执行用户指定的程序；另一组特殊单元是0003H～002AH，这40个单元各有用途，被均匀地分为5段，其定义如表1－3所示。

表1－3　中断入口程序地址分配

单　　元	定　　义
0003H～000AH	外部中断0中断地址区
000BH～0012H	定时/计数器0中断地址区
0013H～001AH	外部中断1中断地址区
001BH～0022H	定时/计数器1中断地址区
0023H～002AH	串行中断地址区

可见以上的40个单元是专门用于存放中断处理程序的地址单元，中断响应后，按中断的类型，自动转到各自的中断区去执行程序。从表1－3中可以看出，每个中断服务程序只有8个字节单元，用8个字节来存放一个中断服务程序显然是不可能的。因此以上地址单元不能用于存放程序的其他内容，只能存放中断服务程序的地址。在通常情况下，我们是在中断响应的地址区安放一条无条件转移指令，指向程序存储器的其他真正存放中断服务程序的空间去执行，这样，中断响应后，当CPU读到这条转移指令时，便转向指定空间去继续执行中断服务程序。如图1－10所示是程序存储器的结构及地址分配。

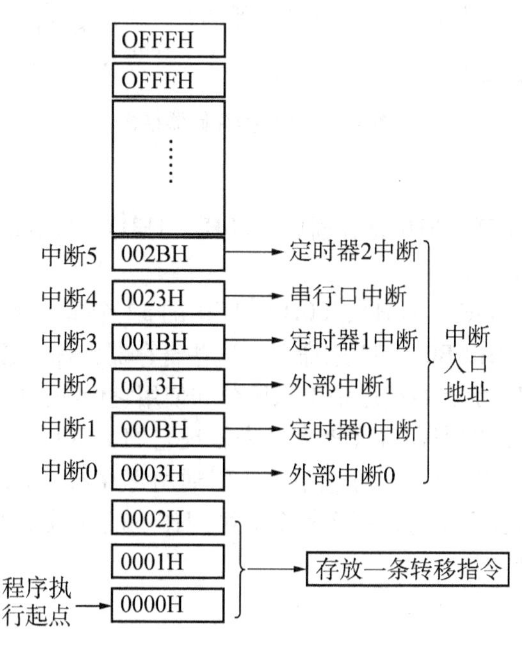

图1－10　程序存储器结构

2. 数据存储器

数据存储器也称为随机存取数据存储器。如图 1－11 所示是 51 单片机数据存储器结构。数据存储器分为内部数据存储器和外部数据存储器。MCS－51 内部 RAM 有 128B 或 256B 的用户数据存储（不同的型号字节不同），片外最多可扩展 64KB 的 RAM，MCS－51 的数据存储器均可读写，部分单元还可以位寻址。数据存储器空间（低 128B）和特殊功能寄存器空间（高 128B）是相连的，从用户角度而言，低 128B 才是真正的数据存储器。

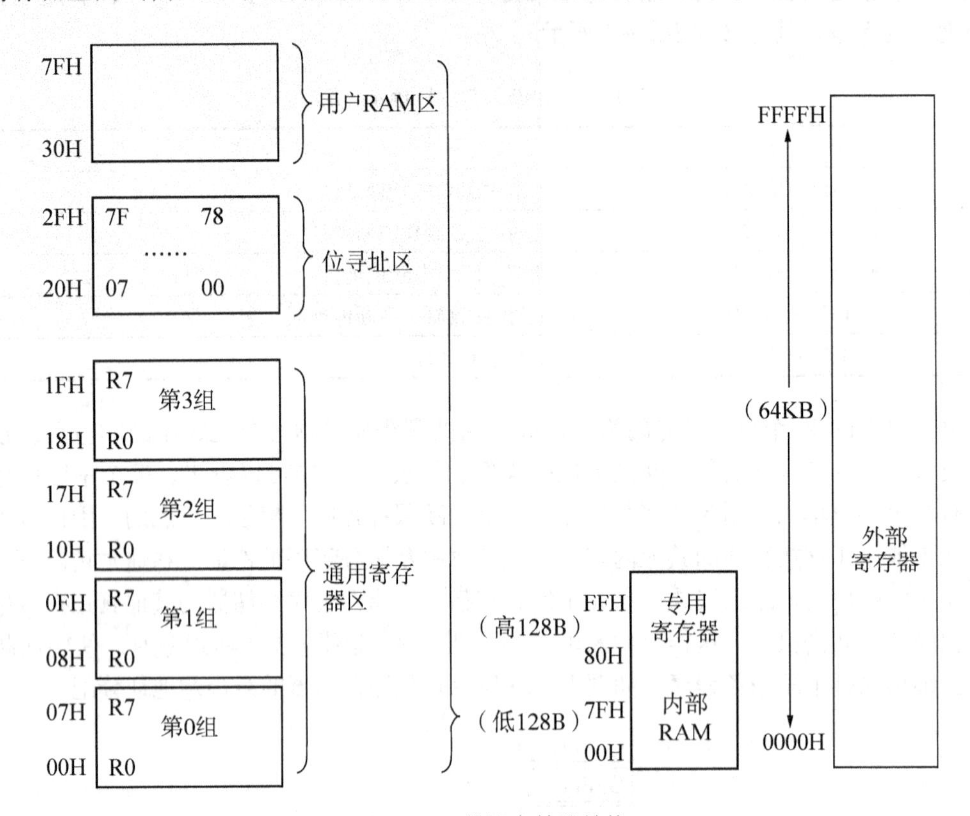

图 1－11　数据存储器结构

（1）低 128B。

低 128B 又分为 3 个区：通用寄存器区（00H～1FH）、位寻址区（20H～2FH）和用户 RAM 区（30H～7FH）。

① 通用寄存器区（00H～1FH）：00H～1FH 的 32 个单元被均匀地分为 4 块，每块包含 8 个 8 位寄存器，均以 R0～R7 来命名，这些寄存器常称为通用寄存器。这 4 块中的寄存器都称为 R0～R7，那么在程序中怎么区分和使用它们呢？聪明的工程师们又安排了一个寄存器——程序状态字寄存器（PSW）来管理它们，CPU 只要定义这个寄存的 PSW 的 D3 和 D4 位（RS0 和 RS1），即可选中这 4 组通用寄存器。对应的编码关系如表 1－4 所示。若程序中并不需要用 4 组，那么其余的可用作一般的数据缓冲器，CPU 在复位后，选中第 0 组工作寄存器。

表 1-4　程序状态字与工作寄存器组地址的对应关系

寄存器组	RS1	RS0	R0	R1	R2	R3	R4	R5	R6	R7
0	0	0	00H	01H	02H	03H	04H	05H	06H	07H
1	0	1	08H	09H	0AH	0BH	0CH	0DH	0EH	0FH
2	1	0	10H	11H	12H	13H	14H	15H	16H	17H
3	1	1	18H	19H	1AH	1BH	1CH	1DH	1EH	1FH

②位寻址区（20H～2FH）：片内 RAM 的 20H～2FH 单元为位寻址区，既可作为一般单元用字节寻址，也可对它们的位进行寻址。位寻址区共有 16 个字节，128 位，位地址为 00H～7FH。CPU 能直接寻址这些位，执行例如置“1”、清零、求“反”、转移、传送和逻辑等操作。我们常称 MCS-51 具有布尔处理功能，布尔处理的存储空间指的就是这些位寻址区。

③用户 RAM 区（30H～7FH）：在片内 RAM 低 128B 中，通用寄存器占去 32 个单元，位寻址区占去 16 个单元，剩下的 80 个单元就是供用户使用的一般 RAM 区，地址单元为 30H～7FH。对这部分区域的使用不作任何规定和限制，但应说明的是，堆栈一般开辟在这个区域。

（2）高 128B（80H～FFH）。

高 128B 是专用寄存器区，如表 1-5 所示。

表 1-5　特殊功能寄存器

标识符号	地址	寄存器名称
ACC	0E0H	累加器
B	0F0H	寄存器 B
PSW	0D0H	程序状态字
SP	81H	堆栈指针
DPTR	82H、83H	数据指针（16 位），含 DPL 和 DPH
IE	0A8H	中断允许控制寄存器
IP	0B8H	中断优先控制寄存器
P0	80H	I/O 端口 0 寄存器
P1	90H	I/O 端口 1 寄存器
P2	0A0H	I/O 端口 2 寄存器
P3	0B0H	I/O 端口 3 寄存器
PCON	87H	电源控制及波特率选择寄存器
SCON	98H	串行口控制寄存器
SBUF	99H	串行数据缓冲寄存器
TCON	88H	定时控制寄存器
TMOD	89H	定时器方式选择寄存器

续表

标识符号	地址	寄存器名称
TL0	8AH	定时器 0 低 8 位
TH0	8CH	定时器 0 高 8 位
TL1	8BH	定时器 1 低 8 位
TH1	8DH	定时器 1 高 8 位

①程序计数器（Program Counter，PC）。

PC 在物理上是独立的，它不属于特殊内部数据存储器。PC 是一个 16 位的计数器，用于存放一条要执行的指令地址，寻址范围为 64KB，PC 有自动加“1”功能，即完成了一条指令的执行后，其内容自动加“1”。PC 本身并没有地址，因而不可寻址，用户无法对它进行读写，但是可以通过转移、调用、返回等指令改变其内容，以控制程序按用户的要求去执行。

②累加器 A 和寄存器 B。

累加器 A 是一个最常用的专用寄存器，大部分单操作指令中的一个操作数取自累加器，很多双操作数指令中的一个操作数也取自累加器。累加器 A 和寄存器 B 成对使用时叫做 AB 累加器对。加、减、乘、除法运算的指令，运算结果都存放于累加器 A 或 AB 累加器对中。大部分的数据操作都会通过累加器 A 进行，它就像一个交通要道，在程序比较复杂的运算中，累加器成了制约软件效率的“瓶颈”，它的功能较多，地位也十分重要。以至于后来发展的单片机，有的集成了多累加器结构，或者使用寄存器阵列来代替累加器，即赋予更多寄存器以累加器的功能，目的是解决累加器的“交通堵塞”问题，提高单片机的软件效率。

在乘、除法指令中，乘法指令中的两个操作数分别取自累加器 A 和寄存器 B，其结果存放于 AB 寄存器对，其中低 8 位送入累加器 A 中，而高 8 位送入寄存器 B 中。除法指令中，被除数取自累加器 A，除数取自寄存器 B，其结果存放于累加器 A、余数存放于寄存器 B 中。

③程序状态字（Program Status Word，PSW）。

程序状态字是一个 8 位寄存器，用于存放程序运行的状态信息，这个寄存器的一些位可由软件设置，有些位则由硬件运行时自动设置。寄存器的各位功能如表 1－6 所示，其中 PSW. 1 是保留位，未使用。

表 1－6　程序状态字

位序	位标志	功　　能
PSW. 7	CY	进位标志位，此位有两个功能：一是存放执行某些算术运算时，存放进位标志，可被硬件或软件置位或清零。二是在位操作中作累加位使用
PSW. 6	AC	辅助进位标志位，进行加、减运算时，当有低 4 位向高 4 位进位或借位时，AC 置位，否则被清零。AC 辅助进位也常用于十进制调整
PSW. 5	F0	用户标志位，供用户设置的标志位

续表

位序	位标志	功　能
PSW. 3	RS1	RS1 和 RS0 用来设置选择寄存器组
PSW. 4	RS0	
PSW. 2	OV	溢出标志，带符号加减运算中，超出了累加器 A 所能表示的符号数有效范围（-128～+127）时，即产生溢出，OV=1，表明运算结果错误。如果 OV=0，表明运算结果正确。 执行加法指令 ADD 时，当位 6 向位 7 进位，而位 7 不向 C 进位时，OV=1。或者位 6 不向位 7 进位，而位 7 向 C 进位时，同样 OV=1。 乘法指令乘积超过 255 时，OV=1，表明乘积在 AB 寄存器对中。若 OV=0，则说明乘积没有超过 255，乘积只在累加器 A 中。 除法指令，OV=1，表示除数为 0，运算不被执行。而 OV=0 可执行除法运算
PSW. 1	-	该位保留
PSW. 0	P	奇偶校验位，声明累加器 A 的奇偶性，每个指令周期都由硬件来置位或清零，若值为“1”的位数为奇数，则 P 置位，否则清零

④数据指针（DPTR）。

数据指针为 16 位寄存器，编程时，既可以按 16 位寄存器来使用，也可以按两个 8 位寄存器来使用，即高位字节寄存器 DPH 和低位字节寄存器 DPL。数据指针主要是用来保存 16 位地址，当对 64KB 外部数据存储器寻址时，可作为间接地址寄存器使用，此时，在汇编程序中使用如下两条指令：

```
MOVX A，@ DPTR
MOVX @ DPTR，A
```

在访问程序存储器时，数据指针可用来作基址寄存器，采用“基址+变址”寻址方式访问程序存储器，这条汇编指令常用于读取程序存储器内的表格数据。指令如下：

```
MOVC A，@ A + @ DPTR
```

⑤堆栈指针 SP（Stack Pointer）。

堆栈是一种数据结构，它是一个 8 位寄存器，它指示堆栈顶部在内部 RAM 中的位置。系统复位后，SP 的初始值为 07H，使得堆栈实际上是从 08H 开始的。但从 RAM 的结构分布可知，08H～1FH 隶属于 1～3 工作寄存器区，若编程时需要用到这些数据单元，必须对堆栈指针进行初始化，原则上设在任何一个区域均可，但一般设在 30H～1FH 之间较为适宜。

数据写入堆栈称为入栈（Push，有些文献也称作插入运算或压入），从堆栈中取出数据称为出栈（Pop，也称为删除运算或弹出），堆栈的最主要特征是“后进先出”规则，也即最先入栈的数据放在堆栈的最底部，而最后入栈的数据放在堆栈的顶部，因此，最后入栈的数据出栈时是最先的。这和我们往一个箱里存放书本一样，若想将最先放入箱子底部的书取出，必须先取走其上方的书籍。

那么堆栈有何用途呢？堆栈的设立是为了中断操作和子程序的调用而用于保存数据的，即常说的断点保护和现场保护。微处理器无论是转入子程序还是中断服务程序的执行，执行完后，都要回到主程序中来，在转入子程序和中断服务程序前，必须先将现场的数据保存起来，否则返回时，CPU 并不知道原来的程序执行到哪一步，原来的中间结果如何。所以在转入执行其他子程序前，要先将需要保存的数据压入堆栈中保存，以备返回时再复原当时的数据，供主程序继续执行。

⑥I/O 端口专用寄存器（P0、P1、P2、P3）

I/O 端口寄存器 P0、P1、P2 和 P3 分别是 MCS－51 单片机的 4 组 I/O 端口锁存器。MCS－51 单片机并没有专门的 I/O 端口操作指令，而是把 I/O 端口也当作一般的寄存器来使用，汇编程序中数据传送都统一使用 MOV 指令来进行，这样的好处在于，4 组 I/O 端口还可以当作寄存器直接寻址方式参与其他操作。

⑦定时/计数器（TL0、TH0、TL1 和 TH1）。

MCS－51 单片机中有两个 16 位的定时/计数器 T0 和 T1，它们由 4 个 8 位寄存器组成，两个 16 位定时/计数器是完全独立的。我们可以单独对这 4 个寄存器进行寻址，但不能把 T0 和 T1 当作 16 位寄存器来使用。

⑧定时/计数器方式选择寄存器（TMOD）。

TMOD 是一个专用寄存器，用于控制两个定时/计数器的工作方式，详细的内容将在后续模块中叙述。

⑨串行数据缓冲器（SBUF）。

串行数据缓冲器用来存放需发送和接收的数据，它由两个独立的寄存器组成，一个是发送缓冲器，另一个是接收缓冲器，发送和接收的操作其实都是对串行数据缓冲器进行的。

除了以上简述的几个专用寄存器外，还有 IP、IE、TCON、SCON 和 PCON 等寄存器，这几个控制寄存器主要用于中断和定时，本书将在后续模块中详细说明。

二、Keil uVision2 集成开发环境

Keil uVision2 是德国 Keil Software 公司出品的 51 系列单片机 C 语言开发软件，使用接近于传统 C 语言的语法来开发，与汇编相比，C 语言在功能、结构性、可读性、可维护性上有明显的优势，因而易学易用，而且大大地提高了工作效率和项目开发周期，它还能嵌入汇编，可以在关键的位置嵌入，使程序达到接近于汇编的工作效率。Keil C51 标准 C 编译器为 8051 微控制器的软件开发提供了 C 语言环境，同时保留了汇编代码高效、快速的特点。Keil C51 标准 C 编译器的功能不断增强，使用户可以更加贴近 CPU 本身及其他的衍生产品。

Keil uVision2 是众多单片机应用开发的优秀软件之一，支持所有的 Keil 8051 工具，包括 C 编译器、宏汇编器、连接/定位器和目标代码到 Hex 的转换器。它集编辑、编译、仿真于一体，支持汇编、PLM 语言和 C 语言的程序设计。Keil Software 公司在 2005 年被 ARM 公司收购。2006 年 1 月 30 日 ARM 公司推出针对各种嵌入式处理器的软件开发工具，集成 Keil uVision3 的 RealView MDK 开发环境，2009 年 2 月又发布了 Keil uVision4，但这两个新的版本都没能取代 Keil uVision2，由于 Keil uVision2 的体积小、安装简单、界面友好和易学易用，被广大单片机爱好者一直广泛使用至今。

Keil C51 软件提供丰富的库函数和功能强大的集成开发调试工具，全 Windows 界面，使用户在很短的时间内就能学会使用 Keil C51 开发单片机应用程序。

另外，重要的一点是只要看一下编译后生成的汇编代码，就能体会 Keil C51 生成目标代码的效率非常之高，多数语句生成的汇编代码很紧凑、容易理解，在开发大型软件时更能体现高级语言的优势。

（一）Keil uVision2 绿色版的安装

直接将 Keil uVision2 绿色版软件解压到 C 盘根目录即可使用。如图 1－12 所示，目标路径选“C:\”，点击“确定”，即可正确完成解压。

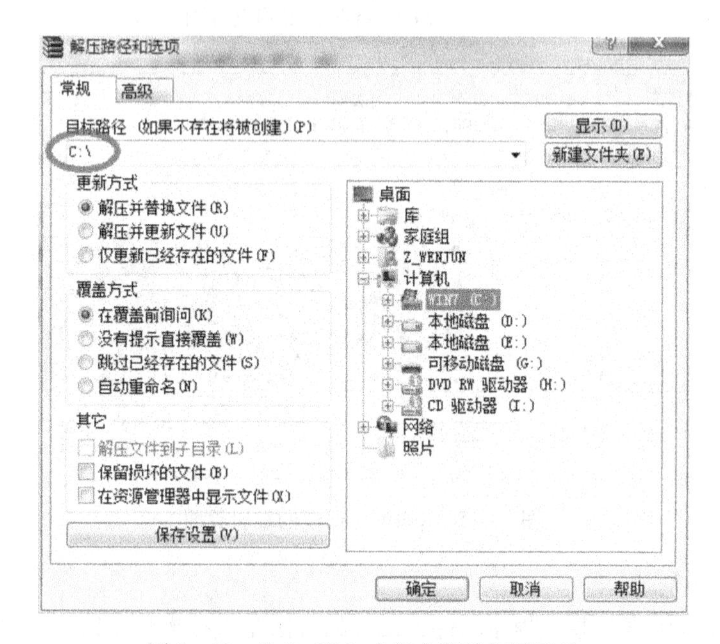

图 1－12　Keil uVision2 绿色版的解压目录

解压完成后，将“C:\Keil\UV2\UV2. exe”发送到桌面快捷方式，如图 1－13 所示，以后只需要点击桌面的快捷方式就能打开该软件了。

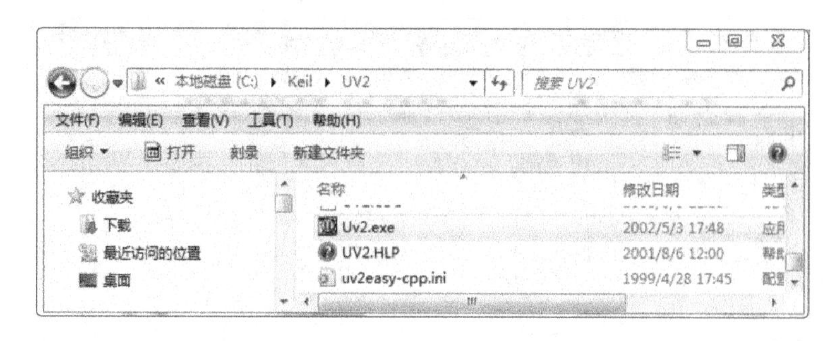

图 1－13　Keil uVision2 的实际安装目录

（二）启动

进入 Keil uVision2 后，屏幕如图 1－14 所示，几秒钟后出现编辑界面，如图 1－15 所示。

图 1－14　Keil uVision2 的启动界面

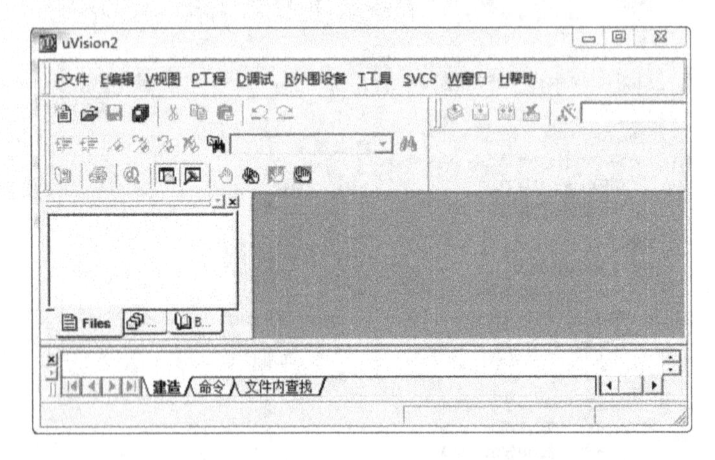

图 1－15　Keil uVision2 的编辑界面

（三）简单程序的调试

学习程序设计语言或某种程序软件，最好的方法是直接操作实践。下面通过简单的编程、调试，引导大家学习 Keil C51 软件的基本使用方法和基本调试技巧。

（1）建立一个新工程。单击“工程”菜单，在弹出的下拉菜单中选中“新建工程”选项，如图 1－16 所示。

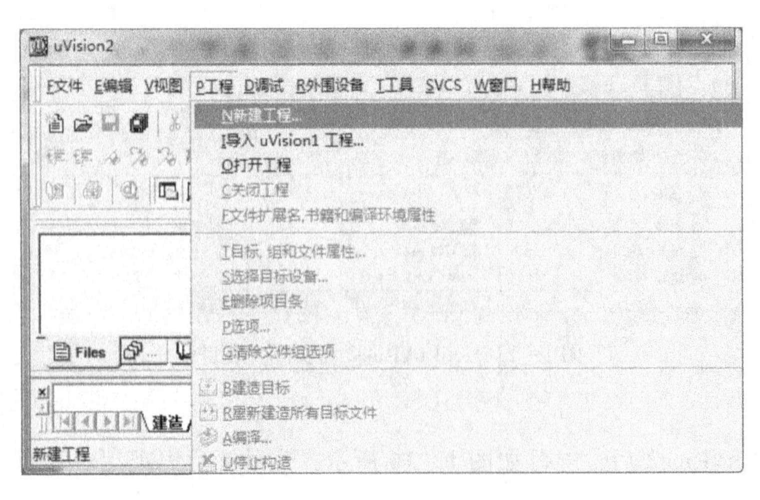

图 1－16　建立一个新工程

（2）选择要保存的路径。输入工程文件的名字，比如保存到“d:\ 任务 1. 让一只 LED 闪烁起来”目录里，工程文件的名字为“任务 1. 让一只 LED 闪烁起来 . uv2”，如图 1 - 17 所示，然后点击“保存”。

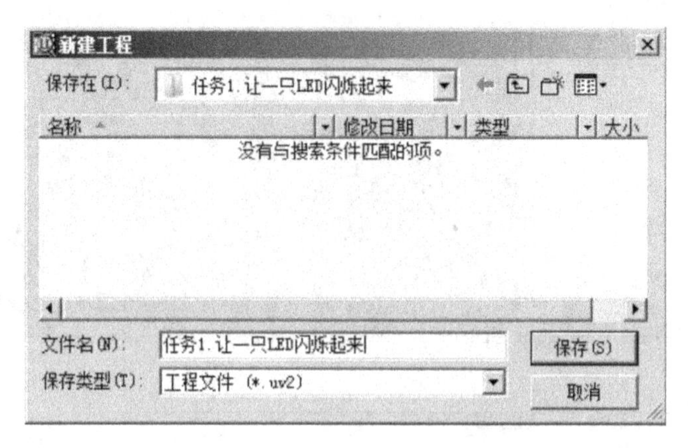

图 1 - 17　保存的路径

（3）选择单片机的型号。可以根据你使用的单片机来选择，Keil C51 几乎支持所有的 51 内核的单片机，在这里还是以大家用得比较多的 Atmel 的 89C51 来说明，如图 1 - 18 所示，选择“AT89C51”之后，右边栏是对这个单片机的基本说明，然后点击“确定”。完成之后，屏幕如图 1 - 19 所示。

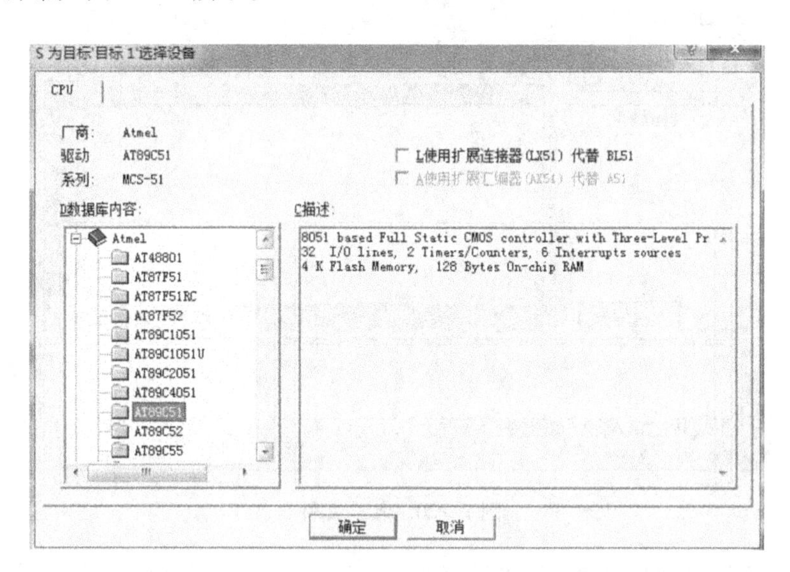

图 1 - 18　选择单片机的型号

（4）编写第一个程序。单击“文件”菜单，在下拉菜单中单击“新建”选项，新建文件后屏幕如图 1 - 20 所示。

此时光标在编辑窗口里闪烁，用户便可以键入应用程序了，但笔者建议首先保存该空白文件：单击菜单上的“文件”，在下拉菜单中选中“另存为”选项，如图 1 - 21 所示，在“文件名”栏右侧的编辑框中，键入欲使用的文件名，同时，必须键入正确的扩展名。

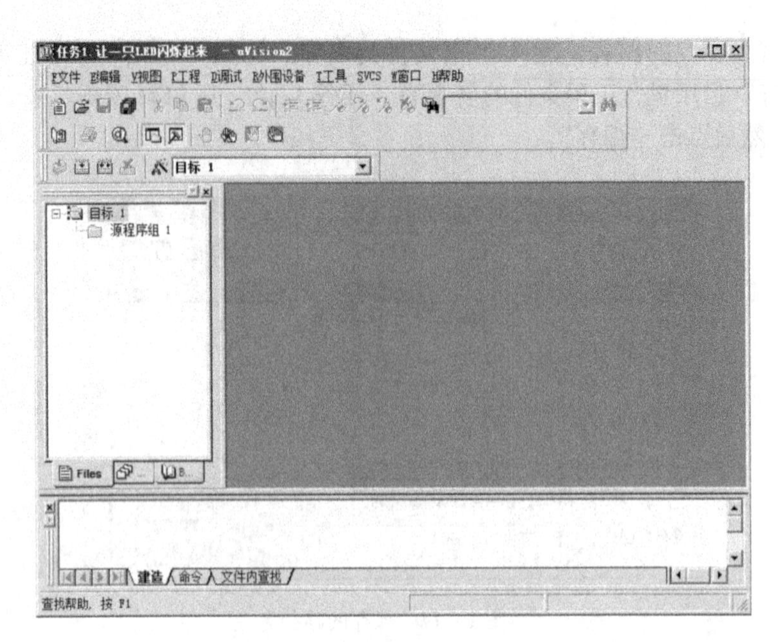

图 1－19　完成后的界面

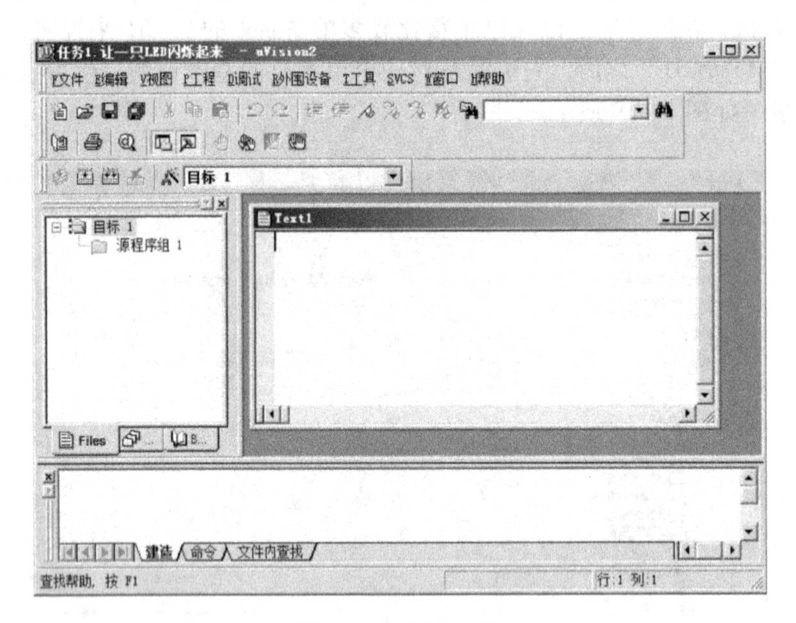

图 1－20　新建文件

注意，如果用 C 语言编写程序，则扩展名为“. c”；如果用汇编语言编写程序，则扩展名必须为“. asm”。然后，单击“保存”按钮。

（5）回到编辑界面后，单击“目标 1”前面的“＋”号，然后在“源程序组 1”上单击右键，弹出如图 1－22 所示菜单，单击“增加文件到组‘源程序组 1’”，如图 1－23 所示，选中“任务 1. 让一只 LED 闪烁起来 . c”，然后单击“Add ”，单击后界面如图 1－24 所示。这时“源程序组 1”文件夹中多了一个子项“任务 1. 让一只 LED 闪烁起来 . c”，子项的多少与所增加的源程序的数量相同。

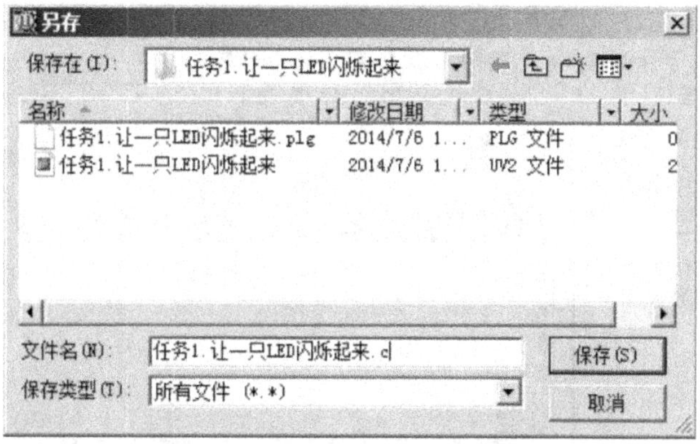

图 1－21　另存为 C 语言编写程序

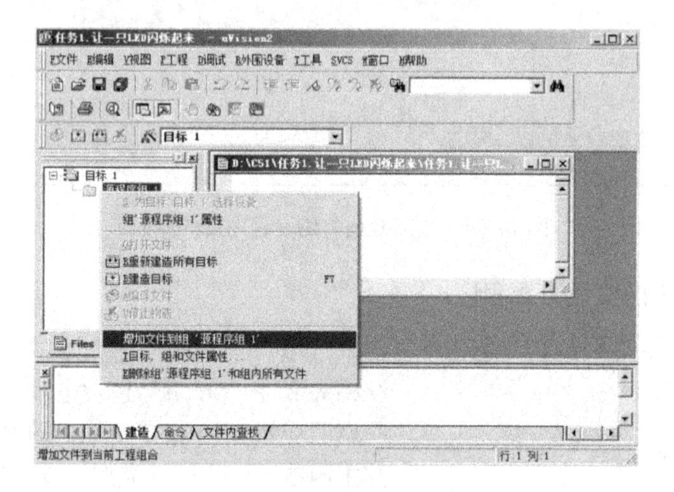

图 1－22　弹出菜单

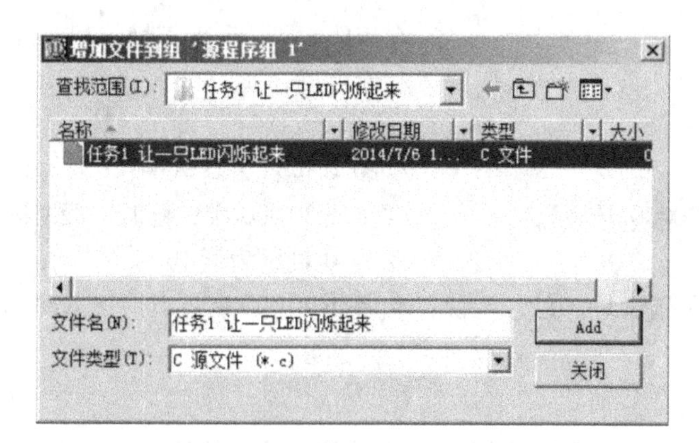

图 1－23　添加 C 语言编写程序

注意：

此处若有现成的源程序（如在网盘里的本例源程序），也可以直接将网盘里的“任务 1. 让一只 LED 闪烁起来 . c”添加到项目，即可省去第（4）步。

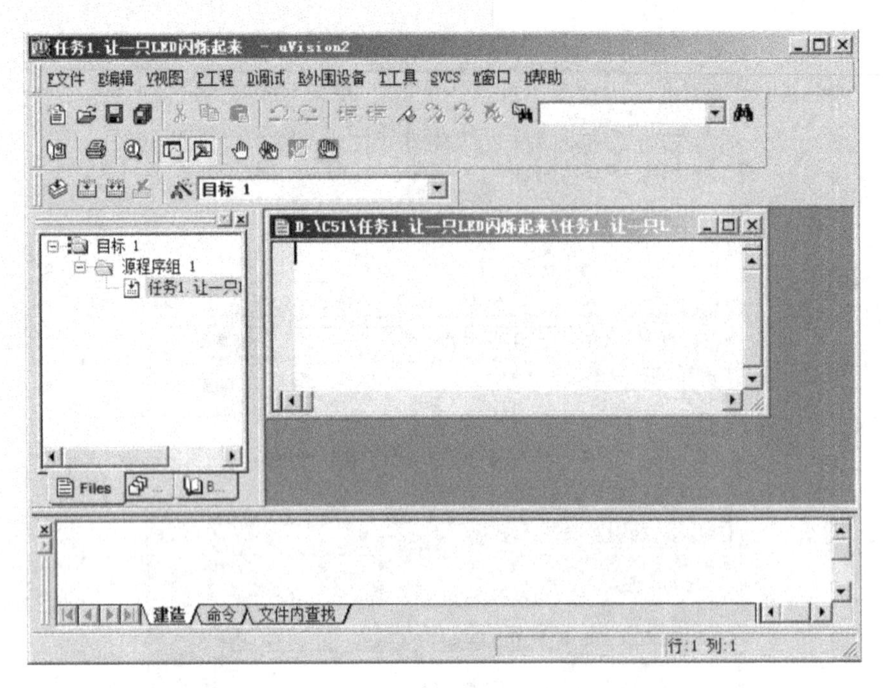

图 1－24　添加 C 语言编写程序后的界面

（6）输入如下的 C 语言源程序：

```
/＊＊任务 1. 让一只 LED 闪烁起来＊＊/
#include  <stc.h>                      //将头文件“stc.h”包含进来
sbit LED = P0^0;                        //声明变量 LED 指向单片机的 P0.0
main ()                                 //主函数，void 指空类型，没有返回值
{
  unsigned int i;                       //声明 i 是一个无符号整型变量（0～65535）
  while (1)                             //无穷循环
  {
    LED = 1;                            //P0.0 设置为高电平
    for(i = 0; i < 30000; i ++);        //循环 30000 次，延时一段时间
    LED = 0;                            //P0.0 设置为低电平
    for(i = 0; i < 30000; i ++);        //循环 30000 次，延时一段时间
  }
}
```

在输入上述程序时，可以看到事先保存待编辑的文件的好处：即 Keil C51 会自动识别关键字，并以不同的颜色提示用户加以注意，这样会使用户少犯错误，有利于提高编程效率。程序输入完毕后，如图 1－25 所示。

（7）单击“工程”菜单，再在下拉菜单中单击“建造目标”选项（或者使用快捷键 F7），如图 1－26 所示，若无错误，将出现“编译成功，没有错误”的提示，如图 1－27 所示。

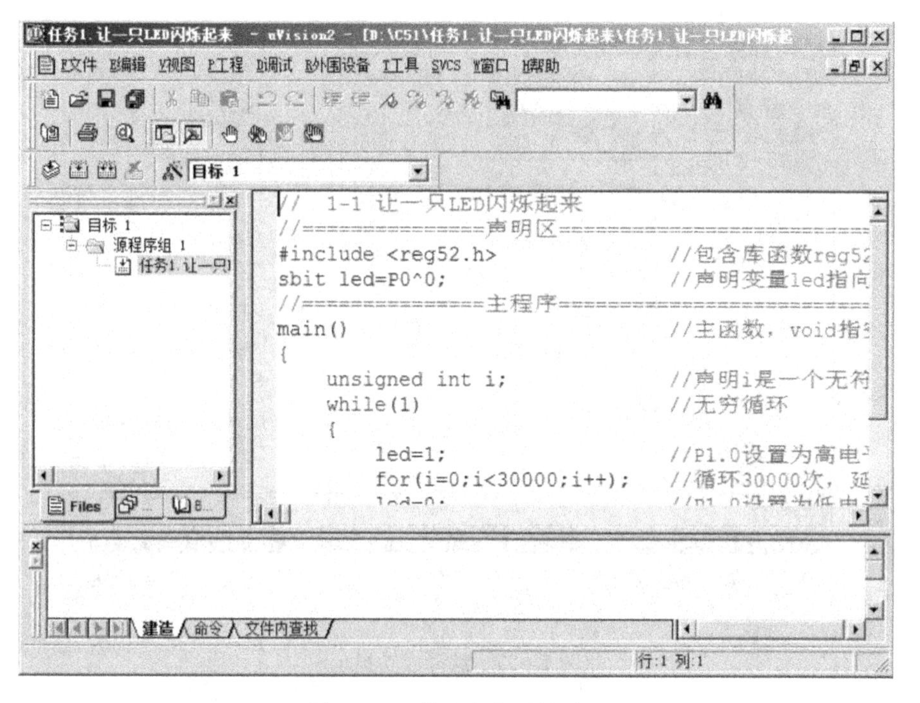

图 1－25　输入程序后的界面

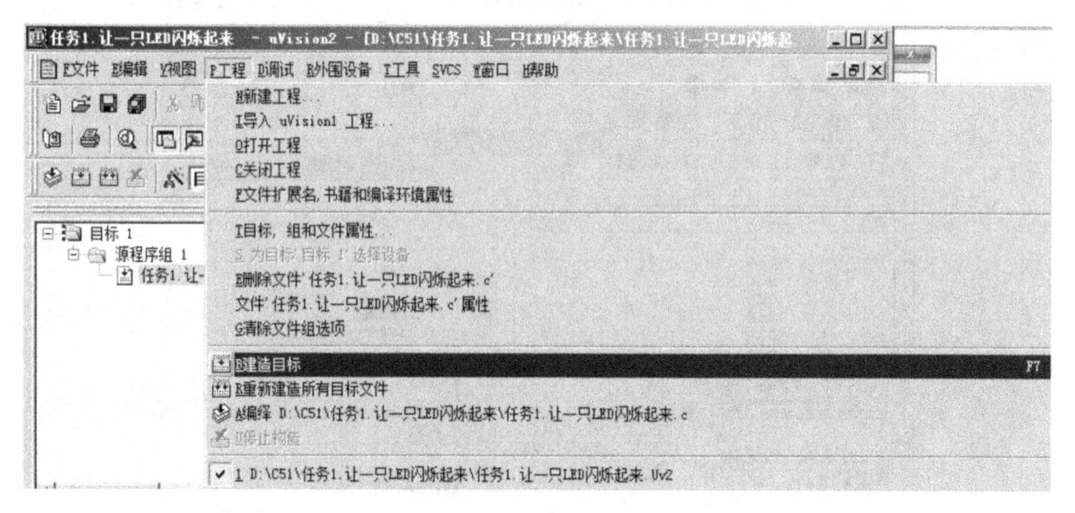

图 1－26　建造目标

（8）调试程序（初学者可跳过此步）：单击“调试”菜单，在下拉菜单中单击“开始调试”选项（或者使用快捷键 Ctrl + F5），双击“led = 0;”行就能在该行设置一个断点，行首将出现红块。然后单击“外围设备”菜单，在下拉菜单中单击“I/O Ports”下的“Port 1”选项，将打开 P1 端口监视，完成后如图 1－28 所示。

（9）单击（初学者可跳过此步）“运行”（或者使用快捷键 F5），程序将快速运行到断点行，然后单击“单步运行”（或者按 F10），这时可看到“led = 0”的效果：P1.0 由“1”变成“0”，如图 1－29 所示。

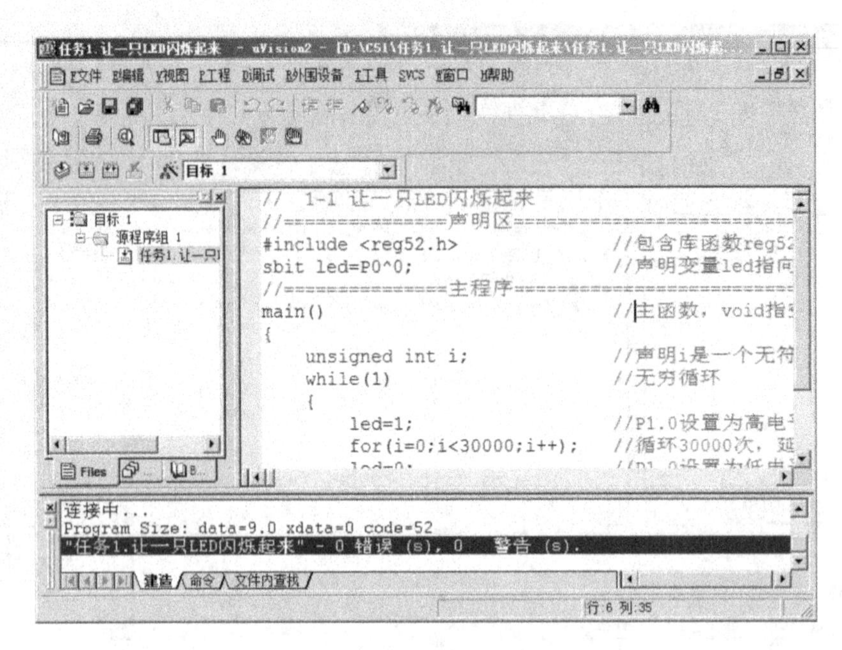

图 1－27　编译成功提示

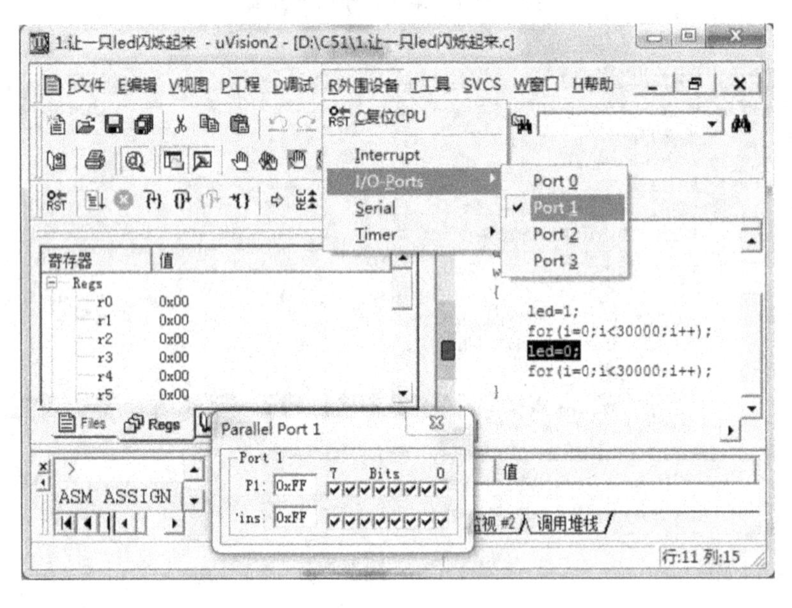

图 1－28　调试

以上只是纯 Keil 软件的开发过程，如何使用 Proteus 仿真软件或用配套实验板查看程序运行的结果呢？单击“工程”菜单，在下拉菜单中单击“目标‘目标 1’属性”，再在如图 1－30 所示界面中，单击“输出”中的“生成 Hex 文件”选项，使程序编译后产生 Hex 代码，供 Proteus 仿真软件和配套实验板实际程序下载使用。把程序下载到单片机（或 Proteus 仿真单片机）中，在电路中运行程序。

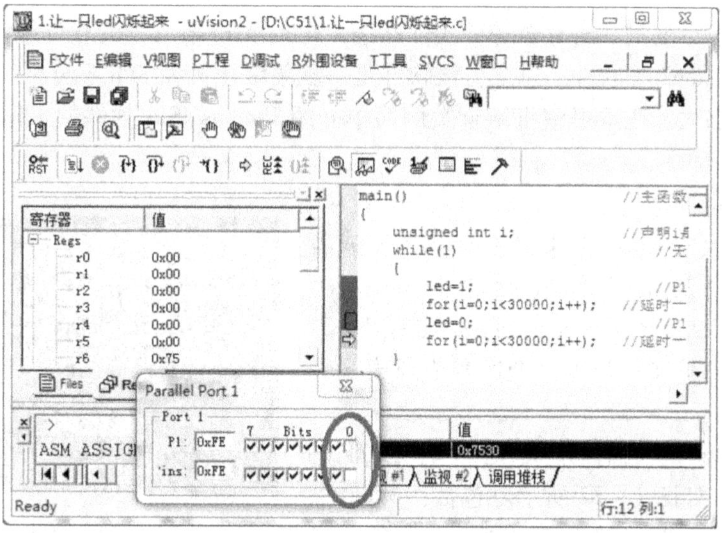

图 1－29　P1.0 由“1”变成“0”

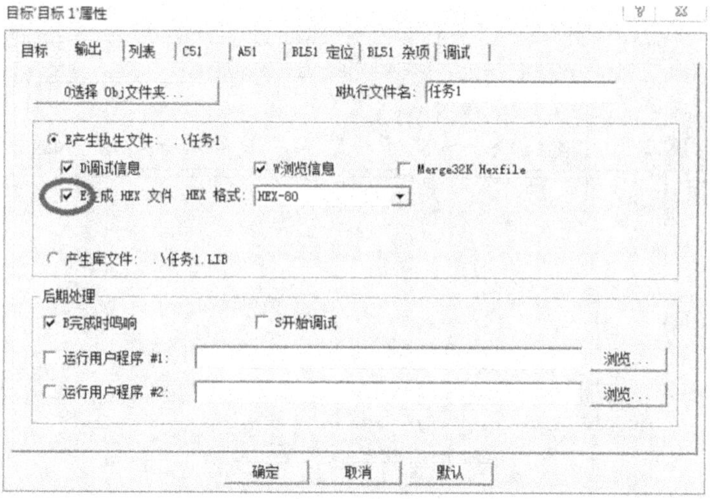

图 1－30　设置使生成 Hex 文件

三、Proteus ISIS 仿真环境

Proteus ISIS 是英国 Labcenter 公司开发的电路分析与实物仿真软件。它运行于 Windows 操作系统上，可以仿真、分析（SPICE 分析）各种模拟器件和集成电路。该软件的特点是实现了单片机仿真和 SPICE 电路仿真相结合，具有模拟电路仿真、数字电路仿真、单片机及其外围电路组成的系统的仿真、RS232 动态仿真、I2C 调试器、SPI 调试器、键盘和 LCD 系统仿真的功能，有各种虚拟仪器，如示波器、逻辑分析仪、信号发生器等。它支持主流单片机系统的仿真，目前支持的单片机类型有：68000 系列、8051 系列、AVR 系列、PIC12 系列、PIC16 系列、PIC18 系列、Z80 系列、HC11 系列以及各种外围芯片。

Proteus ISIS 提供软件调试功能，在硬件仿真系统中具有全速、单步、设置断点等调试功能，可以观察各个变量、寄存器等的当前状态，同时支持第三方的软件编译和调试环境，如 Keil C51 uVision2 等软件。总之，该软件是一款集单片机和 SPICE 分析于一身的仿真软件，功能极其强大。在本书中将结合实例简单介绍 Proteus ISIS 软件的工作环境和一些基本操作。

（一）启动 Proteus ISIS

双击桌面上的 ISIS 7.5 Professional 图标或者单击屏幕左下方的"开始/程序/Proteus 7.5 Professional/ISIS 7.5 Professional"，出现如图 1－31 所示的屏幕，表明进入 Proteus ISIS 集成环境。

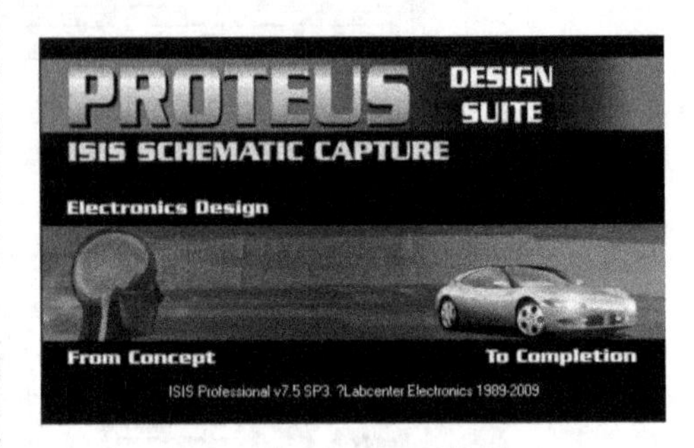

图 1－31　启动时的屏幕

（二）工作界面

Proteus ISIS 的工作界面是一种标准的 Windows 界面，如图 1－32 所示。包括：标题栏、主菜单、标准工具栏、绘图工具栏、状态栏、对象选择按钮、预览对象方位控制按钮、仿真进程控制按钮、预览窗口、对象选择器窗口和图形编辑窗口。

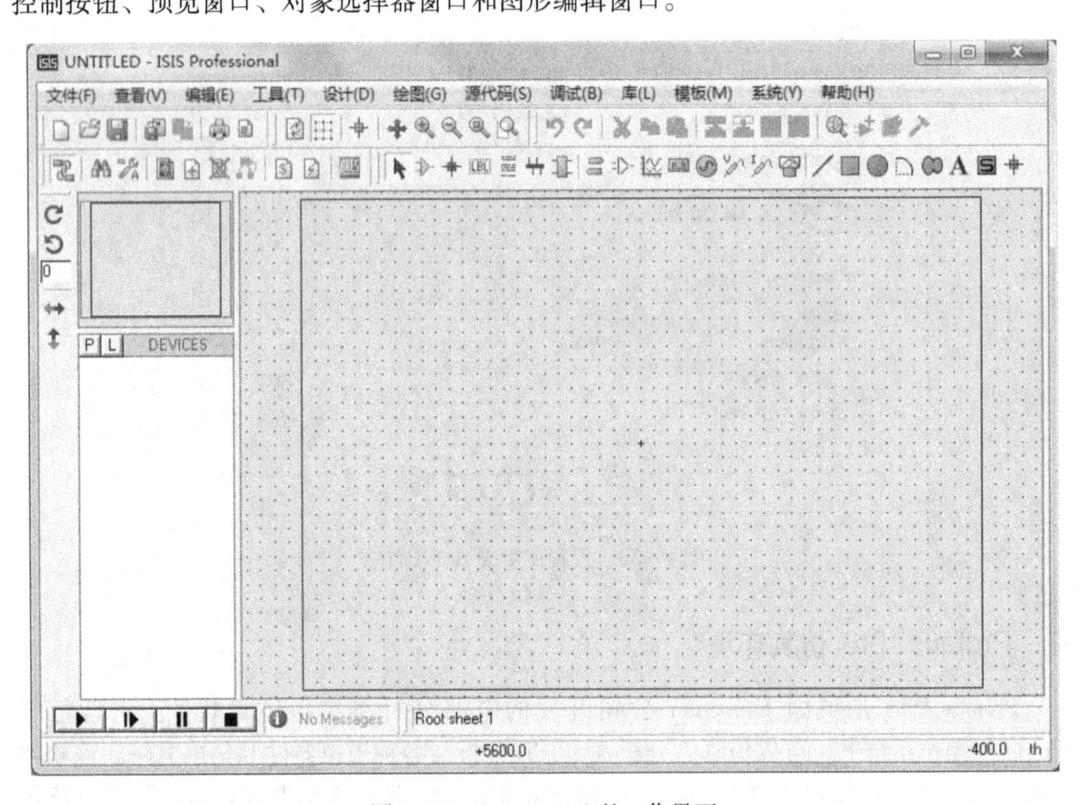

图 1－32　Proteus ISIS 的工作界面

（三）基本操作

（1）打开已有的仿真电路图（本书所有程序都配有对应的仿真电路图），本书中将不对电路图的画法作详细介绍，具体方法参见 Proteus 教程。本例的电路图如图 1－33 所示。

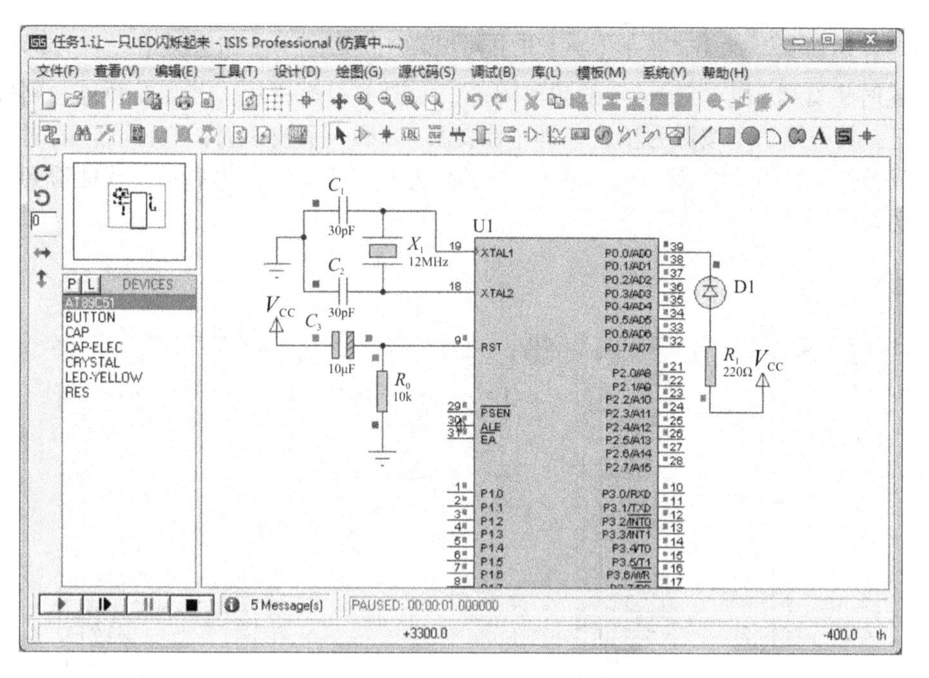

图 1－33　仿真界面

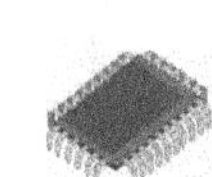

（2）加载 Hex 文件，双击单片机 AT89C51（或者右键单击 AT89C51，然后选择“编辑属性”），将出现“编辑元件”对话框，如图 1－34 所示，在 Program File 选项中选择介绍 Keil uVision2 过程中产生的文件“任务 1. hex”，然后点击“确定”。

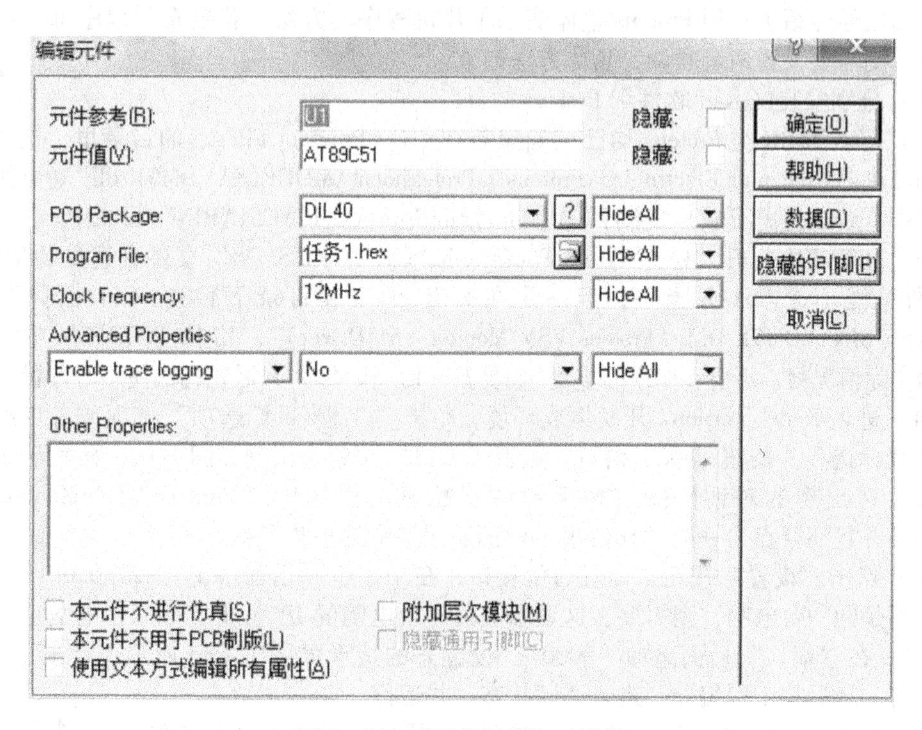

图 1－34　“编辑元件”对话框

（3）开始仿真，点击“　　　　”中的第一个按钮（或者“菜单/调试/执行”），这时将看到 LED 灯按一定的频率闪烁，如图 1－35 所示。若需要暂停，则按下第三个按钮。其中第二个按钮为帧进（即单步仿真），第四个按钮为仿真停止。若对单片机重新下载 Hex 文件（即重新程序下载），则必须先按下停止键，再启动，才能看到程序修改后的现象。

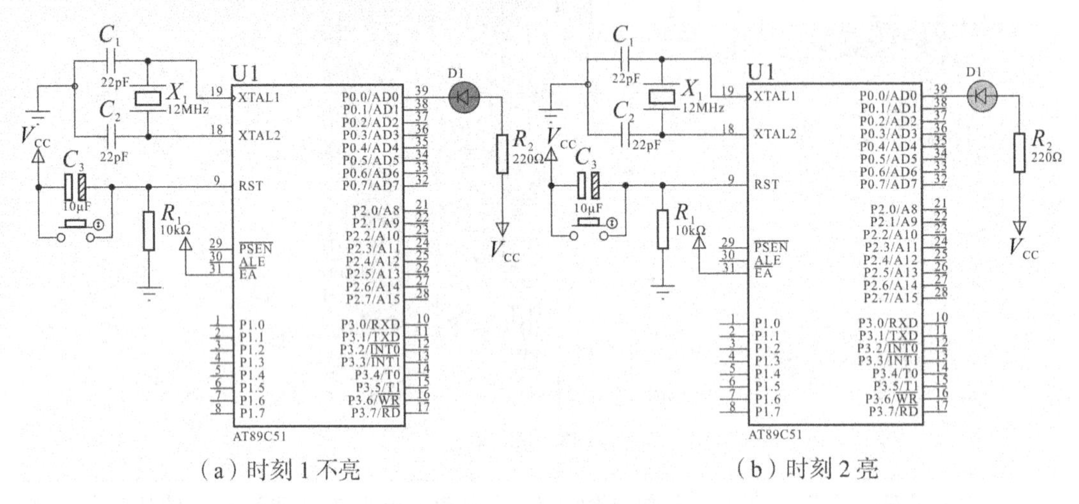

（a）时刻 1 不亮　　　　（b）时刻 2 亮

图 1－35　仿真 LED 闪烁效果

（四）Keil 与 Proteus 联接调试

前面已经介绍了采用 Proteus 整体演示单片机程序的方法，若要看到程序每一步运行的效果，则需要设置两者联调，具体方法如下：

（1）分别安装好 Keil 软件和 Proteus 软件。

（2）假若 KeilC 与 Proteus 均已正确安装在“C:\Program Files”的目录里，把“C:\Program Files\Labcenter Electronics\Proteus 7 Professional\MODELS\VDM51. dll”（可能没有这个文件，若没有需下载）复制到“C:\Program Files\keilC\C51\BIN”目录中。

（3）用记事本打开“C:\Program Files\keilC\C51\TOOLS. INI”文件（这里的 TOOLS. INI 文件可能不在 C51 目录下，但一定在 keilC 的安装目录下），在 C51 栏目下加入“TDRV5 = BIN\VDM51. DLL (Proteus VSM Monitor－51 Driver)”，其中“TDRV5”中的“5”要根据实际情况写，不要和原来的重复。（步骤（1）和（2）只需在初次使用时设置。）

（4）进入 KeilC uVision2 开发集成环境，单击“工程/目标选项”选项或者点击工具栏的“目标选项”按钮，弹出窗口，点击“调试”按钮，出现如图 1－36 所示界面。

（5）在出现的对话框的右栏上部的下拉菜单里选中“Proteus VSM Monitor－51 Driver”，并且还要点击一下“U 使用”前面表明选中的小圆点。

（6）点击“设置”按钮，设置通信接口，在“主机”后面添上“127. 0. 0. 1”，如果使用的不是同一台电脑，则需要在这里添上另一台电脑的 IP 地址（另一台电脑也应安装 Proteus）。在“端口”后面添加“8000”。设置好的情形如图 1－36 所示，点击“确定”按钮即可。最后将工程编译，进入调试状态，并运行。

（7）Proteus 的设置：进入 Proteus 的 ISIS，鼠标左键点击菜单“调试”，选中“使用远程调试监控”，如图 1－37 所示。此后，便可实现 KeilC 与 Proteus 连接调试。

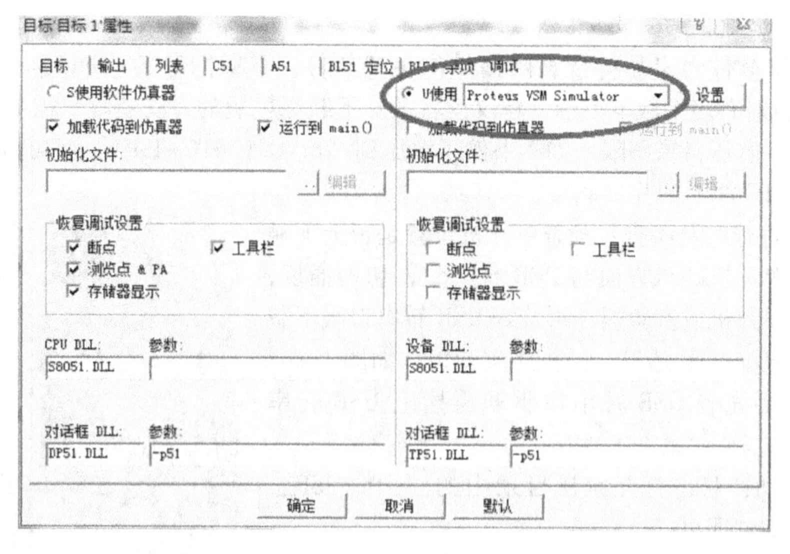

图 1－36　Keil 设置 Proteus 联调

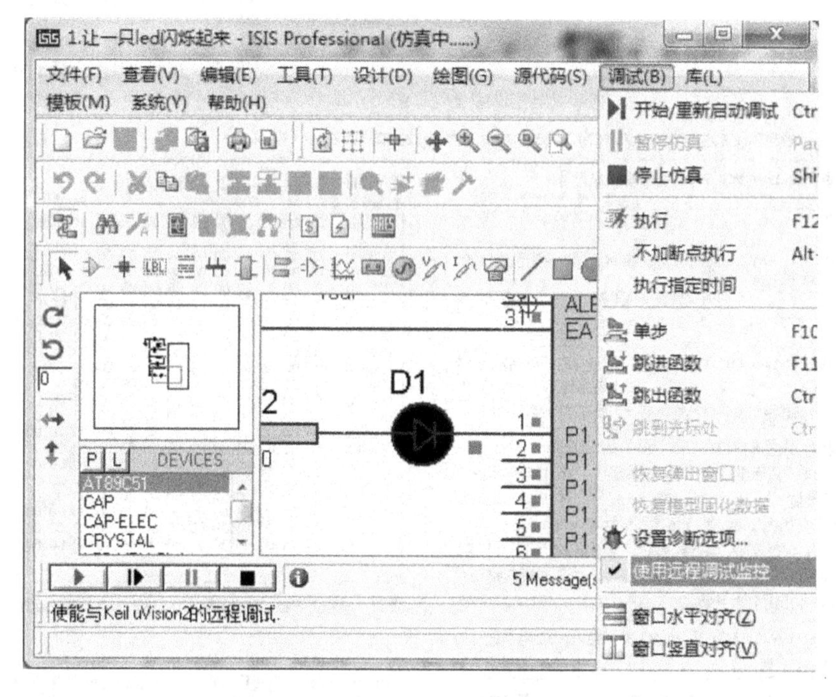

图 1－37　设置 Proteus 远程调试模式

（8）KeilC 与 Proteus 连接仿真调试：单击仿真运行开始按钮，此时能清楚地观察到 Keil 中程序的每一步单步执行都能在 Proteus 中仿真出来。

四、STC－ISP 实验板程序下载环境

STC－ISP 是一款单片机编程程序下载软件，是针对 STC 系列单片机而设计的，可程序下载 STC 系列所有单片机程序，使用简便，现已被广泛使用。

(一) STC-ISP 软件的安装

STC-ISP 软件为宏晶科技官网提供的免费软件，下载网址为“http://www.stcmcu.com/”，下载时有多个版本可选，建议读者最好下载绿色版的，安装时只需要直接解压就可以使用了，解压目录不限，如本书例子解压到“d:\C51\STC-ISP\”就可以了。

(二) 使用 STC-ISP 程序下载

(1) 硬件连线及检查：检查单片机位置是否上下颠倒，应保持单片机缺口方向与 PCB 板一致，切勿插反，否则会烧毁单片机或实验板；再接好 USB 转串口线下载线，一头接电脑 USB 插口，一头接实验板，如图 1-38 所示，注意要先装 USB 转串口驱动再插上 USB 转串口线。

(2) 启动：双击打开解压目录中的“STC_ISP_V483.exe”文件即可。

(3) 图 1-39 是程序下载的主要界面，程序下载过程非常简单，操作也非常简单。按照以下 4 步进行操作。

图 1-38　程序下载时的硬件连接

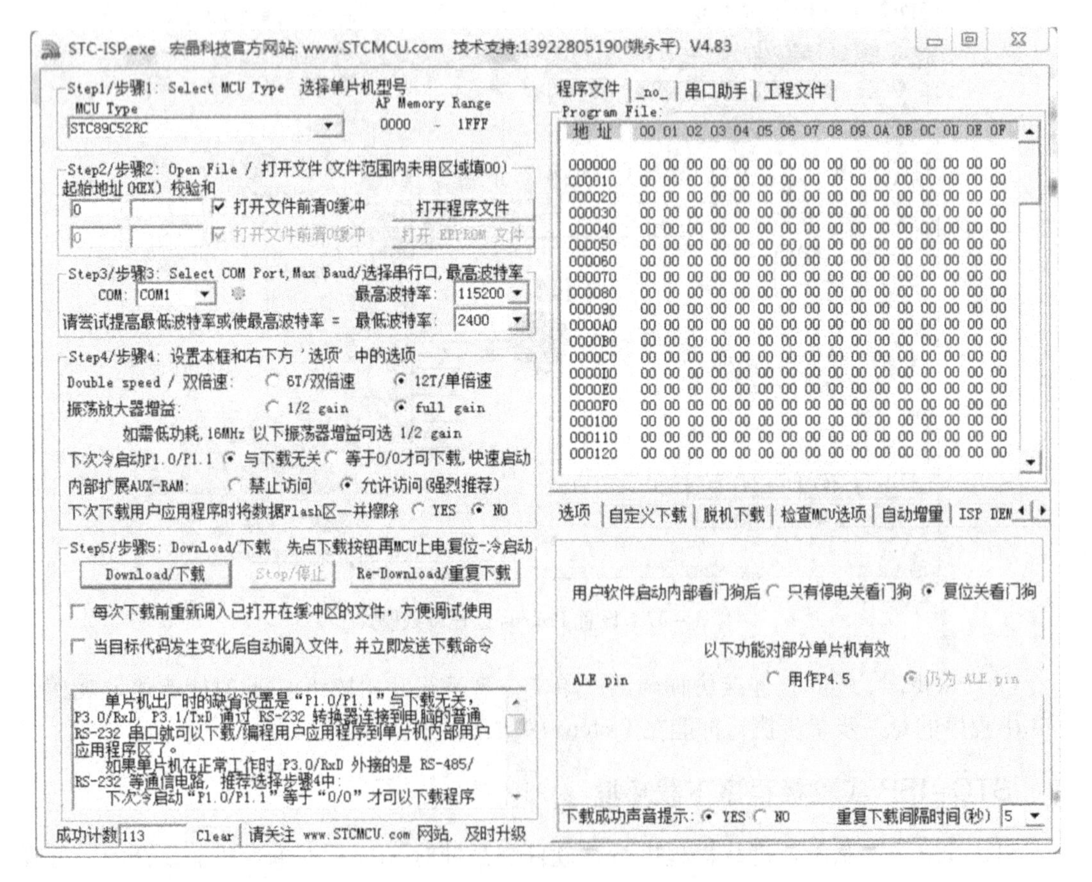

图 1-39　STC-ISP 软件界面

① 选择相对应的单片机型号，如图 1－40 所示。

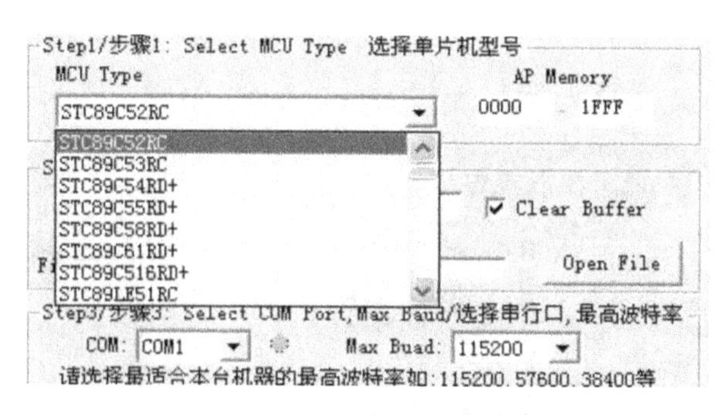

图 1－40　选择单片机型号

② 选择将要被程序下载的 Hex 文件，如图 1－41 所示。

"Hex" 文件就是选择由前面介绍 Keil 软件时产生的"任务 1. hex"，选好文件后，可以发现"文件校验和"中的数据发生了变化，大家可以通过留意这个数据是否变化来确定打开文件是否成功，或者文件刷新是否有更改。当然，文件打开后，会显示在右边的数据区中，大家也可以观察右边数据区是否有更改。不过当数据太多、更改的地方又很少时，观察"文件校验和"会更快更准确。

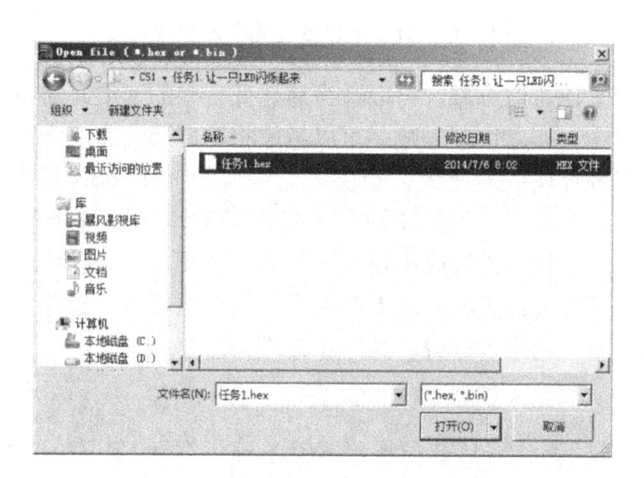

图 1－41　选择待下载的 Hex 文件

③ 设置串口和串口通信波特率，如图 1－42 所示。

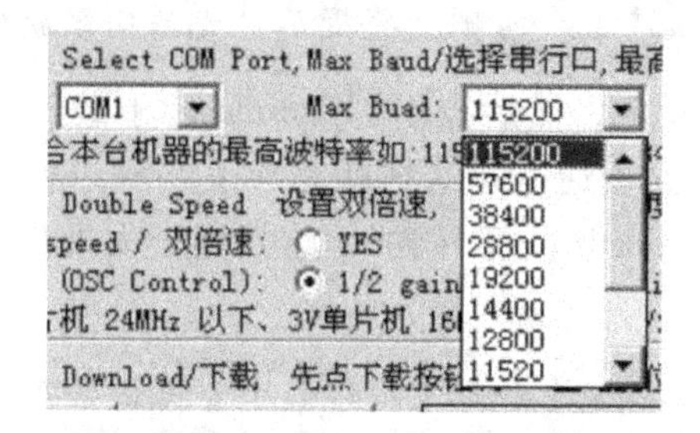

图 1－42　设置串口和串口通信波特率

右键点击“我的电脑”，在弹出的菜单中选择“管理”即可查看串口号，如图1－43所示。

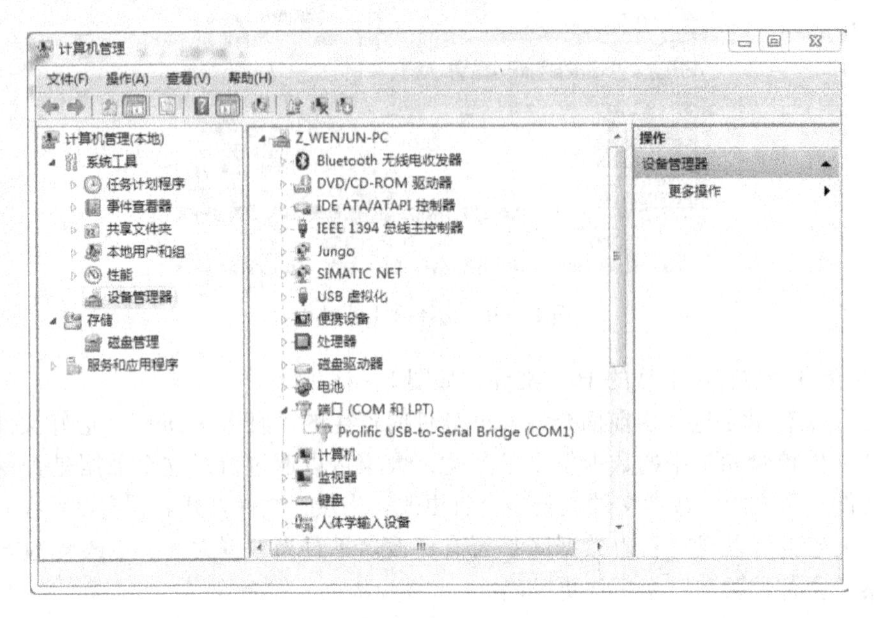

图1－43　查看串口号（此图为COM1）

波特率选择：为了让通信可靠，可以适当地选低一些的速度，这在串口线较长时非常重要。程序下载过程中，如果出现失败，可以考虑将串口通信速度降低再试，下载失败是由于机器配置以及当地环境因素所致，当供电电源偏低（用USB供电的一般都会偏低）和环境干扰过大时，必需选低一点的波特率（即通信速率）。程序下载成功与失败，可以从信息区的提示看出。选择并设置好串口后（一般不需更改），还可以设置时钟倍频，这主要是为了提高工作速度，设置时钟增益是为了降低电磁辐射，这些对于高级工程人员和最终产品会很有用，对于初学者来说，暂时不需理会。

注意：

- 第一次使用时需安装USB转串口驱动：连上实验板，根据操作系统选择并安装相应的驱动。
- 安装完成之后，按照提示的信息，必须重启计算机。
- 如果你的电脑已经安装此驱动或同类不同版本的驱动，则必须先删除原驱动后，重启计算机，才能再次安装。否则，将提示“无法安装新硬件”。

④ 关掉实验板电源超过5s，然后点击“Download/下载”进入程序下载状态，如图1－44所示，之后再次给实验板通电，这样就完成了编程过程，编程过程一般只有几秒钟。也可以点击“Re－Download/重复下载”，这常用于大批量的编程，可避免每次都点

图1－44　程序下载按钮

击“Download/下载”。下载进度页面如图 1-45 所示。

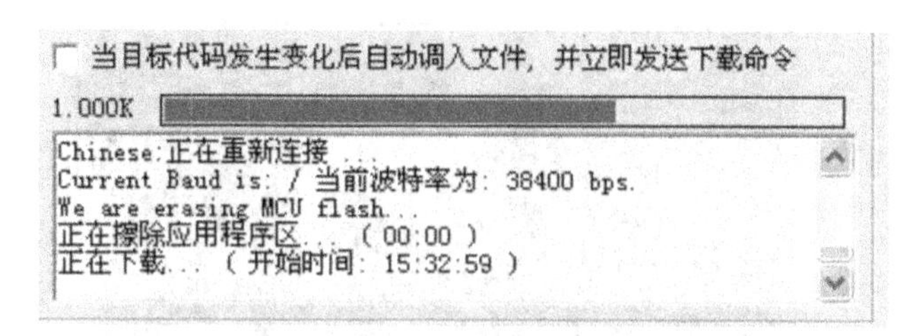

图 1-45 下载进度页面

(三) 关于 STC-ISP 高级功能及使用实验板的注意事项

特别注意第④步里的选项一个都不能动，全部默认即可，否则会有无法下载的危险，有部分用户在写入时无意中选中了高级功能中的“下次程序下载时 P1.0 和 P1.1 要对地短路”的“YES”选项，这样会导致正常操作也无法下载。这时将单片机的 1 脚和 2 脚这两支引脚对 20 脚短路，就可以正常下载，并且下载时将“P1.0 和 P1.1 要对地短路”选项选成“NO”后，可以恢复到之前的设置。

注意：

整个过程中，不要用手或者导体接触单片机集成电路的引脚或者电路，否则很可能会永久性地损坏单片机实验板、集成电路或者电脑主机。其主要原因是：绝大多数的电脑没有采取良好的接地措施，而电脑主机、显示器的电源电路中，又有电容直接连接到市电，这个电压和电流值经常会很高。当我们触摸电脑机箱后，有时会感受到明显的电击，就是这个原因。当本实验用串口线或者 USB 线与电脑相连时，实验板也可能会产生电击现象，而当电流是通过实验板的某个集成电路的引脚或者电路板的某条线路时，可能对集成电路或者电路造成永久性的损坏。

五、配套实验板

本书所有实例都能使用由编者所带领的团队自主研发的配套实验板“NCVT51-JD01”验证程序，实验板全部功能如图 1-46 所示。

(一) 实验板电路图

实验板电路原理图如图 1-47 所示。

(二) 实验板 I/O 端口分配

8 个 LED 灯：接 P0 端口 8 位。

4 位七段共阳极数码管：段码接 P0 端口 8 位，位选码从左至右依次接 P2.0、P2.1、P2.2 和 P2.3。

4*4 矩阵键盘：接 P1 端口 8 位。

通信芯片 MAX232：接 P3.0、P3.1。

2 个独立按键：分别接 P3.2、P3.3。

红外解码芯片：接 P3.2。

18B20 温度传感器：接 P3.5。

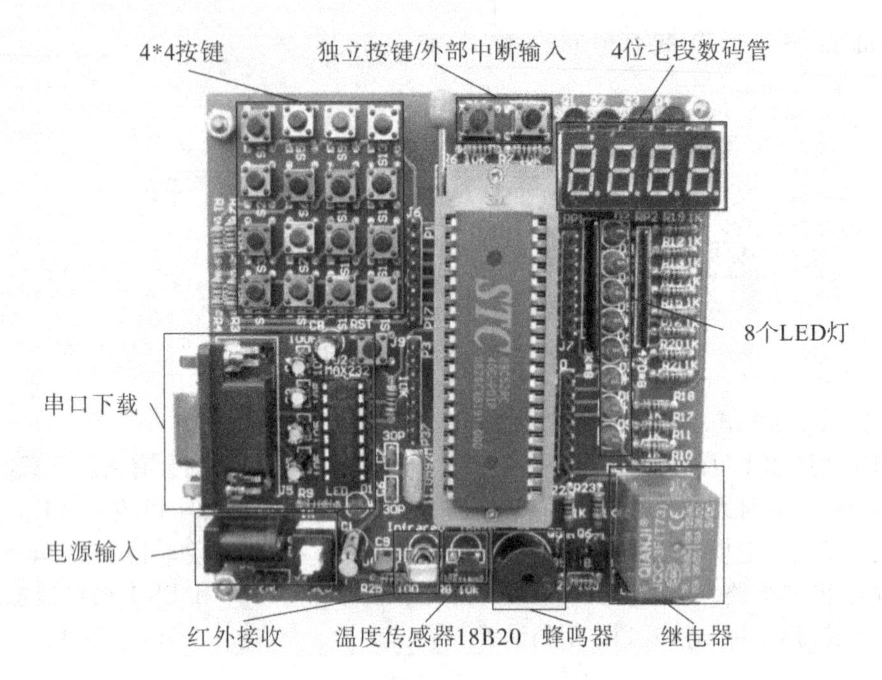

图 1－46　配套实验板实物图

蜂鸣器：接 P3.6。

继电器：接 P3.7。

【任务实施】

（1）准备元器件。

元器件清单如表 1－7 所示。

表 1－7　元器件清单

序号	种类	标号	参数	序号	种类	标号	参数
1	电阻	R_1	10kΩ	5	单片机	U1	STC89C51
2	电阻	R_2	220Ω	6	发光二极管	D1	LED 红
3	电容	C_1、C_2	30pF	7	晶振	X_1	11.0592MHz
4	电容	C_3	10μF				

（2）搭建硬件电路。

本任务对应的仿真电路图如图 1－48 所示，对应的配套实验板 LED 灯部分的电路原理图如图 1－49 所示，本任务用发光二极管 D1 来演示。该电路图可用于仿真和手工制作，读者可按原理图和网盘里的实物图片将单片机的最小系统板制作出来。配套实验板所对应的任务 1 的电路制作实物照片如图 1－50 所示，用万能板制作的任务 1 的正反面电路实物照片如图 1－51 和图 1－52 所示。

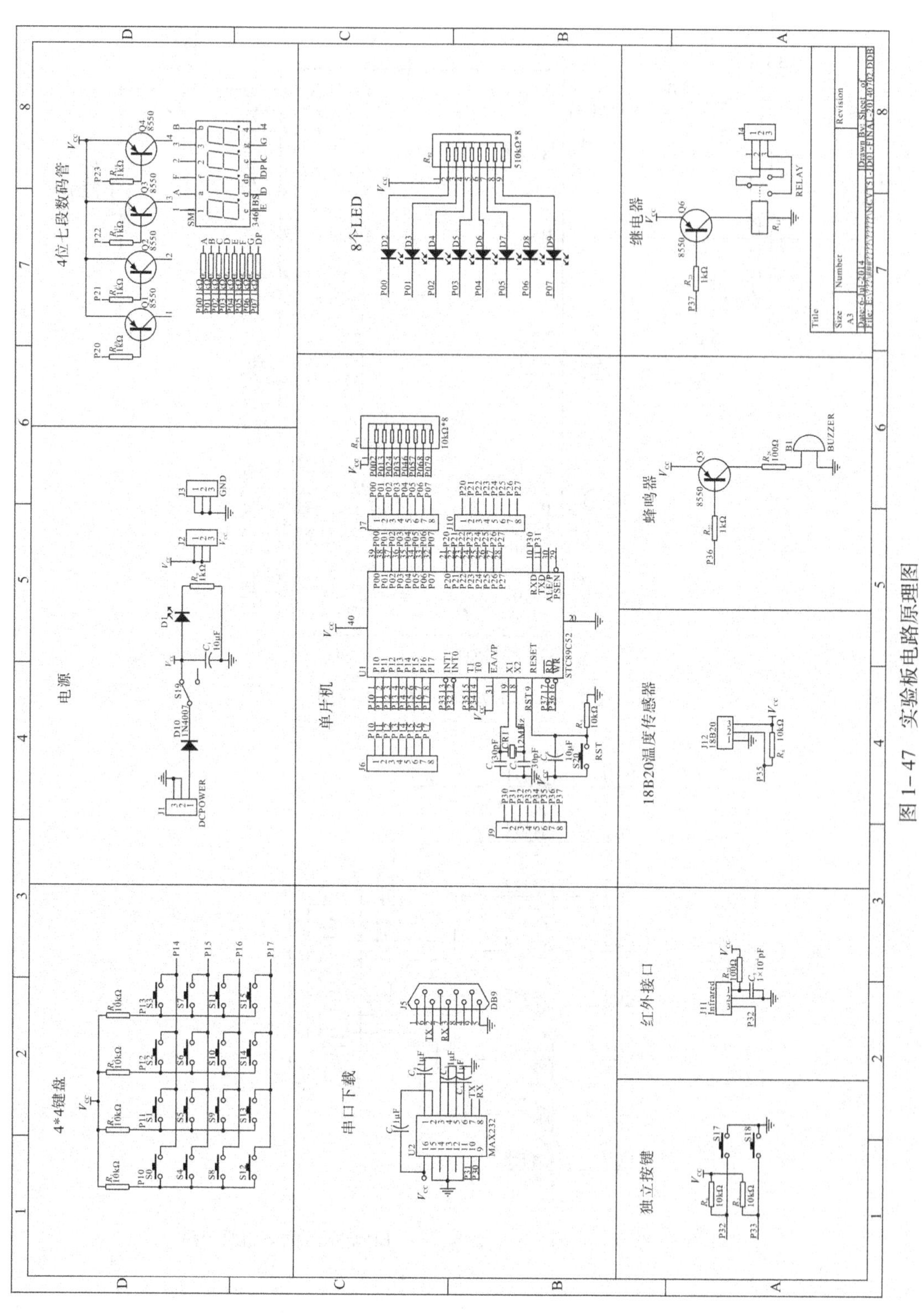

图1-47 实验板电路原理图

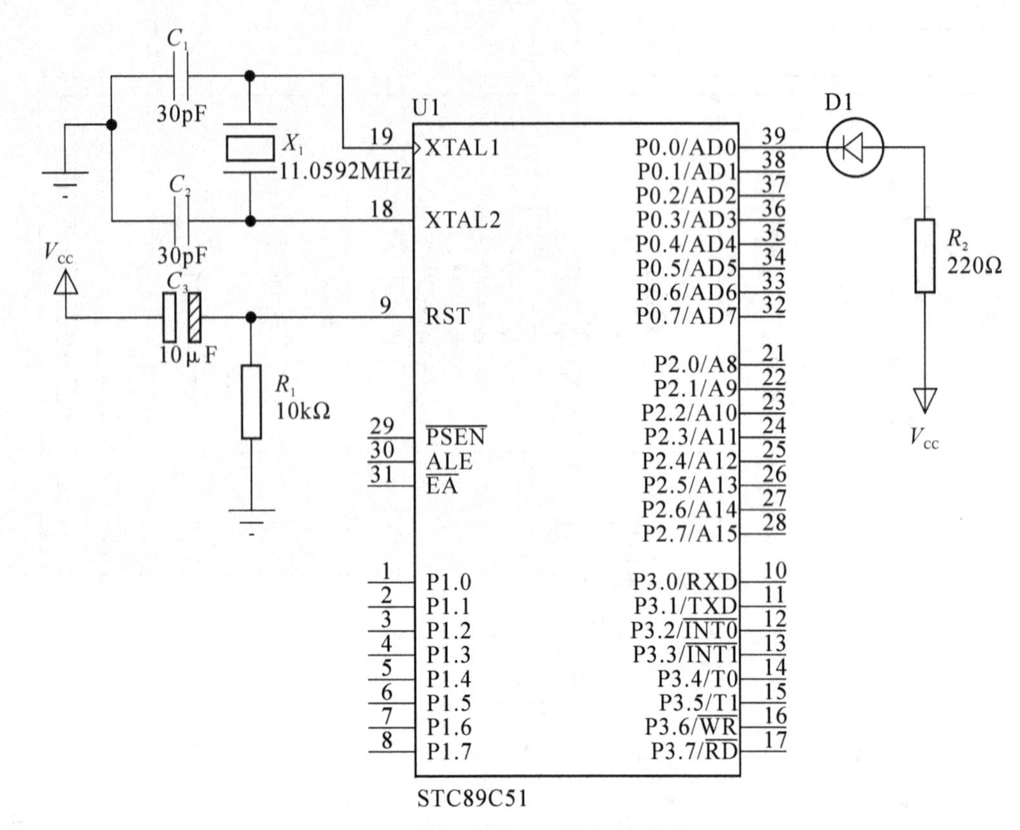

图 1－48　LED 闪烁灯仿真电路图

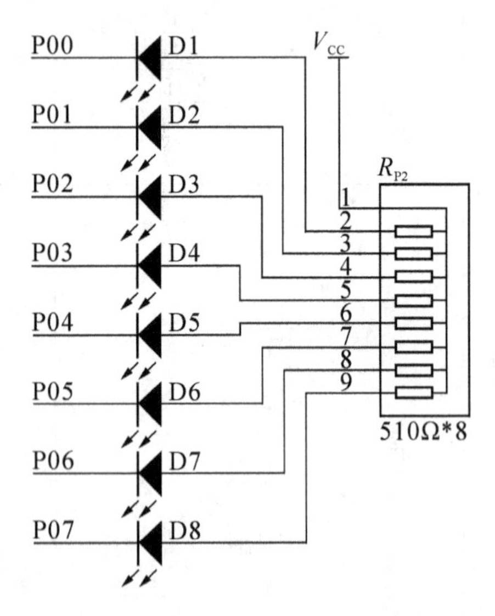

图 1－49　任务 1 所对应的配套实验板 LED 灯部分的电路原理图

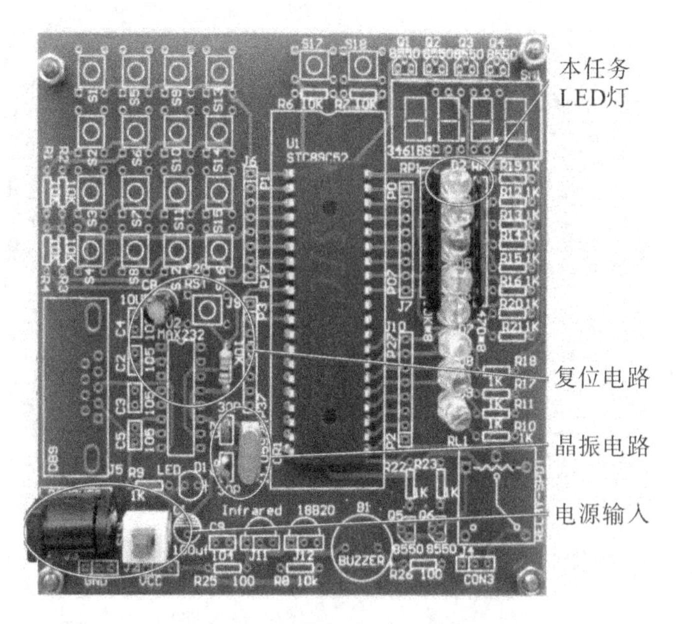

图1－50 任务1的双面板电路制作实物照片

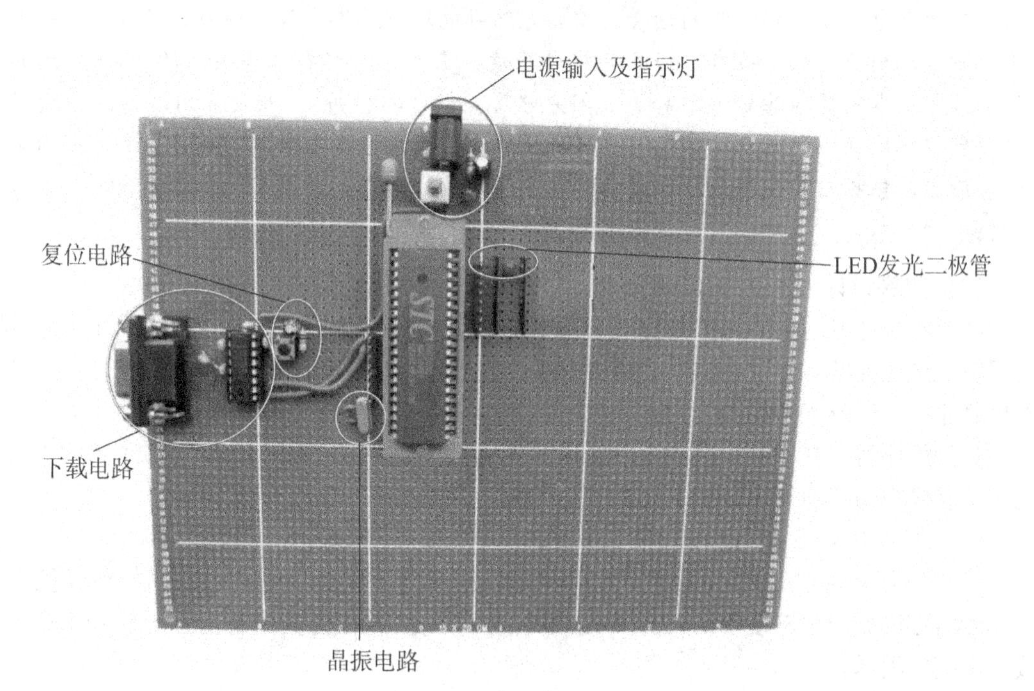

图1－51 任务1的万能板电路制作实物照片正面

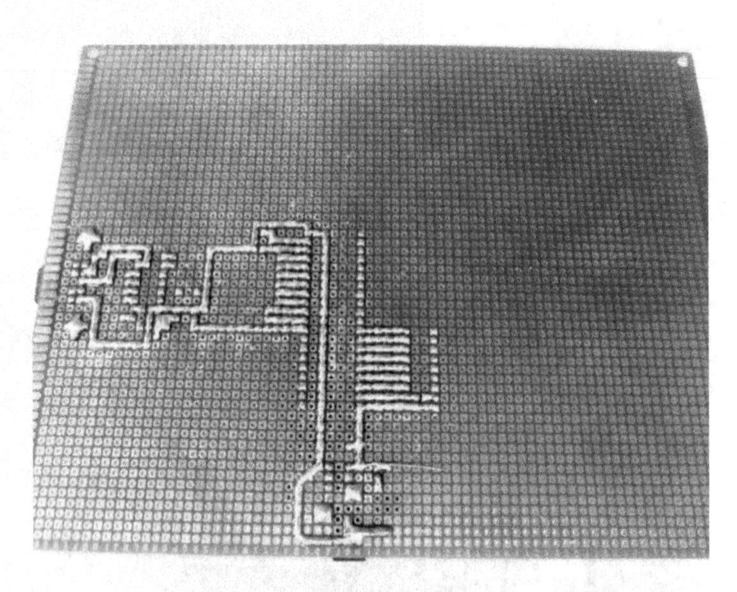

图 1-52 任务 1 的万能板电路制作实物照片反面

注意：

对于无电烙铁焊接经验的读者，需要先练习电路板焊接，找一块万能板练习约一个小时即可。用万能板焊接本次任务有较大难度，需要很好的焊接基础（但本书后续的任务只是在本次焊接基础上添加一小部分电路，相对较容易）；相反，用本书配套的实验版制作本次任务的电路非常简单，只要稍作电路板焊接练习后即可完成本次任务的制作。读者应根据自身条件选择合适的制作方法，建议读者采用本书配套的实验板制作本次任务的电路。

（3）程序设计。

由于本次任务的主要目的是让读者熟悉系统开发环境，对于 C 语言的基本语法和结构留待下次任务学习，这里将直接给出程序，程序清单在前面的知识链接已经给出，这里不再赘述。程序流程图如图 1-53 所示。

写出程序后，在 Keil uVision2 中编译和生成 Hex 文件“任务 1. hex”。具体使用方法见知识链接中的“Keil uVision2 集成开发环境”。

（4）使用 Proteus 仿真。

将“任务 1. hex”加载（相同于实际单片机程序的下载）到仿真电路图的单片机中，具体使用方法见知识链接中的“Proteus ISIS 仿真环境”，在仿真中将清楚地看到 LED 灯按一定频率闪烁。

注意：

修改程序后，需要重新编译连接生成新的“*. Hex”文件，在仿真时每次都需要先点击停止仿真，然后重新点击仿真开始按钮，才能看到程序修改后的现象。

（5）使用配套实验板调试所编写的程序。

本次任务较容易，只需按图 1-38 进行连线，即可下载和运行程序。具体方法详见知识链接中的“STC-ISP 程序下载环境”中的步骤。

程序下载成功后，按下实验板上的电源开关，将看到板上发光二极管 D1 不停闪烁。也可按仿真中的方法修改参数后重新程序下载，此时可看到 LED 灯闪烁速度的变化。

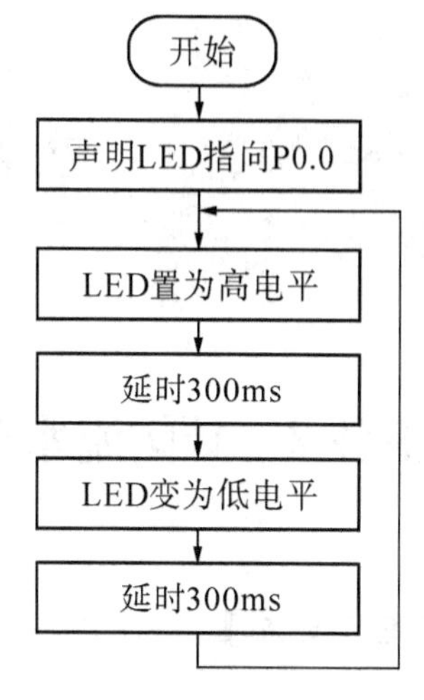

图 1－53　让一个 LED 灯闪烁起来的程序流程

【任务小结】

通过一个单片机系统实例——LED 单灯闪烁实验的制作和调试过程，使读者对单片机及其最小系统有了一个感性的认识，对单片机系统开发有了一个大致的了解。

单片机系统开发的总体过程为：设计电路图→程序设计→Proteus 仿真调试→使用实验板验证程序→制作电路板→软硬联调→程序下载固化→产品测试。

本次任务主要目的在于让读者了解开发过程，而不在于 C 语言程序设计，对于 C 语言没有作介绍，这个将在下一模块学习。因此本次任务的学习过程比较简单，读者只要按照说明一步一步去做即可轻松地领略学习单片机的乐趣。

Proteus 仿真是学习单片机的一个极佳工具，不但成本低，而且对于程序细节调试表现得很好，读者好好利用这一工具，学习单片机将事半功倍。

【习题】

试着修改本例程序，以调节 LED 灯闪烁的速度。当把“for（i＝0; i＜30000; i＋＋）;”语句中的“30000”改成“40000”时，将发现 LED 灯的闪烁速度变慢了；相反，将其改为“20000”时，将发现 LED 灯的闪烁速度变快。尝试用其他的参数并对比结果。

模块二 单片机P端口输出

任务2 LED流水灯

【任务要求】

制作一个单片机系统电路板，让8个LED灯实现流水灯效果。

【学习目标】

（1）熟悉单片机P端口结构；
（2）熟悉单片机P端口输出的编程控制方法；
（3）熟悉单片机C语言的基本框架；
（4）初步掌握单片机C语言编程语法。

【知识链接】

本模块将通过让单片机驱动8个LED灯闪烁，让读者了解单片机P端口结构及C语言编程方法。在此，先介绍单片机的P端口结构、P端口输出的编程语句，然后是单片机C语言的入门知识介绍。

一、二进制与十六进制

（一）各类进制

最常用的十进制其实是起源于人有10个手指头。如果我们的祖先始终没有摆脱手脚不分的境况，可能我们现在还在使用二十进制。下面学习一下常见的各类进制。

二进制：用两个阿拉伯数字，即0、1；

八进制：用8个阿拉伯数字，即0、1、2、3、4、5、6、7；

十进制：用10个阿拉伯数字，即0到9；

十六进制：十六进制就是逢16进1，阿拉伯人只发明了10个数字，只有0～9，所以用A、B、C、D、E、F这6个字母来分别表示10、11、12、13、14、15。字母不区分大小写。

例如：有一个十六进制数“2AF5”，如何将其换算成十进制数呢？

第0位：$5*16^0=5$

第1位：$F*16^1=240$

第2位：$A*16^2=2560$

第 3 位：$2*16^3=8192$

所以十六进制数“2AF5”化成十进制后的值为：

$5+240+2560+8192=10997$

其中，A 表示 10，而 F 表示 15。

假设有人问你，十进数 1 234 为什么是 1 234？你尽可以给他这么一个算式：

$1234=1*10^3+2*10^2+3*10^1+4*10^0$

（二）二进制与十六进制数互相转换

二进制和十六进制的互相转换非常重要。不过这二者的转换却不用计算，每个单片机 C 语言程序员都能做到看见二进制数，直接就能转换为十六进制数，反之亦然。读者也一样，只要学完这一小节，就能做到。

首先看一个二进制数：1111，它是多少呢？

你可能还要这样计算：

$1*2^0+1*2^1+1*2^2+1*2^3=1*1+1*2+1*4+1*8=15$

然而，因为 1111 才 4 位，所以我们必须直接记住它每一位的权值，并且是从高位往低位记：8、4、2、1。即，最高位的权值为 $2^3=8$，然后依次是 $2^2=4$，$2^1=2$，$2^0=1$。只要记住 8、4、2、1，对于任意一个 4 位的二进制数，都可以很快算出它对应的十进制值，如表 2－1 所示。

表 2－1　4 位二进制数与十进制、十六进制的转化

二进制数	快速计算方法	十进制值	十六进制值
1111	8＋4＋2＋1	15	F
1110	8＋4＋2＋0	14	E
1101	8＋4＋0＋1	13	D
1100	8＋4＋0＋0	12	C
1011	8＋0＋2＋1	11	B
1010	8＋0＋2＋0	10	A
1001	8＋0＋0＋1	9	9
1000	8＋0＋0＋0	8	8
0111	0＋4＋2＋1	7	7
0110	0＋4＋2＋0	6	6
0101	0＋4＋0＋1	5	5
0100	0＋4＋0＋0	4	4
0011	0＋0＋2＋1	3	3
0010	0＋0＋2＋0	2	2
0001	0＋0＋0＋1	1	1
0000	0＋0＋0＋0	0	0

二进制数要转换为十六进制，就是以二进制每 4 位为一段，分别转换为十六进制。

例如把“1111 1101 1010 0101 1001 1011”转化成十六进制：

1111 1101，1010 0101，1001 1011

F　　D，　A　　5，　9　　B

反过来，当看到十六进制数 0xFD 时，如何迅速将它转换为二进制数呢？先转换 F，看到 F，需知道它的十进制值是 15，然后 15 如何用 8、4、2、1 凑呢？应该是 8 + 4 + 2 + 1，所以 4 位全为 1，即 1111。接着转换 D，看到 D，知道它的十进制值是 13，13 如何用 8、4、2、1 凑呢？应该是 8 + 4 + 1，即 1101。所以，十六进制数 0xFD 转换为二进制数为：1111 1101。

注意：

- "0xFD" 为十六进制数，其中 "0x" 为前缀，表示该数为十六进制数。在 C 语言编程中若某数没有该前缀，则表示这个数为十进制数；
- "0x" 也可以写成 "0X"，但数字 "0" 不能写成字母 "O"；
- "FD" 也可以写成 "fd"，大小写对程序没有影响。

二、LED 驱动

LED 为发光二极管（Light - Emitting Diode）的简称，其体积小、耗电低，常被用作微型计算机与数字电路的输出装置，以指示信号状态。近年来 LED 的技术大为进步，除了红色、绿色、黄色外，还出现了蓝色与白色，而高亮度的 LED 更是取代传统灯泡成为交通标志（红绿灯）的发光元件，就连汽车的尾灯也开始流行使用 LED 车灯。

一般来说，LED 具有二极管的特点：反向偏压或电压太低时，LED 将不发光；正向偏压时，LED 将发光。以红色 LED 为例，正向偏压时，LED 两端约有 1.7V 的压降（比二极管大），如图 2 - 1 所示为其特性曲线。通过增加 LED 正向电流，LED 将更亮，但其寿命将缩短，正向电流以 10mA 到 20mA 为宜。单片机的输入/输出端口都类似漏极开路的输出，其中的 P1 端口、P2 端口与 P3 端口内部具备 30kΩ 上拉电阻，若要从 P1 端口、P2 端口或 P3 端口输出 10mA 到 20mA 的电流是不可能的。但从外面流入单片机的 P 端口，电流就大多了，如图 2 - 2 所示。

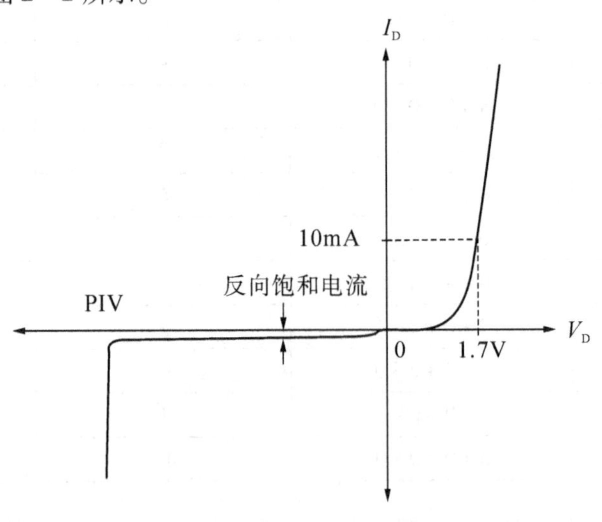

图 2 - 1　LED 特性曲线

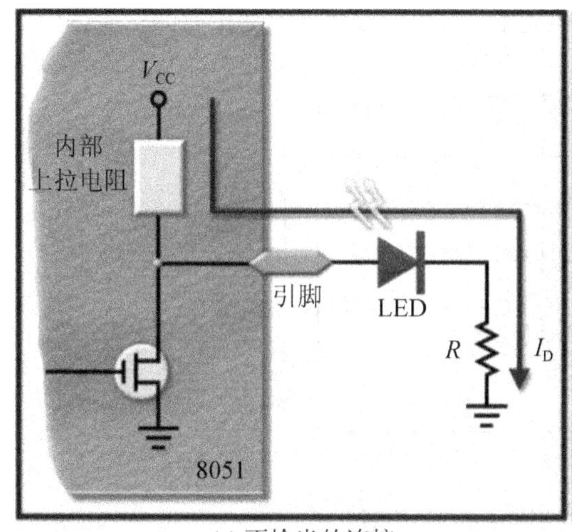

(a) 不恰当的连接

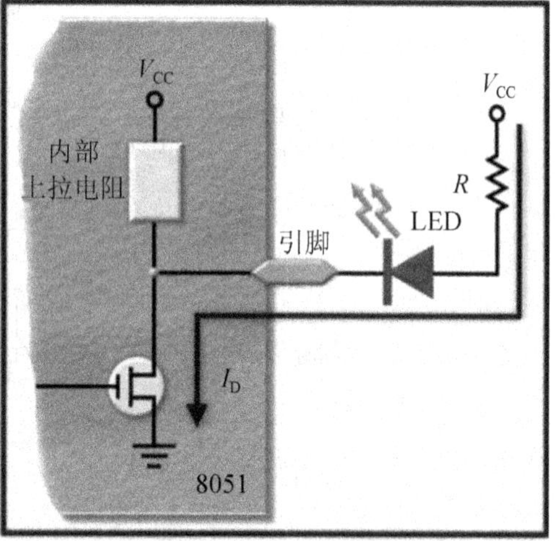

(b) 恰当的连接

图 2－2　LED 与单片机 P 端口的连接

如图 2－2b 所示，当单片机输出低电平时，输出端的 FET 导通，输出端电压接近 0V。而 LED 正向电压 V_D 约为 1.7V，限流电阻 R 两端电压约为 3.3V（即 5V－1.7V＝3.3V）。若要限制流过 LED 的电流 I_D 为 10mA，则此限流电阻 R 为：

$$R=\frac{5-1.7}{0.01}=330\Omega$$

若想要 LED 亮一点，可使 I_D 提高至 15mA，则限流电阻 R 改为：

$$R=\frac{5-1.7}{0.015}=220\Omega$$

对于 TTL 电平的数字电路或微型计算机电路，LED 所串接的限流电阻大多为 200～470Ω，电阻值越小，LED 越亮。若 LED 为非连续负载，例如扫描电路或闪烁灯，则电流还可再大一点，甚至采用 50～100Ω 的限流电阻。

三、单片机 P 端口

对单片机的控制，其实就是对 I/O 端口的控制，无论单片机对外界进行何种控制，或接受外部的何种控制，都是通过 I/O 端口进行的。51 单片机总共有 P0、P1、P2、P3 等 4 个 8 位双向输入输出端口，每个端口都有锁存器、输出驱动器和输入缓冲器。4 个 I/O 端口都能作输入输出端口使用，其中 P0 端口和 P2 端口通常用于对外部存储器的访问。

在无片外扩展存储器的系统中，这 4 个端口的每一位都可以作为准双向通用 I/O 端口使用。在具有片外扩展存储器的系统中，P2 端口作为高 8 位地址线，P0 端口分时作为低 8 位地址线和双向数据总线。

51 单片机的 4 个 I/O 端口线路设计得非常巧妙，学习 I/O 端口逻辑电路，不但有利于正确合理地使用端口，而且会对设计单片机外围逻辑电路有所启发。

（一）P0 端口

图 2－3 为 P0 端口的某位 P0.n（n＝0～7）的内部结构图，它由一个输出锁存器、两个三态输入缓冲器和输出驱动电路及控制电路组成。从图 2－3 中可以看出，P0 端口既可以作为 I/O 端口使用，也可以作为地址/数据线使用。

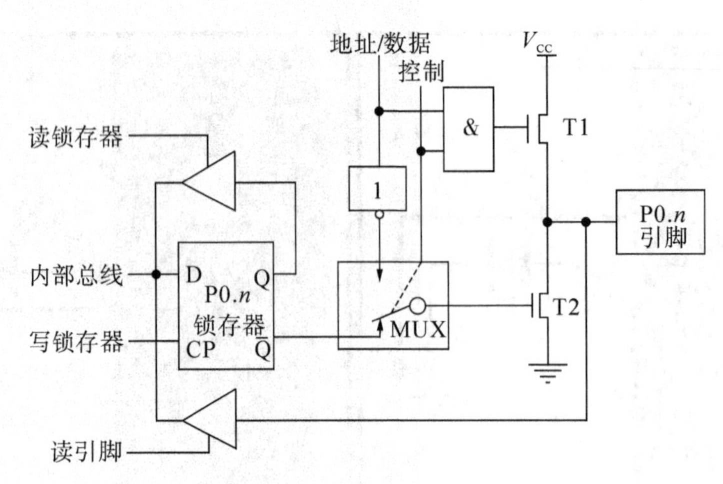

图 2-3 P0 端口某位的内部结构图

1. P0 端口用作输入输出端口（I/O）

P0 端口用作输入输出端口时，P0 端口必须接上拉电阻。

（1）作输出端口使用时，CPU 发出控制电平“0”封锁“与”门，将输出上拉场效应管 T1 截止，同时使多路开关 MUX 把锁存器与输出驱动场效应管 T2 栅极接通。故内部总线与 P0 端口同相。由于输出驱动级是漏极开路电路，若驱动 NMOS 或其他拉电流负载时，需要外接上拉电阻。P0 端口的输出级可驱动 8 个 LSTTL 负载。

用 C 语言编程时，从 P0 端口输出数据的一般形式为：

```
P0 = x;            //将变量 x（x 可为变量或常数）的值赋给 P0 端口，即从 P0 端口输出
```

例如：

```
P0 = 0xf1;     //将 0xf1 赋给 P0 端口，即从 P0.7 ~ P0.0 输出：1111 0001
```

（2）作输入端口使用时，分为读引脚和读锁存器两种情况。

读引脚：下面一个缓冲器用于读端口引脚数据。当执行一条由端口输入的指令时，读脉冲把该三态缓冲器打开，这样端口引脚上的数据经过缓冲器读入内部总线。

汇编程序中，由传送指令（MOV）实现。

用 C 语言编程时，P0 端口读引脚的具体指令为：

```
x = P0;            //实时读取 P0 端口的值，赋给变量 x，x 为一变量名称
```

读锁存器：上面一个缓冲器用于读端口锁存器数据。如果该端口的负载恰是一个晶体管基极，且原端口输出值为“1”，那么导通了的 PN 结会把端口引脚高电平拉低，若此时直接读端口引脚信号，将会把原输出的“1”电平误读为“0”电平。因此，需要采用读输出锁存器代替读引脚，在图 2-3 中，上面的三态缓冲器就为读锁存器 Q 端信号而设，读输出锁存器可避免上述可能发生的错误。

汇编时，程序中“读—改—写”一类的指令如“ANL P0，A”需要读锁存器。

用 C 语言编程时，P0 端口读引脚的具体指令有多种情况，如下为其中一种：

```
P0 = ~P0;   //实时读取 P0 端口锁存器的值，经过取反后再写入 P0 端口锁存器
```

准双向口：从图2－3中可以看出，在读入端口数据时，由于输出驱动FET并接在引脚上，如果T2导通，就会将输入的高电平拉成低电平，产生误读。因此在端口进行输入操作前，应先向端口锁存器写“1”，使T2截止，引脚处于悬浮状态，变为高阻抗输入。这就是所谓的准双向口，其特征是输入操作前应先向端口锁存器写“1”。

2. P0端口作地址/数据总线

在系统扩展时，P0端口作为地址/数据总线使用，分时输出地址/数据信息。

CPU发出控制电平“1”，打开“与”门，又使多路开关MUX把CPU的地址/数据总线与T2栅极反相接通，输出地址或数据。由图2－3可以看出，上下两个FET处于反相，构成了推拉式的输出电路，其负载能力大大增强，这时是一个真正的双向口。输入信号是从引脚通过输入缓冲器进入内部总线。此时，CPU自动使MUX向下，并向P0端口写“1”，“读引脚”控制信号有效，下面的缓冲器打开，外部数据读入内部总线。

（二）P1端口

它由一个输出锁存器、两个三态输入缓冲器和输出驱动电路组成。因为P1端口通常是作为通用I/O端口使用的，所以在电路结构上与P0端口有一些不同之处。首先它不再需要多路转接电路MUX；其次是电路的内部有上拉电阻，与场效应管共同组成输出驱动电路。为此P1端口作为输出口使用时，已能向外提供推拉电流负载，无需再外接上拉电阻。当P1端口作为输入口使用时，同样也需先向其锁存器写“1”，使输出驱动电路的FET截止。P1端口某位的内部结构如图2－4所示。

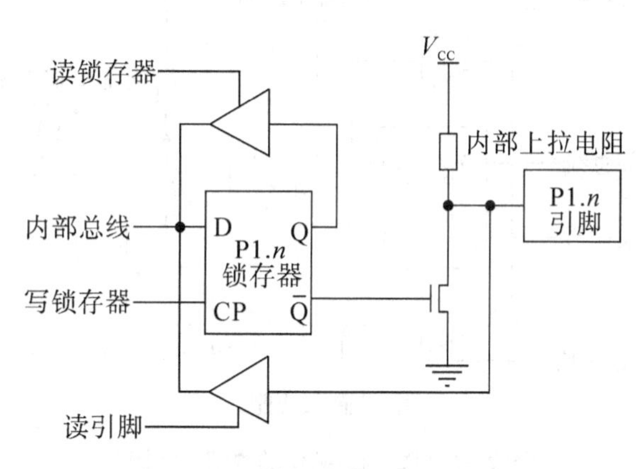

图2－4　P1端口某位的内部结构图

（三）P2端口

P2端口电路中比P1端口多了一个多路转接电路MUX，这又正好与P0端口一样。P2端口可以作为通用I/O端口使用。这时多路转接开头倒向锁存器Q端。但通常应用情况下，P2端口是作为高位地址线使用，此时多路转接开头应倒向相反方向。P2端口某位的内部结构如图2－5所示。

1. P2端口作为普通I/O端口

CPU发出控制电平“0”，使多路开关MUX倒向锁存器输出Q端，构成一个准双向口。其功能与P1端口相同。

2. P2端口作为地址总线

在系统扩展片外程序存储器扩展数据存储器且容量超过256B（汇编中用MOVX @

DPTR 指令）时，CPU 发出控制电平“1”，使多路开关 MUX 接到内部地址线。此时，P2 端口输出高 8 位地址。

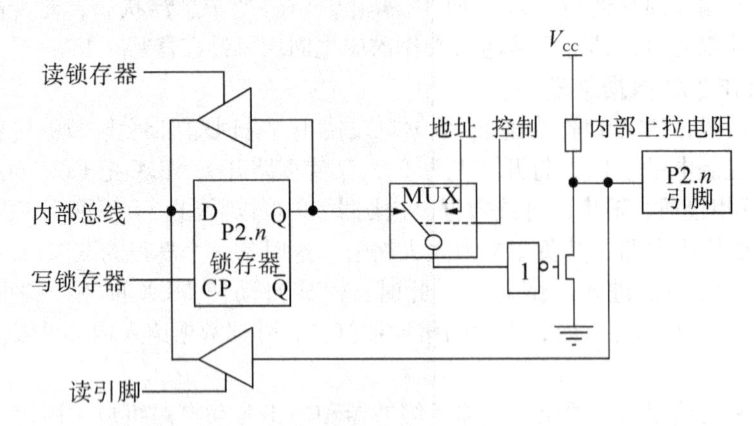

图 2-5　P2 端口某位的内部结构图

（四）P3 端口

P3 端口作为通用 I/O 端口，与 P1 端口类似，但多了一个第二功能，如图 2-6 所示。

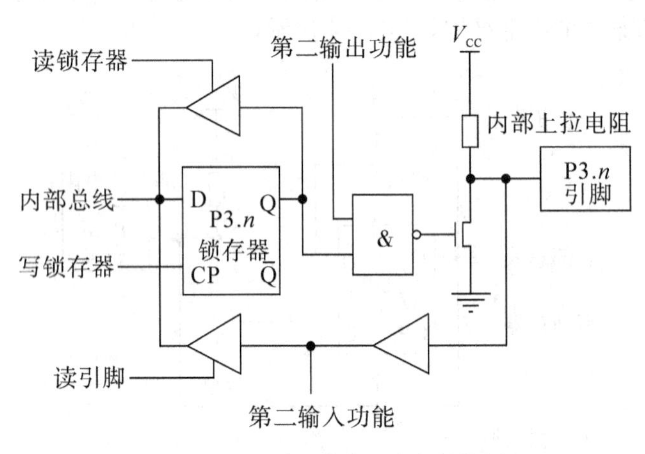

图 2-6　P3 端口某位的内部结构图

P3 端口用作第二功能时，部分引脚用作输入，部分用作输出，各引脚第二功能定义如下。

P3.0：RXD 串行口输入。

P3.1：TXD 串行口输出。

P3.2：INT0 外部中断 0 输入。

P3.3：INT1 外部中断 1 输入。

P3.4：T0 定时器 0 外部输入。

P3.5：T1 定时器 1 外部输入。

P3.6：WR 外部写控制。

P3.7：RD 外部读控制。

（五）总结

当 P0 端口作为 I/O 端口使用时，特别是作为输出时，输出级属于开漏电路，必须外接上拉电阻才会有高电平输出；如果作为输入，必须先向相应的锁存器写“1”，才不会影响输入电平。当 CPU 内部控制信号为“1”时，P0 端口作为地址/数据总线使用，这时，P0 端口就无法再作为 I/O 端口使用了。

P1 端口、P2 端口和 P3 端口为准双向口，内部结构差别不大，但功能有所不同。

P1 端口是用户专用 8 位准双向 I/O 端口，具有通用输入/输出功能，每一位都能独立地设定为输入或输出。当由输出方式变为输入方式时，该位的锁存器必须写入“1”，然后才能进入输入操作。

P2 端口是 8 位准双向 I/O 端口。外接 I/O 设备时，可作为扩展系统的地址总线，输出高 8 位地址，与 P0 端口一起组成 16 位地址总线。

四、Keil C 语言

（一）Keil C 语言的基本结构

一般地，C 语言的程序可看作是由一些函数（Function，或视为子程序）所构成，其中的主程序是以“main ()”开始的函数，而每个函数可视为独立的个体，就像是模块（Module）一样，所以 C 语言是一种非常模块化的程序语言。C 语言程序的基本结构如图 2－7 所示。

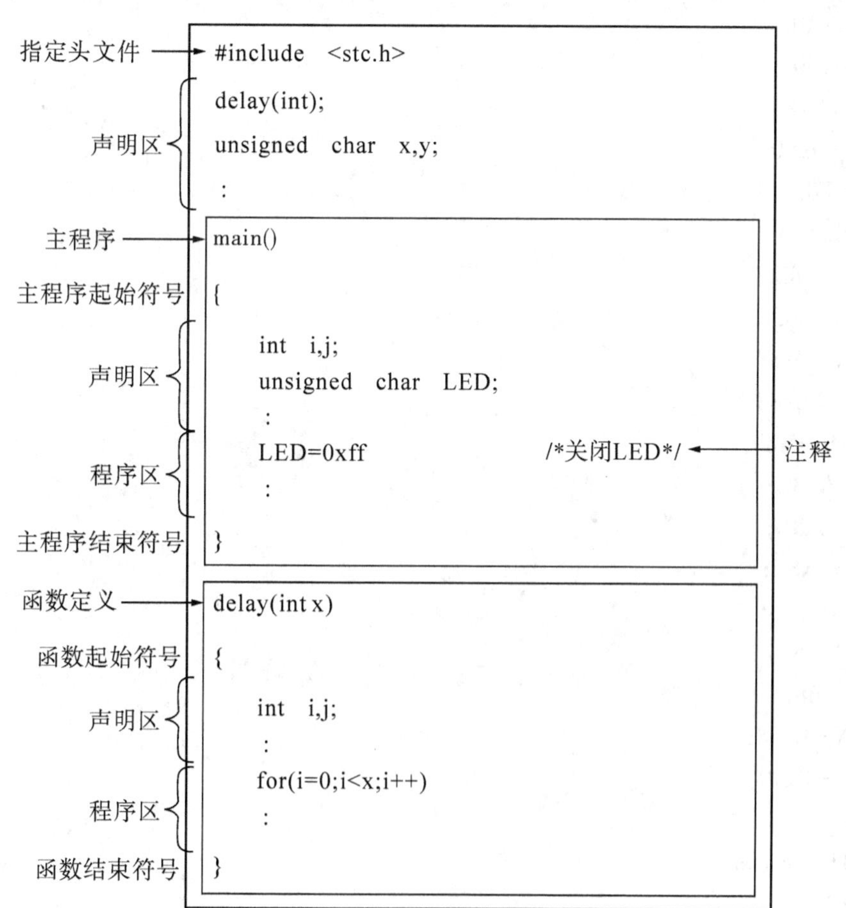

图 2－7 Keil C 语言程序的基本结构

（1）指定头文件："头文件"或称为包含文件（*.h），是一种预先定义好的基本数据。在8x51程序里，必要的头文件是定义8x51内部寄存器地址的数据。指定头文件有两种方式：第一种，在"#include"之后，以尖括号（<　>）包含头文件的文件名，编译程序将从Keil uVision的头文件夹查找所指定的头文件，如"C:\Keil\C51\INC"路径。第二种，在"#include"之后，以双引号（" "）包含头文件文件名，这样编译器将从源程序所在文件夹里查找所指定的头文件。如下所示是stc.h的具体内容：

```
/*------------------------------------------------------------------------
stc.h
Header file for generic 80C51 and 80C31 microcontroller.
Copyright (c) 1988 - 2001 Keil Elektronik GmbH and Keil Software, Inc.
All rights reserved.
------------------------------------------------------------------------*/

/*  BYTE Register  */
sfr P0 =0x80;
sfr P1 =0x90;
sfr P2 =0xA0;
sfr P3 =0xB0;
sfr PSW =0xD0;
sfr ACC =0xE0;
sfr B =0xF0;
sfr SP =0x81;
sfr DPL =0x82;
sfr DPH =0x83;
sfr PCON =0x87;
sfr TCON =0x88;
sfr TMOD =0x89;
sfr TL0 =0x8A;
sfr TL1 =0x8B;
sfr TH0 =0x8C;
sfr TH1 =0x8D;
sfr IE =0xA8;
sfr IP =0xB8;
sfr SCON =0x98;
sfr SBUF =0x99;

/*  BIT Register  */
/*  PSW   */
```

```
sbit CY =0xD7;
sbit AC =0xD6;
sbit F0 =0xD5;
sbit RS1 =0xD4;
sbit RS0 =0xD3;
sbit OV =0xD2;
sbit P =0xD0;

/*  TCON  */
sbit TF1 =0x8F;
sbit TR1 =0x8E;
sbit TF0 =0x8D;
sbit TR0 =0x8C;
sbit IE1 =0x8B;
sbit IT1 =0x8A;
sbit IE0 =0x89;
sbit IT0 =0x88;

/*  IE  */
sbit EA =0xAF;
sbit ES =0xAC;
sbit ET1 =0xAB;
sbit EX1 =0xAA;
sbit ET0 =0xA9;
sbit EX0 =0xA8;

/*  IP  */
sbit PS =0xBC;
sbit PT1 =0xBB;
sbit PX1 =0xBA;
sbit PT0 =0xB9;
sbit PX0 =0xB8;

/*  P3  */
sbit RD =0xB7;
sbit WR =0xB6;
sbit T1 =0xB5;
sbit T0 =0xB4;
```

```
sbit INT1 =0xB3;
sbit INT0 =0xB2;
sbit TXD =0xB1;
sbit RXD =0xB0;

/*   SCON   */
sbit SM0 =0x9F;
sbit SM1 =0x9E;
sbit SM2 =0x9D;
sbit REN =0x9C;
sbit TB8 =0x9B;
sbit RB8 =0x9A;
sbit TI =0x99;
sbit RI =0x98;
```

（2）主程序：主程序（主函数）是“以 main（）”为开头，整个内容放置在一对大括号（{}）里，其中分为声明区和程序区，在声明区里所声明的常数、变量等仅适用于主程序之中，而不影响其他函数。若在主程序之中使用了某变量，但在之前的声明区中没有声明，也可在主程序的声明区中声明。另外，程序区就是以语句所构成的程序内容。对于一个 Keil 项目来说，主程序有且仅有一个，它是整个程序的入口，它的首行即是程序运行的开端。

（3）子函数：函数是一种独立功能的程序，其结构与主程序类似。不过，函数可将需要处理的数据传入该函数里，称为形式参数，也可将函数处理完成后的结果返回调用它的程序，称为返回值。不管是形式参数还是返回值，在定义函数的第一行里应该交代清楚。若不要传入函数，则可在小括号内指定为 Void。同样地，若不要返回值，则可在函数名称左边指定为 Void 或不指定。另外，函数的起始符号、结束符号、声明区及程序区都与主程序一样。在一个 C 语言的程序里可使用多个函数，并且函数中也可以调用函数。其格式如下：

```
返回值的数据类型   函数名称（形式参数的数据类型）
```

（4）注释：所谓“注释”就是说明，是编译器不处理的部分。C 语言的注释以“/*”开始，以“*/”结束。放置注释的位置可接续于语句完成之后，也可独立于一行。其中的文字可使用中文，不过在 uVision 中对于中文的处理并不是很好，常会造成文字定位不准确等困扰。另外，也可以输入“//”，其右边整行都是注释。

（二）Keil C 语言的数据类型

在 C 语言里，常数（Constant）与变量（Variables）是为某个数据指定存储器空间，声明常数或变量的格式如下（“//”后的内容为注释）：

```
数据类型   [存储器类型]   常数/变量名称   [ =默认值];
// “ [ ]”表示该项非必需
```

常数或变量的声明是让编译器为该常数或变量保留存储器空间，应该保留多大的空间是由数据类型来决定的。在声明常数或变量的格式中一开始就要指明数据类型，可见数据类型的重要性。表 2－2 中列出了 Keil uVision2 C51 编译器所支持的数据类型。在标准 C 语言中基本的数据类型为 char、int、short、long、float 和 double，而在 C51 编译器中 int 和 short 相同，float 和 double 相同，这里就不列出说明了。

表 2－2　Keil uVision 单片机 C 语言编译器所支持的数据类型

数据类型	长　度	值　　域
unsigned char	单字节	0～255
char	单字节	－128～＋127
unsigned int	双字节	0～65 535
int	双字节	－32 768～＋32 767
unsigned long	4 字节	0～4 294 967 295
long	4 字节	－2 147 483 648～＋2 147 483 647
float	4 字节	$\pm 1.175494 \times 10^{38} \sim \pm 3.402823 \times 10^{38}$
*	1～3 字节	对象的地址
bit	位	0 或 1
sfr	单字节	0～255
sfr16	双字节	0～65 535
sbit	位	0 或 1

下面来看看它们的具体定义：

（1）char 字符类型。char 类型的长度是一个字节，通常用于定义处理字符数据的变量或常量。分无符号字符类型（unsigned char）和有符号字符类型（char）。unsigned char 类型用字节中所有的位来表示数值，所能表达的数值范围是 0～255。char 类型用字节中最高位字节表示数据的符号，“0”表示正数，“1”表示负数，负数用补码表示，所能表示的数值范围是－128～＋127。unsigned char 常用于处理 ASCII 字符或用于处理小于或等于 255 的整型数。

（2）int 整型。int 整型长度为两个字节，用于存放一个双字节数据。分有符号整型数（int）和无符号整型数（unsigned int）。int 表示的数值范围是－32 768～＋32 767，字节中最高位表示数据的符号，“0”表示正数，“1”表示负数。unsigned int 表示的数值范围是 0～65 535。

（3）long 长整型。long 长整型长度为 4 个字节，用于存放一个 4 字节数据。分有符号长整型（long）和无符号长整型（unsigned long）。long 表示的数值范围是－2 147 483 648～＋2 147 483 647，字节中最高位表示数据的符号，“0”表示正数，“1”表示负数。unsigned long 表示的数值范围是 0～4 294 967 295。

（4）float 浮点型。float 浮点型在十进制中具有 7 位有效数字，是符合 IEEE－754 标准的单精度浮点型数据，占用 4 个字节。因浮点数的结构复杂，一般建议读者不要使用此类数据。

（5）* 指针型。指针型本身就是一个变量，在这个变量中存放指向另一个数据的地址。这个指针变量占据一定的内存单元，对不一样的处理器长度也不尽相同，在 C51 中它的长度一般为 1 ~ 3 个字节。

（6）bit 位标量。bit 位标量是 C51 编译器的一种扩充数据类型，利用它可定义一个位标量，但不能定义位指针，也不能定义位数组。它的值是一个二进制位，不是“0”就是“1”。

（7）sfr 特殊功能寄存器。sfr 也是一种扩充数据类型，占用一个内存单元，值域为 0 ~255。利用它能访问 51 单片机内部的所有特殊功能寄存器。如用“sfr P1 =0x90”这一句定义 P1 为 P1 端口在片内的寄存器，在后面的语句中用“P1 =0xff”（对 P1 端口的所有引脚置高电平）之类的语句来操作特殊功能寄存器。

（8）sfr16 十六位特殊功能寄存器。sfr16 占用两个内存单元，值域为 0 ~ 65 535。sfr16 和 sfr 一样用于操作特殊功能寄存器，所不一样的是它用于操作占两个字节的寄存器，如定时器 T0 和 T1。

（9）sbit 可寻址位。sbit 同样是单片机 C 语言中的一种扩充数据类型，利用它能访问芯片内部的 RAM 中的可寻址位或特殊功能寄存器中的可寻址位。如在模块一的程序中：

```
sbit LED = P0^0;
```

即为定义了 LED 为指向 P0.0 的可位寻址变量。

从变量的声明格式中可以看出，在声明了一个变量的数据类型后，还可选择性地说明该变量的存储器类型。存储器类型的说明就是指定该变量在 C51 硬件系统中所使用的存储区域，并在编译时准确地定位。表 2 – 3 中是 Keil uVision 所能识别的存储器类型。

表 2 – 3 存储器类型

存储器类型	说　明
data	直接访问内部数据存储器（128B），访问速度最快
bdata	可位寻址内部数据存储器（16B），允许位与字节混合访问
idata	间接访问内部数据存储器（256B），允许访问全部内部地址
pdata	分页访问外部数据存储器（256B），用 MOVX @ Ri 指令访问
xdata	外部数据存储器（64KB），汇编语言用 MOVX @ DPTR 指令访问
code	程序存储器（64KB），汇编语言用 MOVC @ A + DPTR 指令访问

如：

```
char   code   SEG[3] = { 0x0a, 0x13, 0xbf };   //数组存储在程序存储器中
char   data   x;      //存储在内部数据存储器中，直接寻址
char   idata   y;     //存储在内部数据存储器中，间接寻址
bit   bdata   z;      //存储在内部数据存储器中，可位寻址
char   xdata   i;     //存储在外部存储器（64KB）中
char   pdata   j;     //存储在外部存储器（256B）中
```

（三）Keil C 语言常用的运算符

在单片机 C 语言编程中，通常用到 30 个运算符，如表 2－4 所示，其中算术运算符 13 个，关系运算符 6 个，逻辑运算符 3 个，位操作运算符 7 个，指针运算符 1 个。

表 2－4　Keil C 语言常用的运算符说明

<table>
<tr><th colspan="2">运算符</th><th>范例</th><th>说明</th></tr>
<tr><td rowspan="13">算术运算</td><td>+</td><td>a + b</td><td>a 变量值和 b 变量值相加</td></tr>
<tr><td>-</td><td>a - b</td><td>a 变量值和 b 变量值相减</td></tr>
<tr><td>*</td><td>a * b</td><td>a 变量值乘以 b 变量值</td></tr>
<tr><td>/</td><td>a/b</td><td>a 变量值除以 b 变量值</td></tr>
<tr><td>%</td><td>a% b</td><td>取 a 变量值除以 b 变量值的余数</td></tr>
<tr><td>=</td><td>a = 5</td><td>a 变量赋值，即 a 变量值等于 5</td></tr>
<tr><td>+=</td><td>a += b</td><td>等同于 a = a + b，将 a 和 b 相加的结果存回 a</td></tr>
<tr><td>-=</td><td>a -= b</td><td>等同于 a = a - b，将 a 和 b 相减的结果存回 a</td></tr>
<tr><td>*=</td><td>a *= b</td><td>等同于 a = a * b，将 a 和 b 相乘的结果存回 a</td></tr>
<tr><td>/=</td><td>a/= b</td><td>等同于 a = a/b，将 a 和 b 相除的结果存回 a</td></tr>
<tr><td>%=</td><td>a%= b</td><td>等同于 a = a% b，将 a 和 b 相除的余数存回 a</td></tr>
<tr><td>++</td><td>a ++</td><td>a 的值加 1，等同于 a = a + 1</td></tr>
<tr><td>--</td><td>a --</td><td>a 的值减 1，等同于 a = a - 1</td></tr>
<tr><td rowspan="6">关系运算</td><td>></td><td>a > b</td><td>测试 a 是否大于 b，若成立则运算的结果为“1”，否则为“0”</td></tr>
<tr><td><</td><td>a < b</td><td>测试 a 是否小于 b，若成立则运算的结果为“1”，否则为“0”</td></tr>
<tr><td>==</td><td>a == b</td><td>测试 a 是否等于 b，若成立则运算的结果为“1”，否则为“0”</td></tr>
<tr><td>>=</td><td>a >= b</td><td>测试 a 是否大于或等于 b，若成立则运算的结果为“1”</td></tr>
<tr><td><=</td><td>a <= b</td><td>测试 a 是否小于或等于 b，若成立则运算的结果为“1”</td></tr>
<tr><td>! =</td><td>a! = b</td><td>测试 a 是否不等于 b，若成立则运算的结果为“1”，否则为“0”</td></tr>
<tr><td rowspan="3">逻辑运算</td><td>&&</td><td>a&&b</td><td>a 和 b 作逻辑与（And），两个变量都为真时结果才为真</td></tr>
<tr><td>||</td><td>a || b</td><td>a 和 b 作逻辑或（Or），只要有一个变量为真，结果就为真</td></tr>
<tr><td>!</td><td>! a</td><td>将 a 变量的值取反，即原来为真则变为假，原为假则为真</td></tr>
<tr><td rowspan="7">位操作运算</td><td>>></td><td>a >> b</td><td>将 a 按位右移 b 个位，高位补“0”</td></tr>
<tr><td><<</td><td>a << b</td><td>将 a 按位左移 b 个位，低位补“0”</td></tr>
<tr><td>|</td><td>a | b</td><td>a 和 b 按位做或运算</td></tr>
<tr><td>&</td><td>a&b</td><td>a 和 b 按位做与运算</td></tr>
<tr><td>^</td><td>a^b</td><td>a 和 b 按位做异或运算</td></tr>
<tr><td>～</td><td>～a</td><td>将 a 的每一位取反</td></tr>
<tr><td>&</td><td>a = &b</td><td>取地址运算，将变量 b 的地址存入 a 寄存器</td></tr>
<tr><td>指针运算</td><td>*</td><td>int * p1</td><td>声明 p1 为一个指针变量，存储一个（其他）变量的地址，p1 本身为 int 类型</td></tr>
</table>

在C语言中，运算符具有优先级和结合性，详见表2-5。算术运算符优先级规定为：先乘除模（模运算又叫求余运算），后加减，括号最优先。结合性规定为：自左至右，即运算对象两侧的算术符优先级相同时，先与左边的运算符号结合。

关系运算符的优先级规定为：>、<、>=、<=等4种运算符优先级相同，==、!=相同，但前4种优先级高于后两种。关系运算符的优先级低于算术运算符，高于赋值（=）运算符。

逻辑运算符的优先级次序为:!、&&、‖。

当表达式中出现不同类型的运算符时，非（!）运算符优先级最高，算术运算符次之，关系运算符再次之，其次是&&和‖，最低为赋值运算符。

表2-5　运算符优先级和结合性

优先级	类　别	名　称	运算符	结合性
1	强制	括号	( )	右结合
2	逻辑	逻辑非	!	左结合
	字位	按位取反	～	
	增量	加1	++	
	减量	减1	--	
	算术	单目减	-	
3	算术	乘	*	右结合
		除	/	
		取模	%	
4	算术和指针运算	加	+	
		减	-	
5	字位	左移	<<	
		右移	>>	
6	关系	大于等于	>=	
		大于	>	
		小于等于	<=	
		小于	<	
7		恒等于	==	
		不等于	!=	
8	字位	按位与	&	
9		按位异或	^	
10		按位或	|	
11	逻辑	逻辑与	&&	左结合
12		逻辑或	‖	
14	赋值	赋值	=	
15	逗号	逗号运算	,	右结合

（四）Keil C 语言常用的流程控制语句

1. 循环控制语句

循环控制就是将程序流程控制在指定的循环里，直到符合指定的条件才脱离循环继续往后执行。

（1）for 循环。

它的一般形式如下：

```
for（表达式1；表达式2；表达式3）
{
语句1;
语句2;
……
}
```

表达式 1 是初始化，一般是一个赋值语句，它用来给循环控制变量赋初值；表达式 2 是条件表达式，一般是一个关系表达式，它决定什么时候退出循环；表达式 3 是增量，定义循环控制变量每循环一次后按什么方式变化。这 3 个部分之间用“;”分开。它的结构如图 2－8 所示。

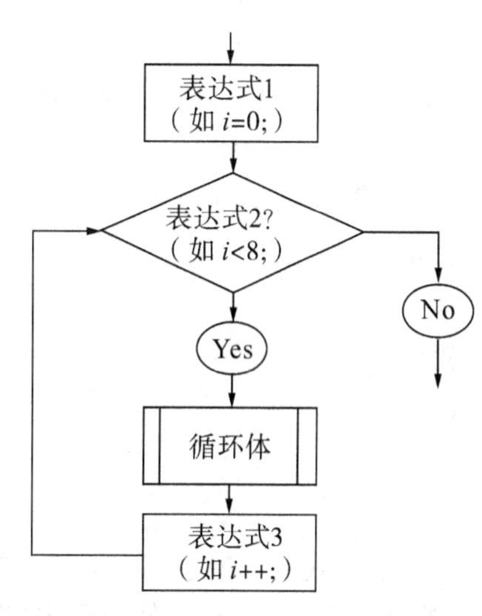

图 2－8　for 循环结构

例如：

```
for( i = 1; i <= 10; i ++ )        //重复执行循环体 10 次
{
  LED = ～ LED;                   //切换 LED 状态
  delay(100);                     //调用延迟函数
}
```

上例中先给 i 赋初值 1，判断 i 是否小于等于 10，若是则执行语句，之后值增加 1。再重新判断，直到条件为假，即 $i>10$ 时，结束循环。

注意：

- 循环中的“表达式 1”“表达式 2”和“表达式 3”都是可选择项，即可以缺省，但“;”不能省。省略了表达式 1，表示不对循环控制变量赋初值。省略了表达式 2，则不做其他处理时便成为死循环。省略了表达式 3，则不对循环控制变量进行操作，这时可在语句体中加入修改循环控制变量的语句。
- for 循环可以有多层嵌套。
- 循环体（大括号内的语句）是单个语句时，可省掉“{}”。
- 循环体可为单纯的一个分号“;”，即空循环。

嵌套 for 循环与 delay（延时）函数：

```
void delay (int x)                  //  延迟函数开始
{   int i, j;                       //  声明整数变量 i, j
  for (i =0; i < x; i ++)           //  循环 x 次，延迟约 x * 1ms
     for (j =0; j <120; j ++);      //  循环 120 次，当晶振是 12MHz 时，延迟约 1ms
}                                   //  延迟函数结束
```

上例中两个 for 循环构成嵌套循环。下面的 for 循环是一个空循环，其循环体为“;”，当晶振是 12MHz 时，单片机运行完该 for 循环延迟约 1ms。下面的 for 循环又作为上面的 for 循环的循环体，因此，延时的总时间为 $x*1$ms。

（2）while 循环。

它的一般形式如下：

```
while（表达式）
{
语句 1;
语句 2;
……
}
```

“表达式”一般是一个关系表达式，也可为常数“1”。当“表达式”的条件为真时，便执行循环体，直到条件为假才结束循环，并继续执行循环程序外的后续语句。它的结构如图 2－9a 所示。

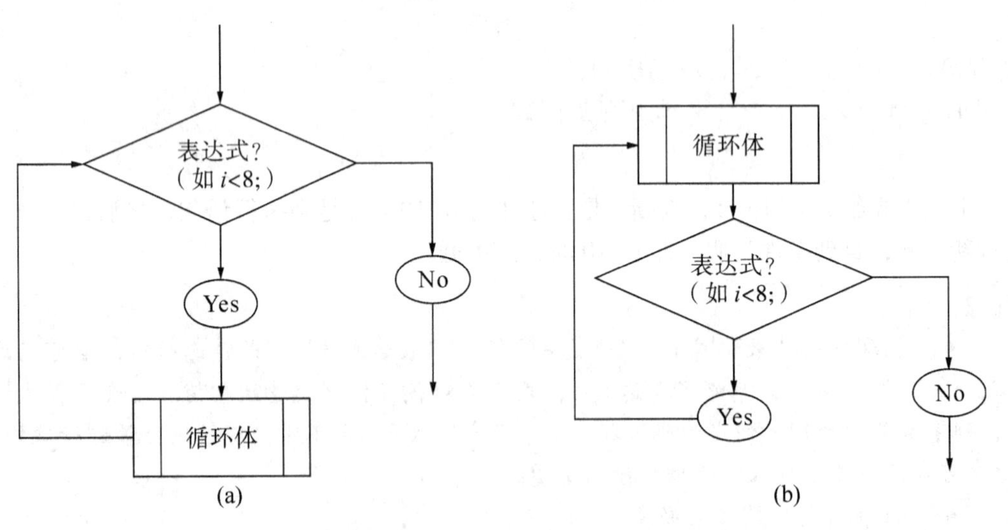

图 2－9　while 循环结构（a）和 do－while 循环结构（b）

例如模块一中的：

```
while (1)                                   //表达式始终为真，无穷循环
{
  LED = 1;                                  //P1.0 设置为高电平
  for (i = 0; i < 30000; i ++);             //延时一段时间
  LED = 0;                                  //P1.0 设置为低电平
  for (i = 0; i < 30000; i ++);             //延时一段时间
}
```

上例中，表达式始终为真，这将是一个无穷循环，始终都不会跳出循环，要跳出循环，可用后续的“break”语句。

注意：

while 循环的循环体与 for 循环的循环体使用规则相似：

- 满足条件时可去掉“{ }”；
- 可为空循环；
- 表达式不能为缺省（不能为空）。

（3）do - while 循环。

它的一般形式如下：

```
do
{
语句 1;
语句 2;
……
} while (条件);
```

这个循环与 while 循环的不同在于：它先执行循环中的语句，然后再判断条件是否为真，如果为真则继续循环；如果为假，则终止循环。因此，do - while 循环至少要执行一次循环语句。它的结构如图 2 - 9b 所示。

2. 选择控制语句

（1）if 语句。

它的一般形式如下：

```
if (表达式)
{
语句 1;
语句 2;
……
}
```

如果表达式的值为非 0，则执行大括号内的语句体（包括语句 1，语句 2，……），否则跳过语句体继续执行后面的语句。

当语句体只有一条语句时，可省略大括号，此时条件语句形式为：

```
if（表达式）语句;
```

（2）if-else 结构。

除了可以指定在条件为真时执行某些语句外，还可以在条件为假时执行另外一段代码。在 C 语言中利用 if-else 语句来达到这个目的。它的结构如图 2－10 所示。

它的一般形式如下：

图 2－10　if-else 语句结构

```
if（表达式）
{
语句 1;
语句 2;
……
}
else
{
语句 n;
语句 n+1;
……
}
```

同样地，当语句体只有一条语句时，可省略大括号，此时语句形式如下：

```
if（表达式）语句 1;
else  语句 2;
```

（3）if-else if-else 结构。

它的结构如图 2－11 所示。用这种结构可以处理多路分支的情况，但从图 2－11 中可以看出，4 个语句体只能执行其中的一个，是四选一。并且语句体 1 的优先级别最高，语句体 4 的优先级别最低。只有当表达式 1 不成立，才会去判断表达式 2；表达式 2 不成立，才会去判断表达式 3。

（4）switch-case 语句。

在编写程序时，经常会碰到按不同情况分转的多路问题，这时可用嵌套 if-else-if 语句来实现，但 if-else-if 语句使用不方便，并且容易出错。对这种情况，可以使用开关语句。其结构如图 2－12 所示。

它的一般形式如下：

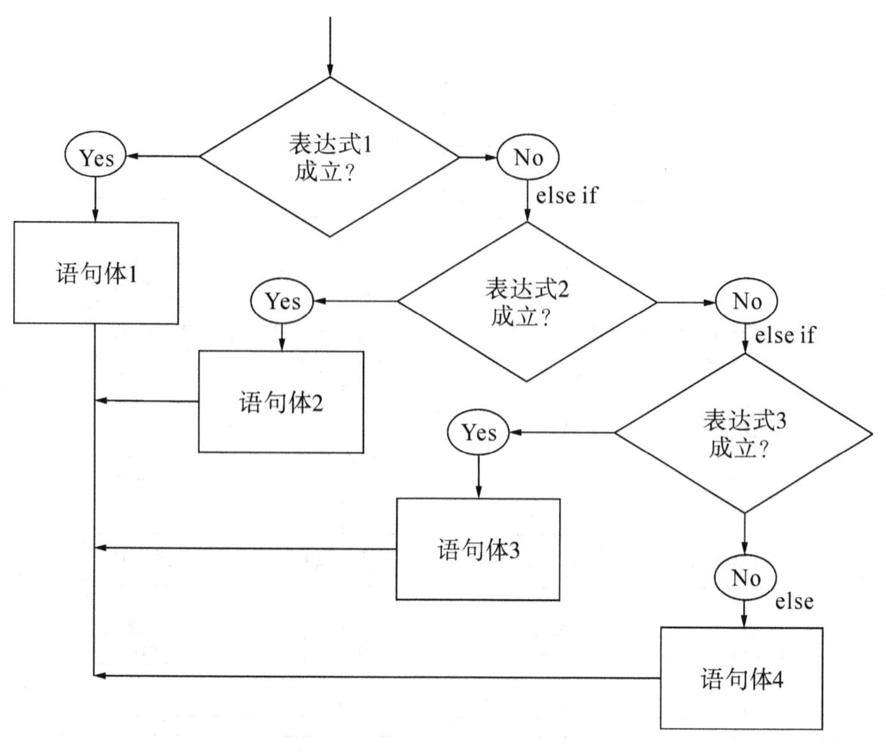

图 2－11　if-else if-else 语句结构

```
switch(变量)
{
case 常量 1:
  {语句体 1;}
  break;
case 常量 2:
  {语句体 2;}
  break;
……
case 常量 n:
  {语句体 n－1;}
  break;
default:
  {语句体 n;}
  break;
}
```

执行开关语句时，将变量逐个与 case 后的常量进行比较，若与其中一个相等，则执行该常量下的语句；若不与任何一个常量相等，则执行 default 后面的语句。这是一个多选一的结构。

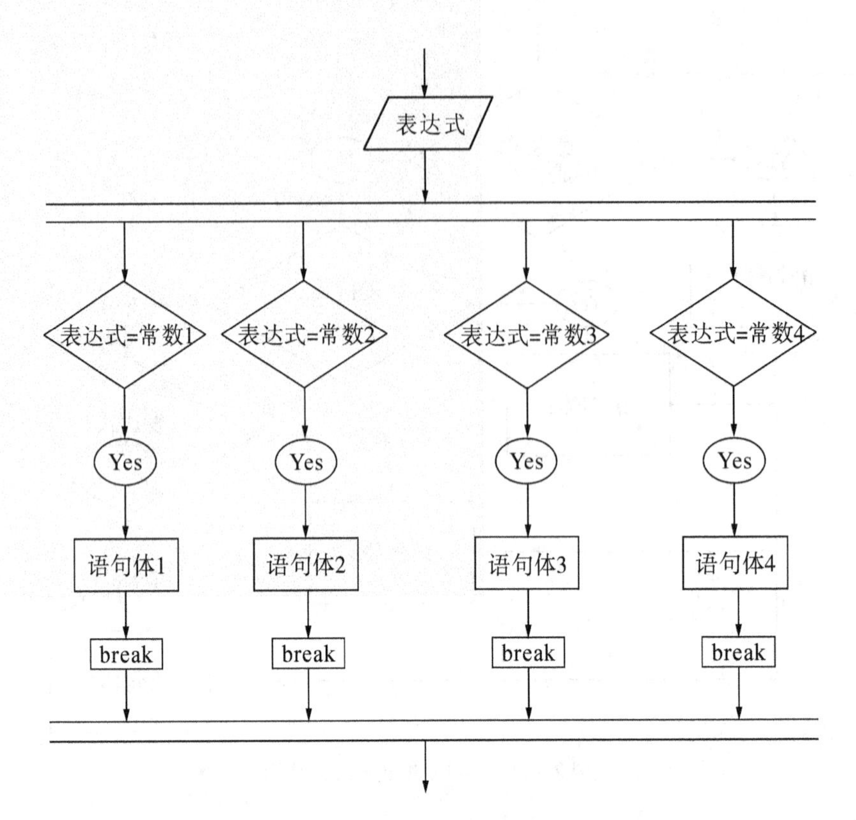

图2－12　switch-case 语句结构

注意：

- switch 中变量可以是数值，也可以是字符，但必须是整数。
- 可以省略一些 case 和 default。
- 每个 case 或 default 后的语句可以是语句体，也可以是单个语句。

3. 跳转语句

（1）break 语句。

在 switch-case 语句中，我们已经看到了将 break 语句放在每个 case 的语句体之后，它用来跳出 switch-case 语句，保证多个 case 只会执行其中一个。如果没有 break 语句，则将成为一个死循环而无法退出。

break 语句通常用在循环语句和开关语句中。当 break 语句用于 do－while、for、while 循环语句中时，可使程序无条件终止循环而执行循环后面的语句。

注意：

- break 语句对 if-else 的条件语句不起作用。
- 在多层循环中，一个 break 语句只向外跳一层。

（2）continue 语句。

continue 语句的作用是跳过循环体中剩余的语句而强行执行下一次循环。只用在 for、while、do-while 等循环体中，常与 if 条件语句一起使用，用来加速循环。

注意：

continue 语句只是当次循环剩下的部分没有执行，跳到下次循环，但并没有跳出整个循环。

（3）goto 语句。

goto 语句是一种无条件转移语句，它的一般形式如下：

```
goto 标号;
```

标号是一个标识符，这个标识符加上一个“:”，出现在程序中某处，执行 goto 语句后，程序将跳转到该标号处并执行其后的语句。通常 goto 语句与 if 条件语句连用，当满足某一条件时，程序跳到标号处运行。

例如：

```
main ()
{
    unsigned char a;
    start: a ++;
    if (a == 10) goto end;
    goto start;
    end: ;
}
```

上面一段程序可以说是一个死循环，没有实际作用，只是说明一下 goto 的用法。这段程序的意思是在程序开始处用标识符“start:”标识，表示这是程序的开始，“end:”标识程序的结束。程序执行 a ++，a 的值加 1，当 a 等于 10 时程序会跳到 end 标识处结束程序，否则跳回到 start 标识处继续执行 a ++，直到 a 等于 10。

注意：

- 标号必须与 goto 语句同处于一个程序中，但可以不在一个循环层中。
- goto 语句通常不用，主要因为它将使程序层次不清，且不易读。
- 在多层嵌套退出时，用 goto 语句则比较合理。

【任务实施】

（1）准备元器件。

元器件清单如表 2－6 所示。

表 2－6　元器件清单

序号	种类	标号	参数	序号	种类	标号	参数
1	电阻	$R_1 \sim R_8$	220Ω	5	单片机	U1	STC89C51
2	电阻	R_9	10kΩ	6	发光二极管	D1 ～ D8	LED 红
3	电容	C_1，C_2	30pF	7	晶振	X_1	11.0592MHz
4	电容	C_3	10μF				

（2）搭建硬件电路。

本任务对应的仿真电路图如图 2－13 所示，对应的配套实验板 LED 灯部分的电路原理图如图 1－49 所示，与任务 1 用的都是 P0 端口，但是本任务用发光二极管 D1 ～ D8 共 8 个来演示。8 个 LED 灯分别接到单片机的 P0. 0 ～ P0. 7 上，低电平能使对应的灯亮，如当 P0. 0 为“0”时，左边第一盏灯亮。

配套实验板所对应的任务 2 的电路制作实物照片如图 2－14 所示，用万能板制作的任务 2 的正反面电路实物照片如图 2－15 和图 2－16 所示。

注意：

有了任务 1 的焊接电路板经验，任务 2 只需添加一小部分电路，相对来说是非常容易的；当然，也可用本书配套的实验板制作本次任务的电路，同样非常简单。

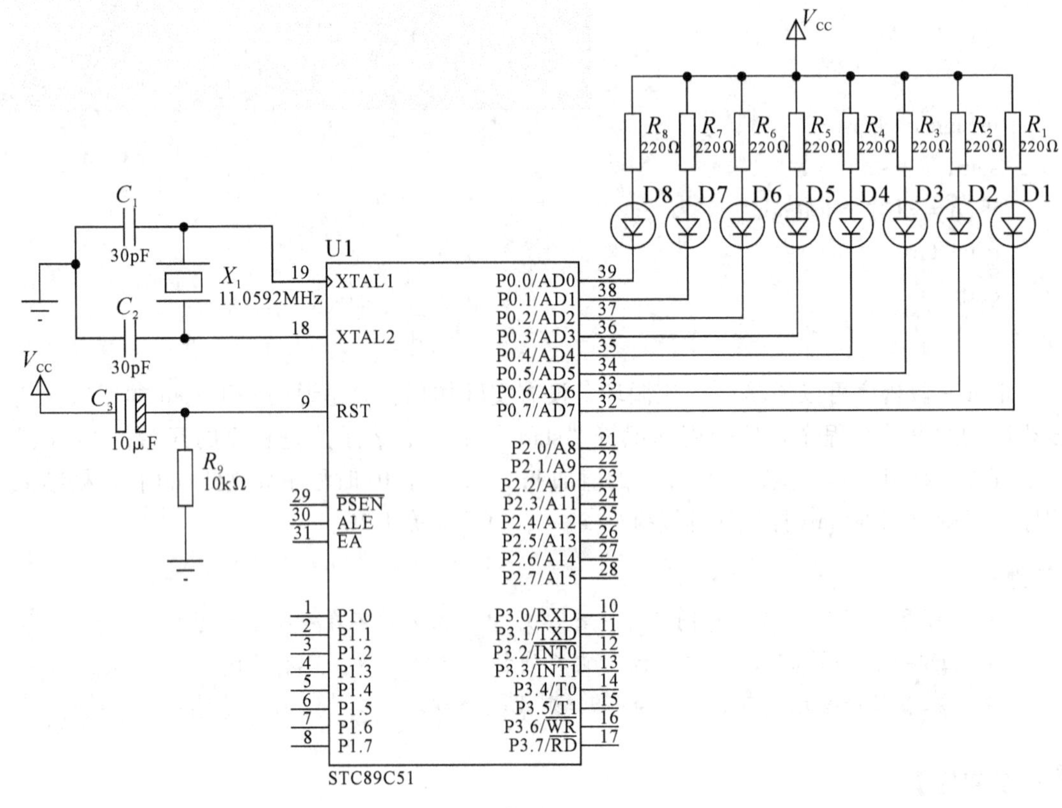

图 2－13　LED 流水灯仿真电路图

（3）程序设计。

在硬件电路图中，8 个发光二极管 D1 ～ D8 分别接在单片机的 P0. 0 ～ P0. 7 接口上，输出“0”时，发光二极管亮，输出“1”时熄灭。要使得 8 个灯按着 LED1→LED2→LED3→LED4→LED5→LED6→LED7→LED8 的顺序依次点亮，只需要将 P0 端口的某位依次变为低电平就行了。程序流程图如图 2－17 所示。

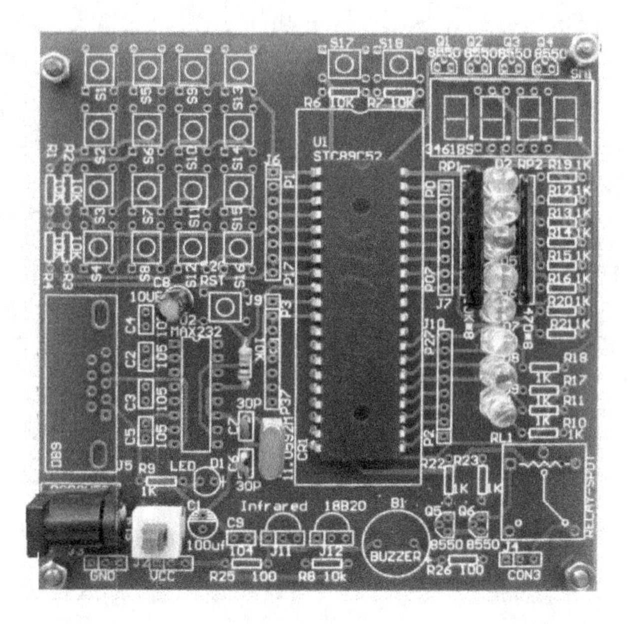

图2－14　任务2的双面PCB板电路制作实物照片

图2－15　任务2的万能板电路制作实物照片正面

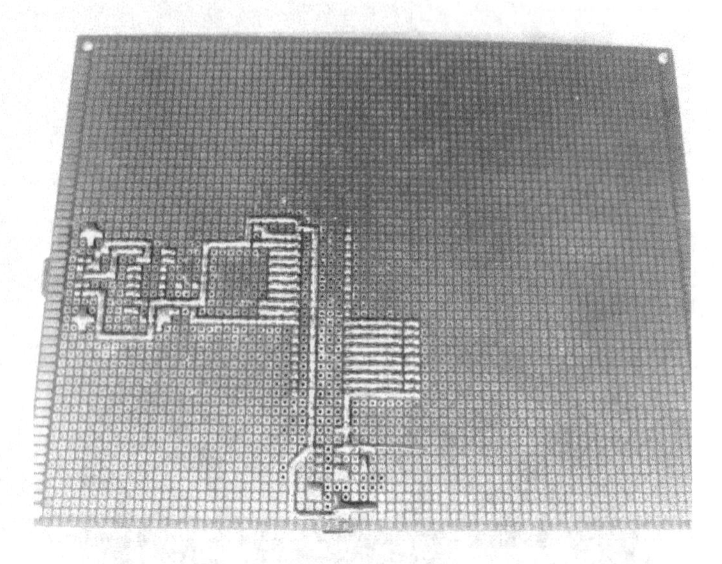

图 2－16　任务 2 的万能板电路制作实物照片反面

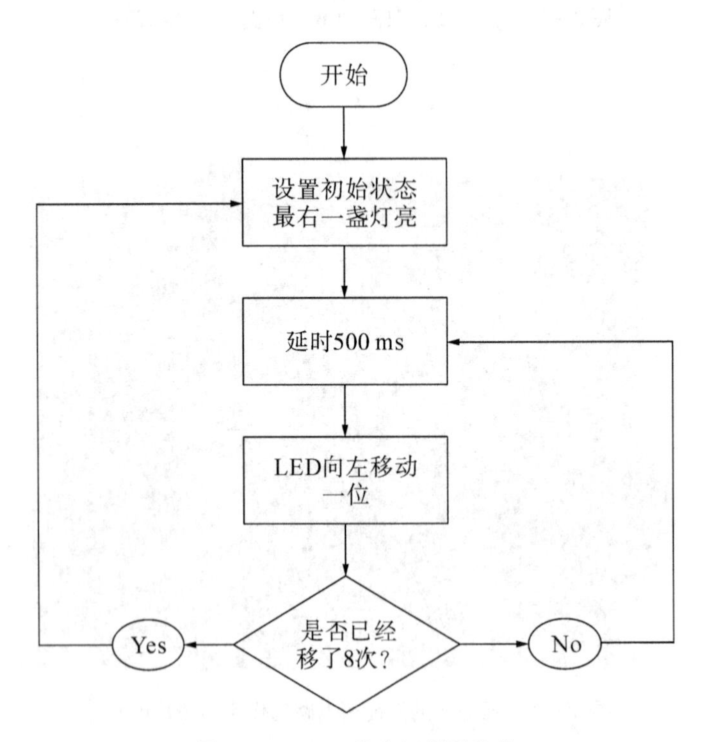

图 2－17　LED 流水灯程序流程

程序清单如下：

```
/**  任务2  LED 流水灯 **/
//==声明区== == == == == == == == == == == == == == ==
#include <stc.h>                  // 将头文件“stc.h”包含进来
#define  LED  P0                  // 定义 LED 接至 P0 端口
void delay1ms(int);               // 声明延迟函数

//==主程序== == == == == == == == == == == == == == ==
main()                            // 主程序开始
{  unsigned char i;               // 声明无号数字变量 i
  while(1)                        // 无穷循环，程序一直跑
  {
    LED =0xfe;                    // 初值=1111 1110，只有最右一盏灯亮
    for(i=0;i<8;i++)              // 左移7次
    {  delay1ms(500);             // 延迟 500ms
       LED =(LED<<1)|0x01;        // 左移一位，并设定最低位为1
    }                             // 左移结束，只有最左一盏灯亮
  }                               // while 循环结束
}                                 // 主程序结束

//==子程序== == == == == == == == == == == == == == =
/* 延迟函数，延迟约 x ms */
void delay1ms(int x)              // 延迟函数开始
{  int i,j;                       // 声明整数变数 i，j
   for (i=0;i<x;i++)              // 计数 x 次，延迟 x ms
     for (j=0;j<120;j++);         // 计数 120 次，延迟 1 ms（与 12MHz 晶振对应）
}                                 // 延迟函数结束
```

写出程序后，在 Keil uVision2 中编译和生成 Hex 文件“任务 2. hex”。

注意：

在单片机 C 语言中，通常都是采用十六进制，十六进制数的前缀为“0x”，但分析具体 P 端口输出的问题时又需要转换成二进制，因为二进制和 P 端口直接对应。

（4）使用 Proteus 仿真。

将“任务 2. hex”加载（相同于实际单片机程序的下载）到仿真电路图的单片机中，在仿真中，将清楚地看到 8 个 LED 灯不断地循环从左至右扫动，如图 2－18 所示。

（5）使用实验板调试所编写的程序。

程序下载成功后，按下实验板上的电源开关，将看到板上 8 个 LED 灯如仿真中的动作呈流水扫动。也可按仿真中的方法修改参数后重新下载程序，便可看到 LED 的流动速度和流动方式的变化。

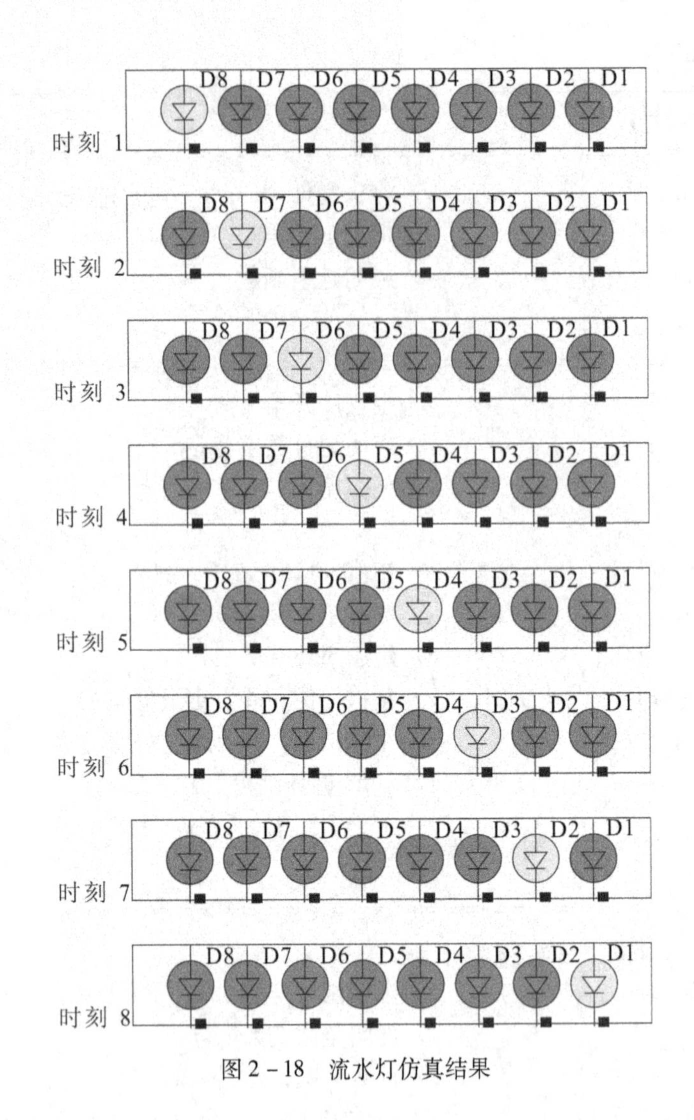

图 2-18　流水灯仿真结果

【任务小结】

通过一个单片机 P 端口控制流水灯实例，让读者进一步加深对单片机及其最小系统的认识，进一步了解单片机系统的开发过程。熟悉单片机 P 端口的结构及其 P 端口输出的编程控制方法和单片机 C 语言的基本框架；初步掌握单片机 C 语言编程的基本语法，掌握自加运算“++”、赋值运算“=”、左移运算“<<”、布尔或运算“|”等一些常用的运算。

【习题】

1. 试修改本例程序，使之变成双灯流动。
2. 试修改本例程序，使之变成从右至左流动。
3. 试修改本例程序，使之变成从中间向两侧流动。
4. 修改源程序，使 8 个发光二极管按照下面形式发光：P1 端口管脚 P1.7、P1.6、

P1.5、P1.4、P1.3、P1.2、P1.1、P1.0 所对应灯的状态为○●○●●○●●（●表示灭，○表示亮）。

5. 设计一个简单的单片机应用系统：用 P1 端口的任意 3 个管脚控制发光二极管，模拟交通灯。

任务3　通过继电器控制照明灯

【任务要求】

制作一个单片机系统电路板，通过继电器控制一个家用照明灯闪烁，照明灯的工作电压是～220V。

【学习目标】

（1）进一步熟悉单片机P端口输出的编程控制方法；
（2）了解用单片机驱动控制继电器的方法。

【知识链接】

一、普通继电器

现代自动控制设备中，都存在一个电子电路与电气电路的互相连接问题，一方面要使电子电路的控制信号能够控制电气电路的执行元件（电动机，电磁铁，电灯等），另一方面又要为电子线路的电气电路提供良好的电隔离，以保护电子电路和人身的安全。继电器便能发挥这一桥梁作用。

若要使用单片机来控制不同电压或较大电流的负载，可通过继电器来控制。电子电路所使用的继电器的体积都不大，如图2－19所示为常用的继电器实物图。这种继电器所使用的电压有DC12V、DC9V、DC6V、DC5V等，通常会直接标示在继电器上面。这种继电器很普遍，也不贵，可直接应用在电路板上，但引脚位置有时会不适用于面包板。图2－20是继电器安装尺寸及电气原理图。

图2－19　常用继电器实物图

继电器可以描述为一个电子开关，在实际应用中也是非常有用的，其主要有以下几个作用：

（1）扩大控制范围：例如，多触点继电器控制信号达到某一定值时，可以按触点组的不同形式，同时换接、开断、接通多路电路。

（2）放大：例如，灵敏型继电器、中间继电器等，用一个微小的控制量，可以控制大功率的电路。

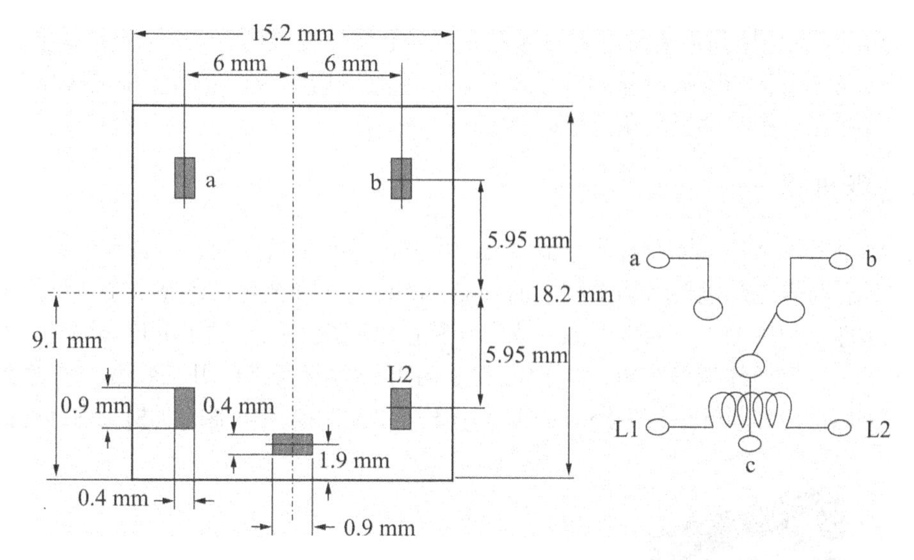

图 2-20 继电器安装尺寸及电气原理图

（3）综合信号：例如，当多个控制信号按规定的形式输入多绕组继电器时，经过比较综合，达到预定的控制效果。

（4）自动、遥控、监测：例如，自动装置上的继电器与其他电器一起，可以组成程序控制线路，从而实现自动化运行。

总体来说继电器的作用是隔离、低压控制高压、小电流控制大电流、弱电控制强电。

单片机所要驱动的继电器大多为 DC6V 或 DC5V 的小型电子用继电器。尽管如此，光靠 P 端口输出电流恐怕不够，况且要驱动继电器线圈这种电感性负载还需要有些保护。

如图 2-21 所示为低电平动作的继电器驱动电路，其工作原理为：当控制信号输入低电平“0”时，晶体管三极管 Q1 处于饱和导通状态，继电器线圈通电，继电器常开触点闭合，常闭触点断开，进而控制后面的电路。当控制信号输入高电平“1”时，三极管处于完全截止状态，继电器不工作。

除此之外，还有一种高电平动作的驱动电路，如图 2-22 所示。对于单片机电路而言，采用低电平动作的继电器驱动电路属于较优的设计，但编写程序时，须记得是低电平“0”使继电器工作。

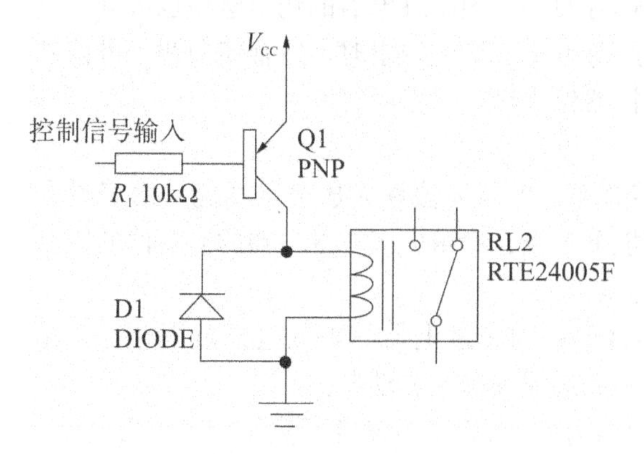

图 2-21 低电平动作的继电器驱动电路

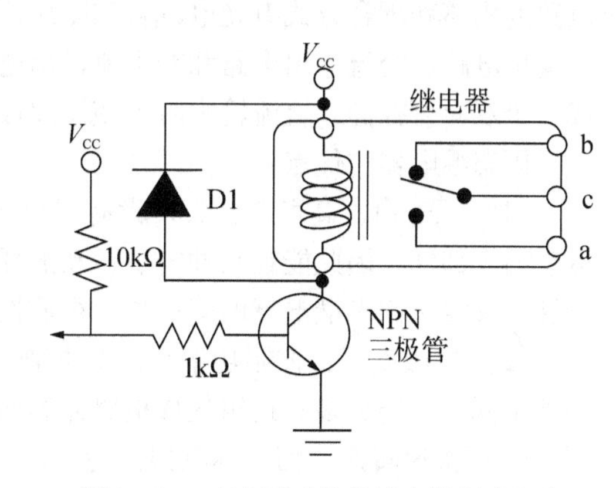

图 2-22 高电平动作的继电器驱动电路

二极管 D1 的作用是继电器线圈的续流，当继电器通电或断开时，会产生较大反电动势，采用反向二极管的吸收会起到很好效果。经工业现场实验证明：如果去掉此二极管，形成的干扰很大，有时会引起单片机系统复位。

二、固态继电器

固态继电器（SSR）与机电继电器相比，是一种没有机械运动、不含运动零件的继电器，但它具有与机电继电器本质上相同的功能。SSR 是一种全部由固态电子元件组成的无触点开关元件，利用电子元器件的点、磁和光特性来完成输入与输出的可靠隔离，利用大功率三极管、功率场效应管、单向可控硅和双向可控硅等器件的开关特性，来达到无触点、无火花地接通和断开被控电路。如图 2－23 所示为固态继电器的实物及内部电路图。

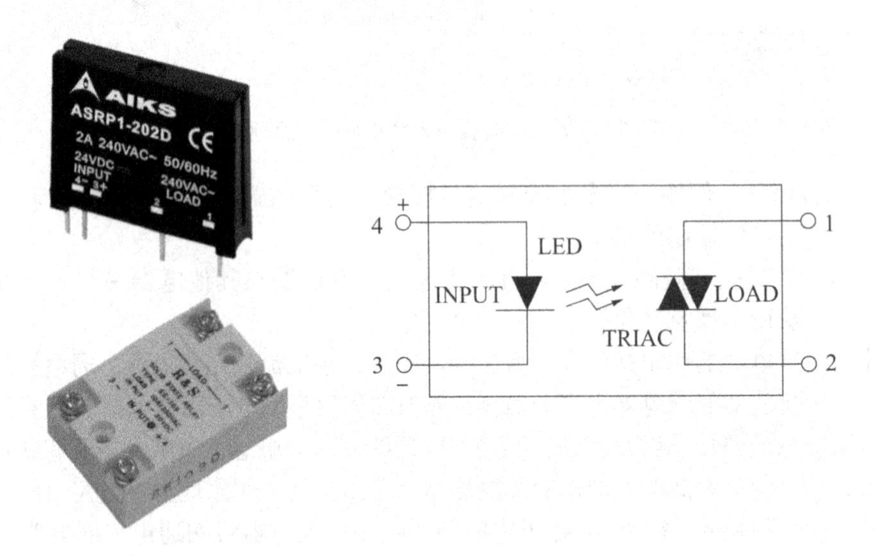

图 2－23　固态继电器实物及内部电路

固态继电器由 3 部分组成：输入电路、隔离（耦合）和输出电路。按输入电压的不同，输入电路可分为直流输入电路、交流输入电路和交直流输入电路 3 种。有些输入控制电路还具有与 TTL/CMOS 兼容、正负逻辑控制和反相等功能。固态继电器的输入与输出电路的隔离和耦合方式有光电耦合和变压器耦合两种。固态继电器的输出电路也可分为直流输出电路、交流输出电路和交直流输出电路等形式。交流输出时，通常使用两个可控硅或一个双向可控硅，直流输出时可使用双极性器件或功率场效应管。

固态继电器的优点：

（1）长寿命，高可靠：SSR 没有机械零部件，由固体器件完成触点功能，由于没有运动的零部件，因此能在高冲击、振动的环境下工作，而组成固态继电器的元器件的固有特性，决定了固态继电器的寿命长，可靠性高。

（2）灵敏度高，控制功率小，电磁兼容性好：固态继电器的输入电压范围较宽，驱动功率低，可与大多数逻辑集成电路兼容而不需加缓冲器或驱动器。

（3）快速转换：固态继电器因为采用固体器件，所以切换速度可从几毫秒至几微秒。

（4）电磁干扰：固态继电器没有输入“线圈”，没有触点燃弧和回跳，因而减少了电磁干扰。大多数交流输出固态继电器是一个零电压开关，在零电压处导通，零电流处关断，减少了电流波形的突然中断，从而减少了开关瞬态效应。

固态继电器的缺点：

（1）导通后的管压降大，可控硅或双向可控硅的正向压降可达 1 ～ 2V，大功率晶体管的饱和压降也在 1 ～ 2V 之间，一般功率场效应管的导通电阻也较机械触点的接触电阻大。

（2）半导体器件关断后仍可有数微安至数毫安的漏电流，因此不能实现理想的电隔离。

（3）由于管压降大，导通后的功耗和发热量也大，大功率固态继电器的体积远远大于同容量的电磁继电器，成本也较高。

（4）电子元器件的温度特性和电子线路的抗干扰能力较差，耐辐射能力也较差，如不采取有效措施，则工作可靠性低。

（5）固态继电器对过载有较大的敏感性，必须用快速熔断器或 RC 阻尼电路对其进行过载保护。固态继电器的负载与环境温度明显有关，温度升高，负载能力将迅速下降。

固态继电器的驱动：固态继电器的驱动控制电路与普通继电器的一样，如图 2 - 24 所示。

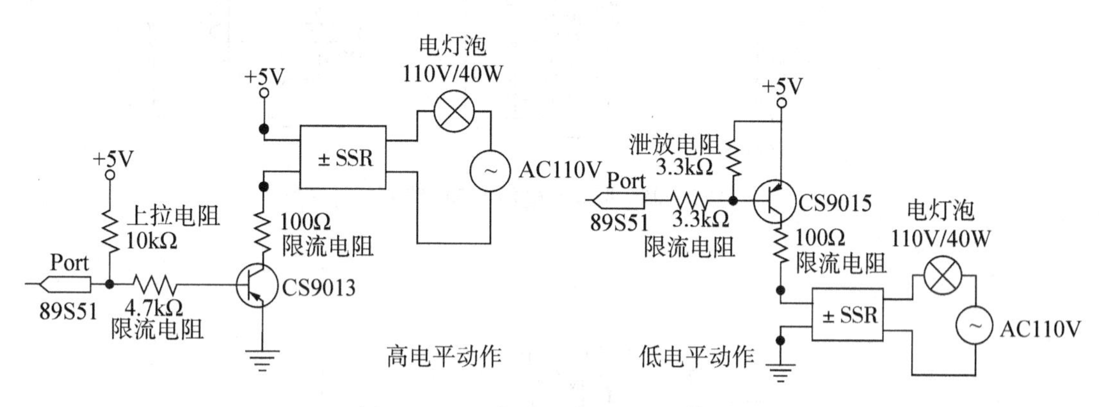

图 2 - 24　固态继电器的驱动控制电路

【任务实施】

（1）准备元器件。

元器件清单如表 2 - 7 所示。

表 2 - 7　元器件清单

序号	种类	标号	参数	序号	种类	标号	参数
1	电阻	R_1	220Ω	6	三极管	Q1	PNP
2	电阻	R_2，R_3	10kΩ	7	二极管	D1	DIODE
3	电容	C_1，C_2	30pF	8	二极管	D2	YELLOW
4	电容	C_3	10μF	9	继电器	RL1	RTE24005F
5	单片机	U1	STC89C51	10	晶振	X_1	11. 0592MHz

（2）搭建硬件电路。

本任务对应的仿真电路图如图 2－25 所示，对应的配套实验板继电器部分的电路原理图如图 2－26 所示，单片机 P3.7 输出“0”时，三极管 Q1 导通，继电器线圈通以电流，灯亮；相反，P3.7 输出“1”时，灯熄灭。

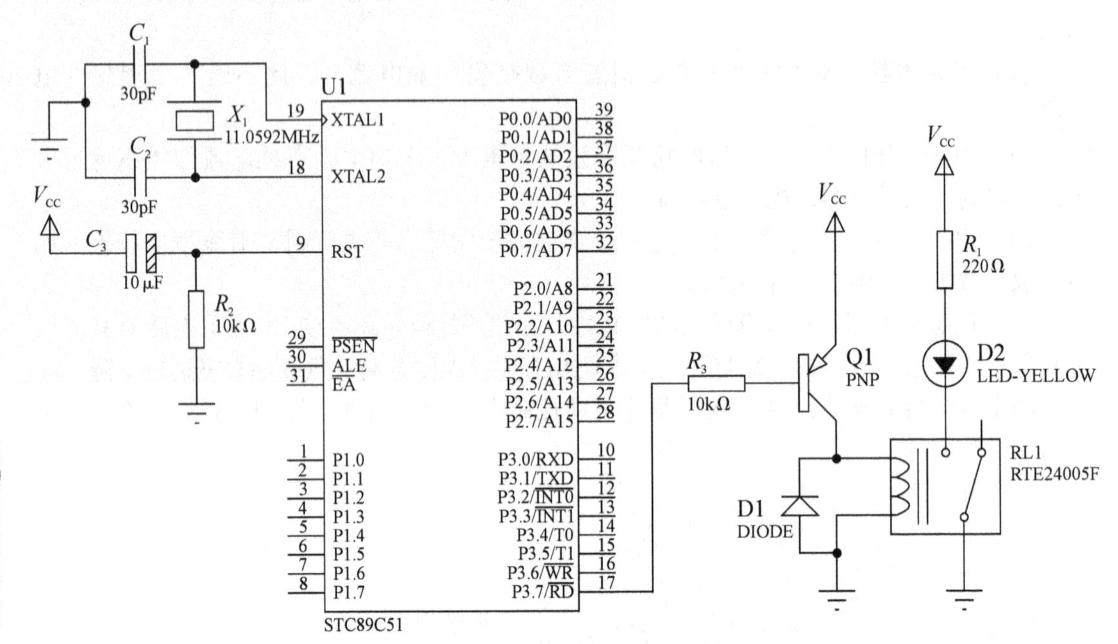

图 2－25　驱动继电器仿真电路图

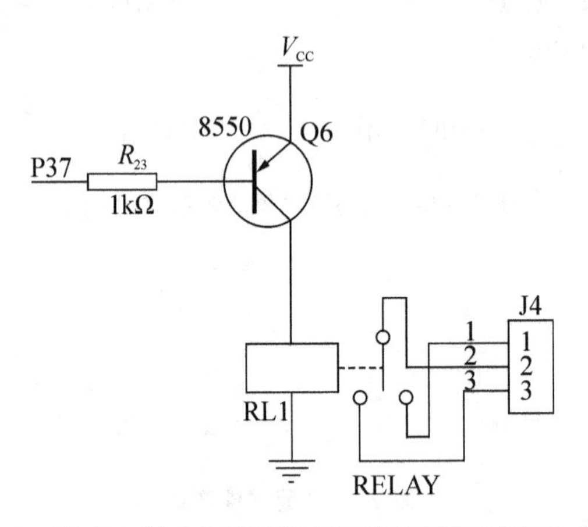

图 2－26　任务 3 所对应的配套实验板继电器部分的电路原理图

该电路图可用于仿真和手工制作，读者可按原理图和网盘里的实物制作图片将任务 3 的电路板制作出来。配套实验板所对应的任务 3 的电路制作实物照片如图 2－27 所示，用万能板制作的任务 3 的正反面电路实物照片如图 2－28 和图 2－29 所示。

图 2－27 任务 3 的双面板电路制作实物照片

图 2－28 任务 3 的万能板电路制作实物照片正面

（3）程序设计。

在硬件电路图中，继电器的控制信号从单片机的 P3.7 输出，输出“0”时，继电器动作，灯亮，输出“1”时熄灭。要使灯每 2s 闪烁一次，只要 P3.7 循环地输出：2s 为“0”，然后 0.5s 为“1”即可。程序流程图如图 2－30 所示。

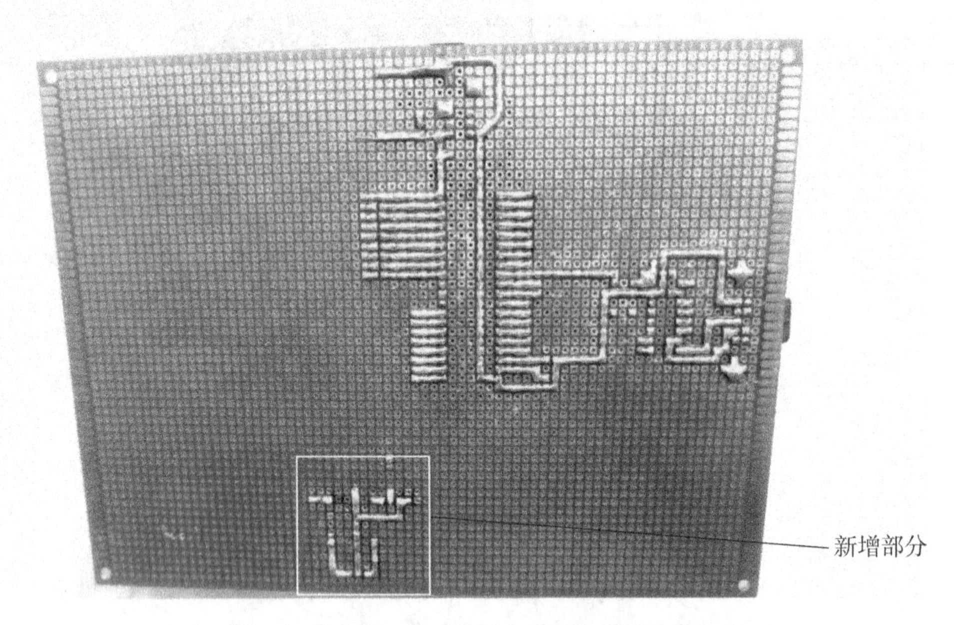

图 2－29　任务 3 的万能板电路制作实物照片反面

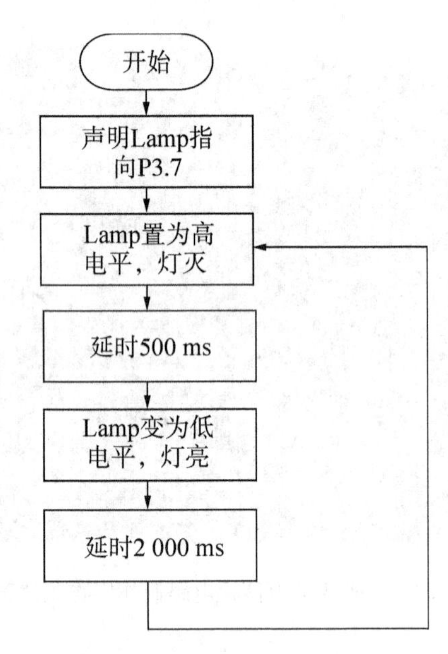

图 2－30　继电器控制外部灯 2s 闪烁一次程序流程

程序清单如下：

```
/ * *    任务 3   继电器控制外部灯 2 秒闪烁一次  * * /
// == 声明区 == == == == == == == == == == == == == == ==
#include    < stc. h >                  // 将头文件“stc. h”包含进来
sbit lamp = P3^7;                       // 声明变量 Lamp 指向单片机的 P3. 7
void delay1ms( int) ;                   // 声明延迟函数
```

```
//==主程序=====================================
main()                                  // 主程序开始
{   while(1)                            // 无穷循环
  {
     lamp = 1;                          // P3.7 设置为高电平
     delay1ms(500);                     // 延时 500ms
     lamp = 0;                          // P3.7 设置为低电平
       delay1ms(2000);                  // 延时 2s
  }
}                                       // 主程序结束

//==子程序=====================================
/* 延迟函数，延迟约 x ms */
void delay1ms(int x)                    // 延迟函数开始
{   int i,j;                            // 声明整数变数 i，j
     for(i=0;i<x;i++)                   // 计数 x 次，延迟 x ms
       for(j=0;j<120;j++);              // 计数 120 次，晶振为 12MHz 时延迟 1ms
}                                       // 延迟函数结束
```

写出程序后，在 Keil uVision2 中编译和生成 Hex 文件“任务 3. hex”。

（4）使用 Proteus 仿真。

将“任务 3. hex”加载（相同于实际单片机程序的下载）到仿真电路图的单片机中，在仿真中，将清楚地看到灯每 2s 闪烁一次，如图 2－31 所示。

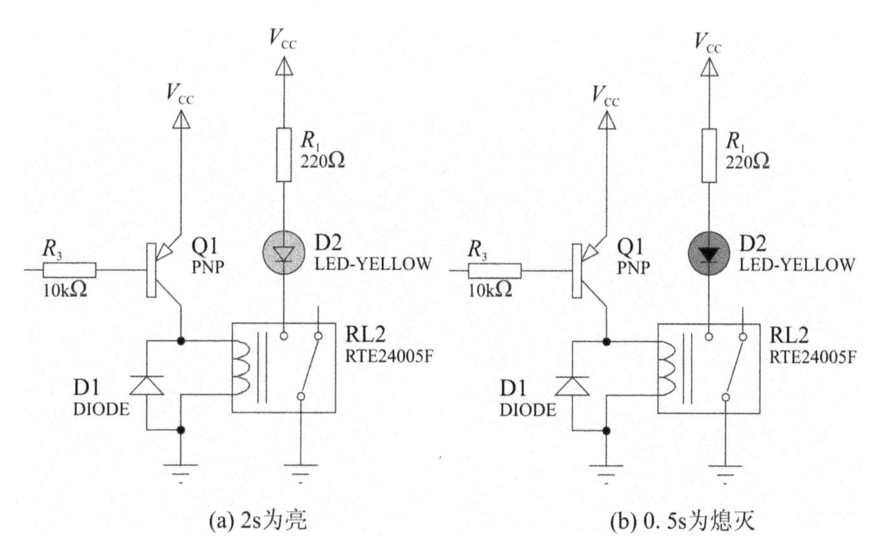

(a) 2s为亮　　(b) 0. 5s为熄灭

图 2－31　外部灯每 2s 闪烁一次的仿真结果

（5）使用实验板调试所编写的程序。

本次任务用来演示的发光二极管 D2 和限流电阻 R_1 需外接，不焊接在电路板上。在接 LED 发光二极管时应注意它的方向，方向接反将无法发光。当然，该继电器也可以控制 220V 的白炽灯，但因实验板上未配备 220V 的电源和白炽灯，同时，220V 危险性较大，故本次实验用一个 LED 灯来代替。

程序下载成功后，按下实验板上的电源开关，将看到 LED 灯每 2s 闪烁一次，看起来效果会比仿真更清楚。若身边无 LED 灯，也可以不接，通过听继电器通断时的“吱”“嗒”声一样可以调试程序。

【任务小结】

通过一个单片机 P 端口控制 LED 灯的实例，让读者了解单片机控制大功率外部器件的开发过程。其程序与模块一中的单灯闪烁相似，但本例程序使用了子程序“delay1ms( );”来代替原来的 for 循环，使得控制更灵活。

【习题】

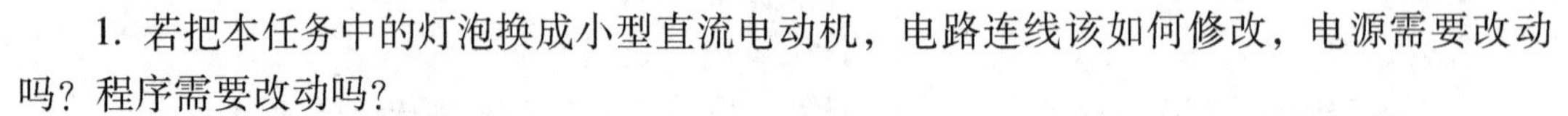

1. 若把本任务中的灯泡换成小型直流电动机，电路连线该如何修改，电源需要改动吗？程序需要改动吗？

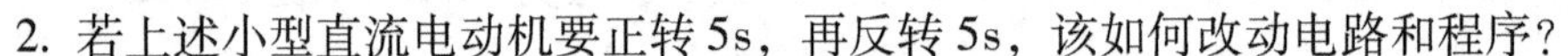

2. 若上述小型直流电动机要正转 5s，再反转 5s，该如何改动电路和程序？

任务4 让蜂鸣器产出报警声音

【任务要求】

制作一个单片机系统电路板，控制蜂鸣器不断地发出报警响声。

【学习目标】

（1）了解声音产生的原理；
（2）熟悉用单片机驱动蜂鸣器的方法。

【知识链接】

一、声音的产生

声音的产生是一种音频振动的效果，振动的频率高，则为高音；频率低，则为低音。人类耳朵比较容易辨认的声音的频率范围大概是20Hz～20kHz。一般音响电路是以正弦波信号驱动喇叭，即可产生悦耳的音乐；在数字电路里，则是以脉冲信号驱动蜂鸣器，以产生声音，如图2-32所示。在同样的频率下，人类的耳朵很难区分以脉冲信号或以正弦波信号所产生的音效。

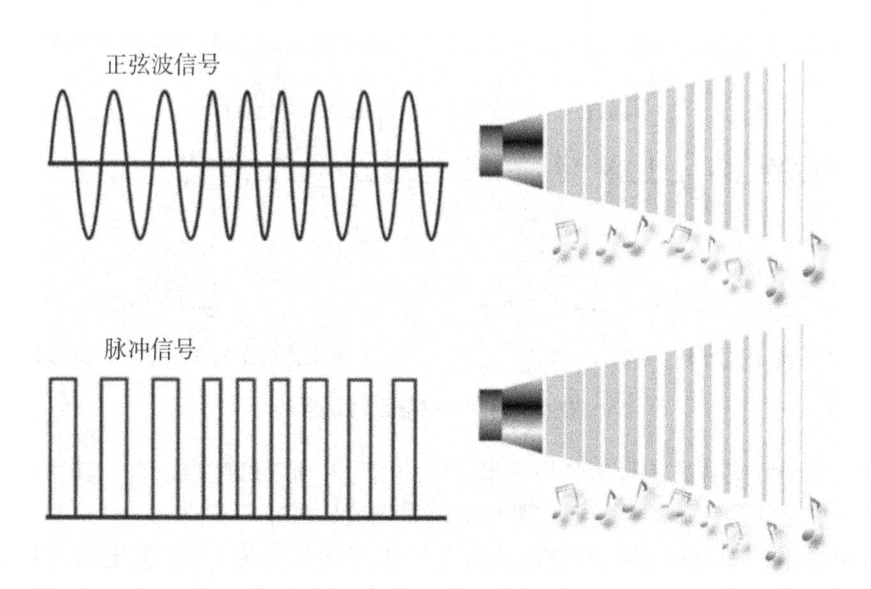

图2-32 声音的产生

若要让单片机驱动来产生声音，可利用程序产生一定频率的脉冲，送到输出端口（1位即可，例如P1.0、P3.7等），再从该端口连接到蜂鸣器的驱动电路，即可驱动蜂鸣器。

二、蜂鸣器

在微处理电路上的发声装置称为蜂鸣器，蜂鸣器类似小型喇叭。蜂鸣器作为发声器件，广泛应用于计算机、打印机、复印机、报警器、电子玩具、汽车电子设备、电话机、定时器等电子产品中。

市售蜂鸣器分为电压型与脉冲型两类，电压型蜂鸣器送电就会发声，其频率固定；脉冲型蜂鸣器必须加入脉冲才会发出声响，且其声音的频率就是加入脉冲的频率。本次任务需要产生不同频率的声音，因此必须使用脉冲型蜂鸣器。如图 2－33 所示为 12mm 脉冲型蜂鸣器的外观与尺寸。

图 2－33　12mm 脉冲型蜂鸣器的外观与尺寸

由于蜂鸣器的工作电流一般比较大，以至于单片机的 P 端口是无法直接驱动的，因此要利用放大电路来驱动，一般使用三极管来放大电流，其驱动电路如图 2－34 所示。这个驱动电路属于低电平动作，也就是输出“0”时，蜂鸣器有电流，输出“1”时，蜂鸣器无电流。

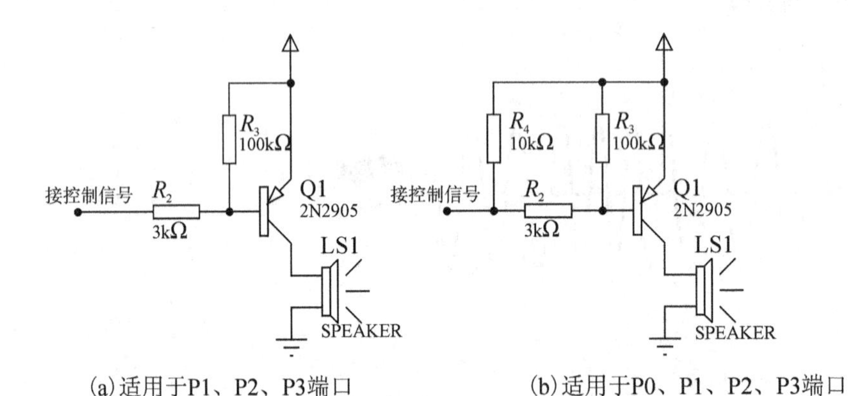

图 2－34　蜂鸣器驱动电路

单片机驱动蜂鸣器的信号为各种频率的脉冲信号。对于蜂鸣器而言，其发声原理在于吸放动作所引起的簧片振动，至于先吸后放还是先放后吸并不重要。

不管使用哪个端口都可以，但注意若使用 P0 端口还需要接一个上拉电阻，如图 2－34b 所示。驱动电流是足以使晶体管输出饱和的。当端口输出“1”时，三极管 Q1 截止，蜂鸣器断开；当端口输出“0”时，三极管 Q1 饱和导通，蜂鸣器将被吸住。另外，在晶体管 BE 之间连接一个泄放电阻 R_3（100kΩ），其目的是让晶体管从饱和到截止时提供一个泄放 BE 间少数载流子的路径，以加速切换，防止拖音。

【任务实施】

（1）准备元器件。

元器件清单如表 2－8 所示。

表 2－8 元器件清单

序号	种类	标号	参数	序号	种类	标号	参数
1	电阻	R_1	10kΩ	5	单片机	U1	STC89C51
2	电阻	R_2	1kΩ	6	三极管	Q1	2N2905
3	电容	C_1，C_2	30pF	7	蜂鸣器	LS1	SPEAKER
4	电容	C_3	10μF	8	晶振	X_1	11.0592MHz

（2）搭建硬件电路。

本任务对应的仿真电路图如图 2－35 所示，对应的配套实验板蜂鸣器部分的电路原理图如图 2－36 所示，蜂鸣器的控制信号从单片机的 P3.6 输出，输出“0”时，三极管导通，蜂鸣器通以电流。输出“1”时，三极管截止，蜂鸣器无电流。

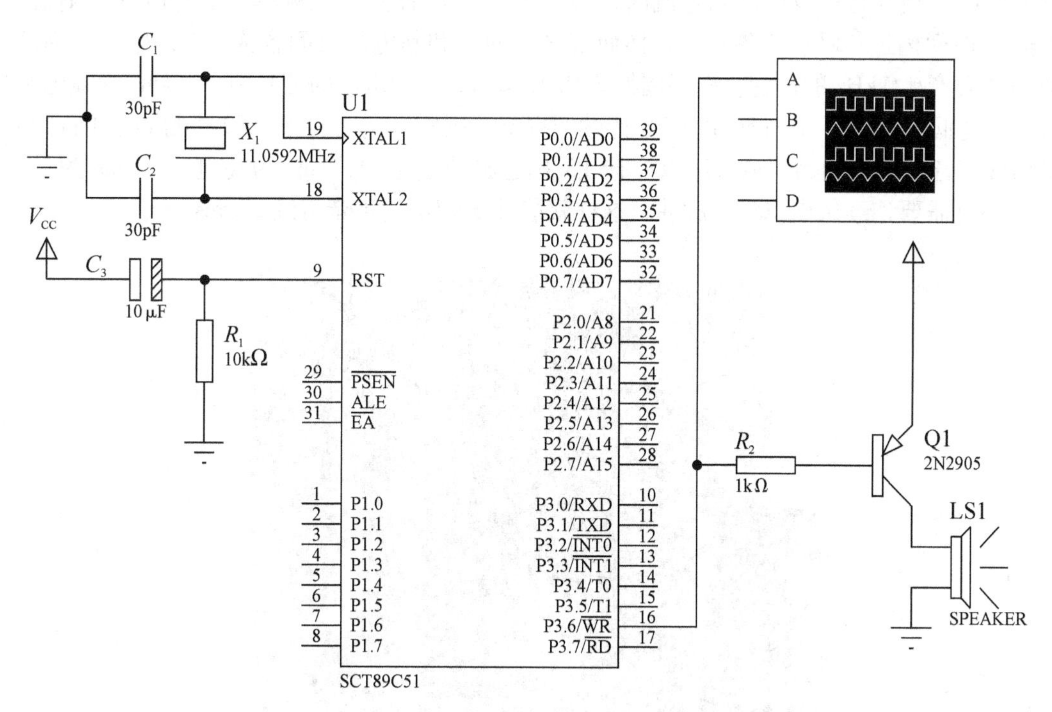

图 2－35 驱动蜂鸣器产生报警声音仿真电路图

配套实验板所对应的任务 4 的电路制作实物照片如图 2－37 所示，用万能板制作的任务 4 的正反面电路实物照片如图 2－38 和图 2－39 所示。

（3）程序设计。

报警声音可以看成由 1kHz 和 500Hz 的音频组成，并且两种音频交替进行。因此，编程时可以用 P3.7 输出信号驱动扬声器，让 1kHz 脉冲持续 100ms，500Hz 脉冲持续 200ms，

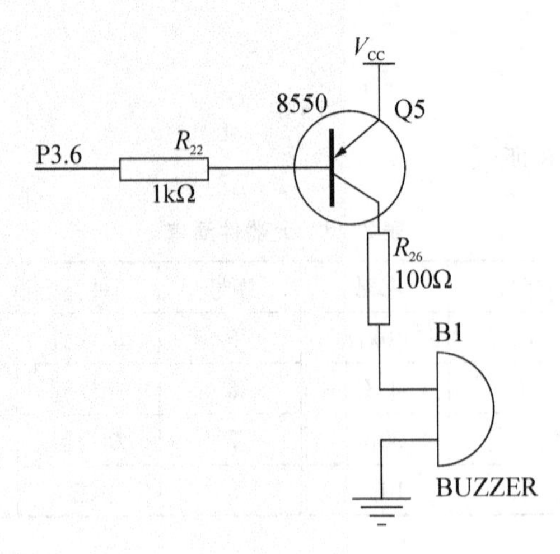

图 2－36　任务 4 所对应的配套实验板蜂鸣器部分的电路原理图

并一直循环。

声音是由蜂鸣器的振动而产生，蜂鸣器就像是一个电磁铁，电流流过即可激磁，蜂鸣器里发声的簧片将被吸住，无电流时，簧片被放开。若要产生频率为 f 的声音，则需在 $T=1/f$ 时间内进行吸、放各一次，换而言之，通电和断电的时间各为 $T/2$，称为半周期。本例中要产生 1kHz 的声音，则半周期为 0.5ms，P3.6 所送出的信号中，0.5ms 为高电平，0.5ms 为低电平。要让 1kHz 的声音持续 100ms，则需要连续送出 100 个脉冲。同样地，500Hz 声音的半周期为 1ms，所以应让 P3.6 送出的信号中，1ms 为高电平，1ms 为低电平，并且需要连续送出 100 个脉冲，这样就能让 500Hz 的声音持续 200ms。

图 2－37　任务 4 的双面 PCB 板电路制作实物照片

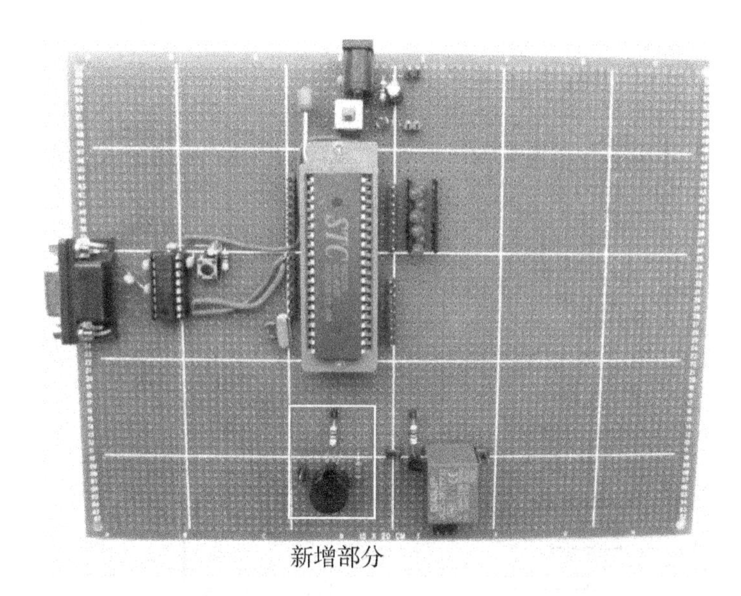

图 2-38 任务 4 的万能板电路制作实物照片正面

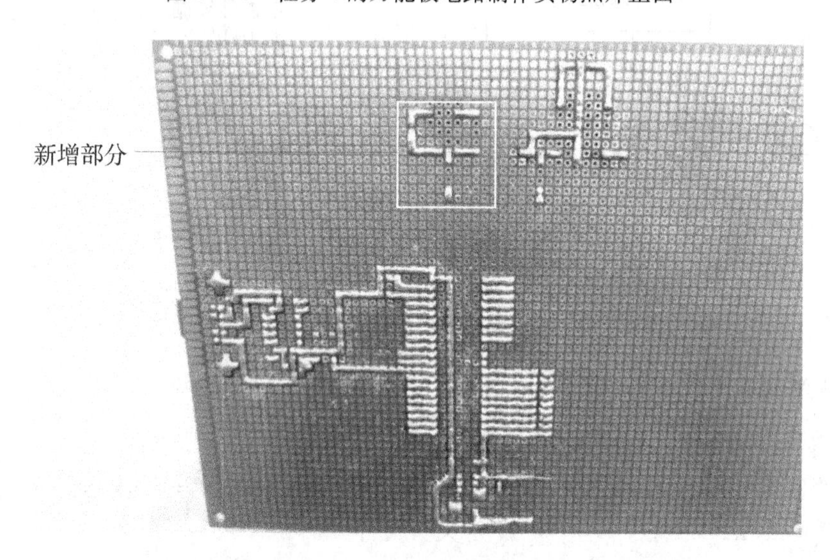

图 2-39 任务 4 的万能板电路制作实物照片反面

在上一任务中已经介绍若要 P3.6 输出高电平，利用赋值指令“=”给 P3.6 赋“1”即可；同理，若要 P3.6 输出低电平，给 P3.6 赋“0”即可。

要发出报警声音，即要使 P3.6 输出 1kHz 脉冲持续 100ms，500Hz 脉冲持续 200ms，并一直循环。要让声音持续，用“while（1）”让程序无穷循环下去即可。程序流程图如图 2-40 所示。

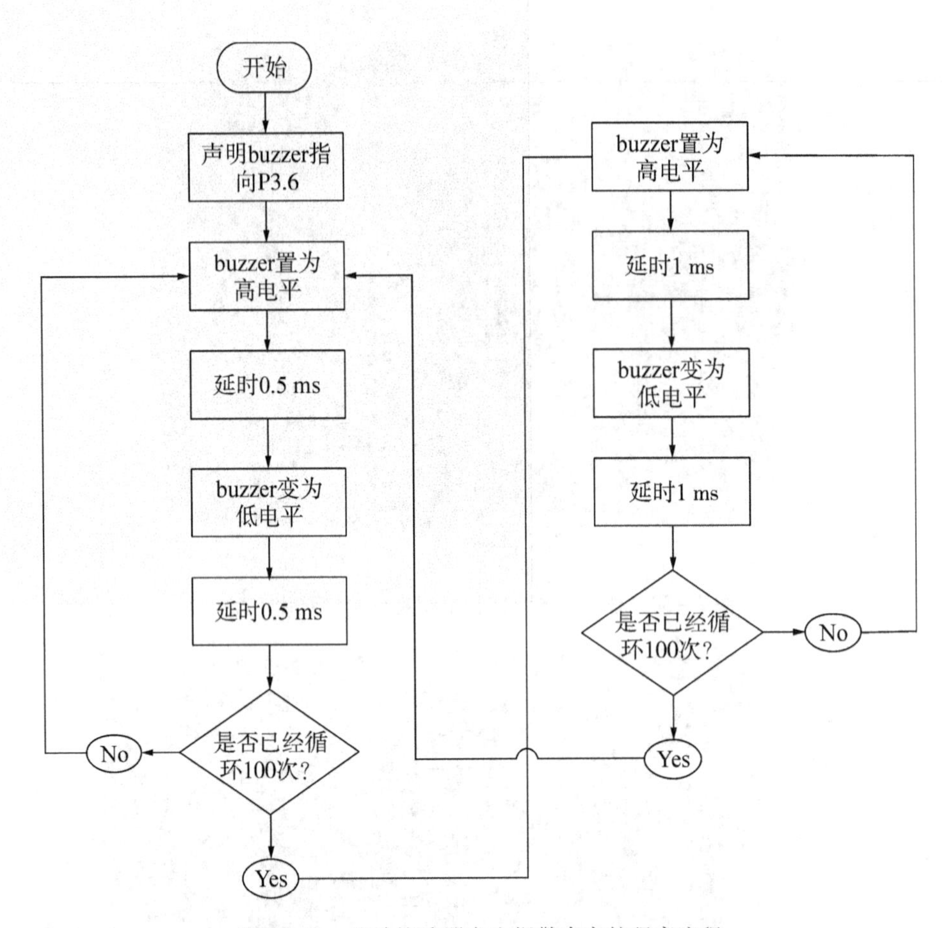

图 2-40　驱动蜂鸣器产生报警声音的程序流程

程序清单如下：

```
/** 任务4  驱动蜂鸣器产生报警声音    **/
//==声明区================================
#include  <stc.h>                    //定义头文件
sbit buzzer = P3^6;                  //声明蜂鸣器的位置为 P3.6
void delay(int);                     //声明延迟函数
void pulse_BZ(int, int, int);        //声明蜂鸣器发声函数
//==主程序================================
main()                               //主程序开始
{   while(1)                         //无穷循环，程序一直跑
  {   pulse_BZ(100,1,1);             //蜂鸣器发出 1kHz 声音 100ms
      pulse_BZ(100,2,2);             //蜂鸣器发出 500Hz 声音 200ms
  }                                  //while 循环结束
}                                    //主程序结束
//==子程序================================
```

```
/* 延迟函数开始，延迟 x 0.5ms */
void delay(int x)                    //延迟函数开始
{   int i, j;                        //声明整数变量 i，j
    for (i = 0; i < x; i ++)         //计数 x 次，延迟约 x * 0.5ms
        for (j = 0; j < 60; j ++);   //计数 60 次，延迟约 0.5ms
}                                    //延迟函数结束
/* 蜂鸣器发声函数，count = 计数次数，TH = 高电平时间，TL = 低电平时间 */
void pulse_BZ(int count, int TH, int TL)
                                     //蜂鸣器发声函数开始
{   int i;                           //声明整数变数 i
    for(i = 0; i < count; i ++)      //计数 count 次
    {   buzzer = 1;                  //输出高电平
        delay(TH);                   //延迟 TH 0.5ms
        buzzer = 0;                  //输出低电平
        delay(TL);                   //延迟 TL 0.5ms
    }                                //for 循环结束
}                                    //蜂鸣器发声函数结束
```

写出程序后，在 Keil uVision2 中编译和生成 Hex 文件“任务 4. hex”。

（4）使用 Proteus 仿真。

将“任务 4. hex”加载（相同于实际单片机程序的下载）到仿真电路图的单片机中，在仿真中，将清楚地听到蜂鸣器发出报警的声音。若用虚拟示波器测量 P3.6 的电压波形，将得到如图 2－41 所示的波形图。

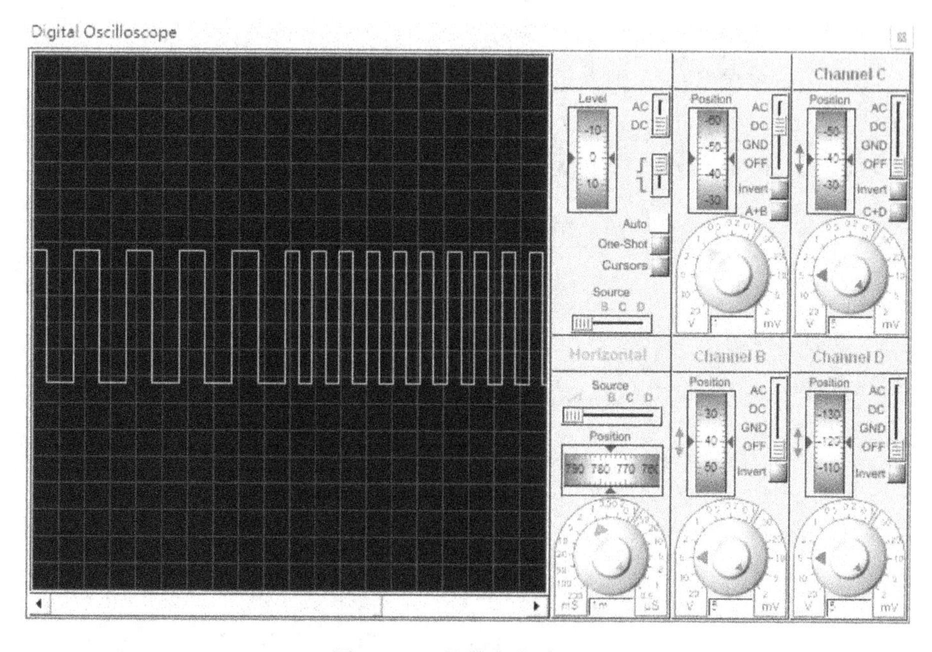

图 2－41　报警声音波形图

（5）使用实验板调试所编写的程序。

用实验板听到的声音会比仿真效果稍微差一点，仿真的声音会更加清晰。

【任务小结】

通过单片机 P3.6 控制蜂鸣器，让读者了解蜂鸣器的发声原理、其驱动电路工作原理，以及单片机控制蜂鸣器发声的具体方法。

【习题】

1. 若想听到单纯的“滴滴”的声音，该如何改动程序？

2. 若想将声音改为 2000Hz 的声音 0.5s，4000Hz 的声音 0.2s，停 0.4s，该如何改动程序？

3. 编写一个程序，设置 4 个按键，使按下不同的按键，蜂鸣器发出不同频率的声音。

任务5 让七段数码管循环显示数字

【任务要求】

制作一个单片机系统电路板，控制七段数码管循环地显示数字0～9。

【学习目标】

（1）了解七段数码管的内部结构；
（2）熟悉用单片机驱动七段数码管的方法。

【知识链接】

一、七段数码管

常见的七段数码管如图2－42所示，1位数码管和2位数码管均为10个引脚，而4位数码管为12个引脚。1位数码管尺寸与引脚配置如图2－43所示。

(a) 1位数码管

(b) 2位数码管

(c) 4位数码管

图2－42 常用的七段数码管

七段数码管里面实际上有8只发光二极管，如图2－44a所示，分别记作a、b、c、d、e、f、g和dp，其中dp为小数点。每一只发光二极管都有一根电极引到外部引脚上，而另外一只引脚就连接在一起，同样也引到外部引脚上，记作公共端（com）。其中引脚的排列因不同的厂商而有所不同，但大部分厂商的排列都是如图2－43所示。

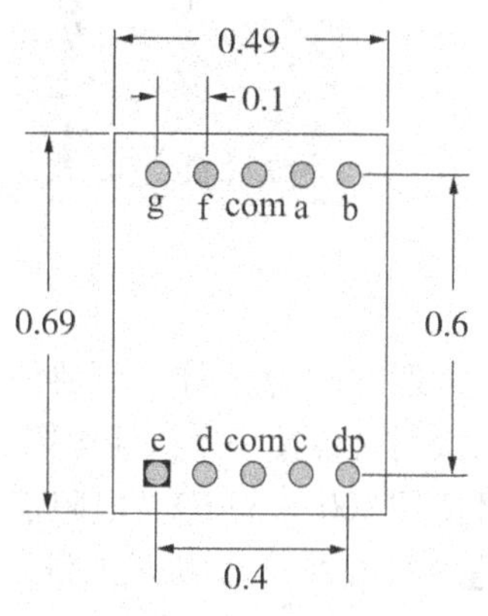

图2－43 1位七段数码管尺寸与引脚配置

要显示不同的数字，需要点亮对应的段，如要显示“0”，则需要a、b、c、d、e、f这6段亮，g、dp不亮，如图2－44b所示。

市面上常用的LED数码管有两种，分为共阳极与共阴极。

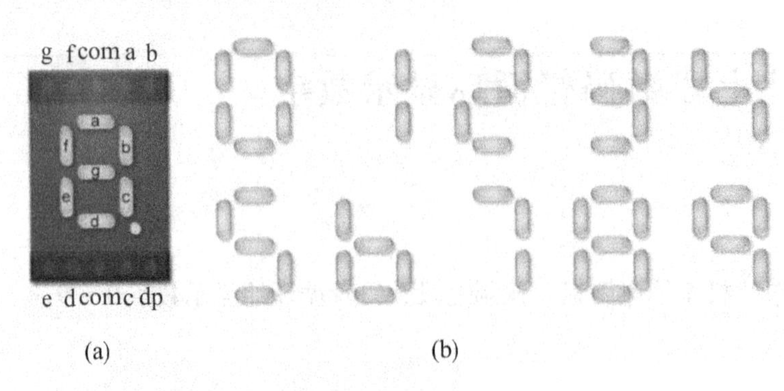

图 2－44　七段数码管的引脚及显示不同的数字

共阳极：数码管里面的发光二极管的阳极接在一起作为公共引脚，在正常使用时此引脚接电源正极。要使发光二极管被点亮，发光二极管的电流应从上至下。因此，若二极管的阴极输入高电平，则对应的段不能点亮，其内部结构如图 2－45 所示。

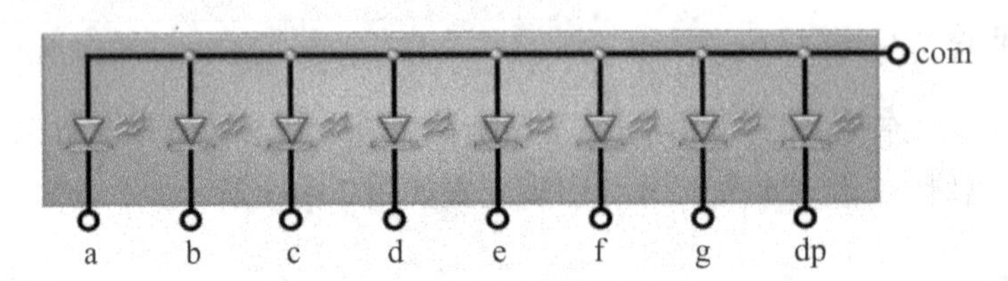

图 2－45　共阳极七段数码管的内部结构

共阴极：当数码管里面的发光二极管的阴极接在一起作为公共引脚，在正常使用时此引脚接电源负极。要使发光二极管被点亮，发光二极管的电流应从上至下。因此，若二极管的阳极输入低电平，则二极管两端电压差为 0 V，对应的段将不能点亮，其内部结构如图 2－46 所示。

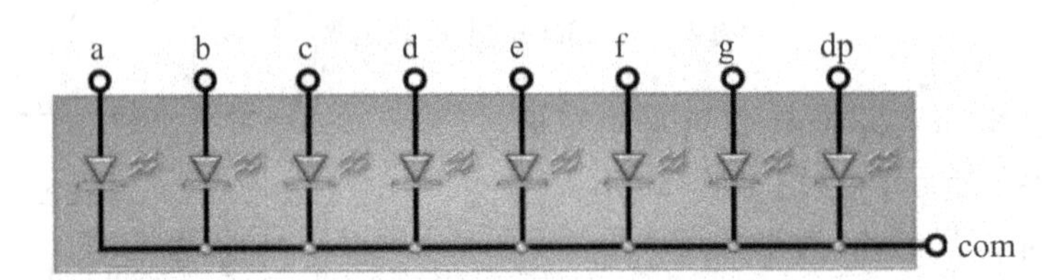

图 2－46　共阴极七段数码管的内部结构

就像一般的 LED 一样，当要使用共阳极七段数码管时，首先把 com 脚接 V_{CC}，然后将每一个阴极引脚各接一个限流电阻，如图 2－47a 所示。在数字或微型计算机电路里，限流电阻可使用 200～330Ω，电阻值越大则 LED 越暗，电阻值越小则 LED 越亮。

但是，如图 2－47b 所示的设计是存在缺陷的。因其只使用了一个限流电阻，显示不同数字时，将会有不同的亮度，显示“8”时最暗，显示“1”时最亮。

使用共阳极数码管时，将 dp、g、f、e、d、c、b 和 a 等 8 段依次连接至单片机一个输出端口的最高位（P0.7）到最低位（P0.0），且希望小数点不亮，则 0～9 的驱动信号如表 2－9 所示。

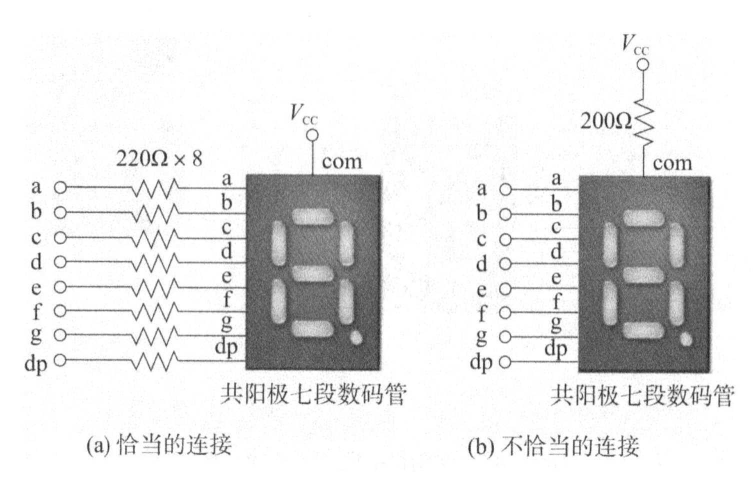

图 2－47　共阳极七段数码管的应用

表 2－9　共阳极七段数码管驱动信号编码

数字	二进制	十六进制	显示
0	1100 0000	0xc0	0
1	1111 1001	0xf9	1
2	1010 0100	0xa4	2
3	1011 0000	0xb0	3
4	1001 1001	0x99	4
5	1001 0010	0x92	5
6	1000 0011	0x83	6
7	1111 1000	0xf8	7
8	1000 0000	0x80	8
9	1001 1000	0x98	9

注意：

P0.7 对应 8 位二进制数的最左边一位，P0.0 对应最右边一位。

对于共阴极七段数码管，首先把 com 脚接地，然后将每一个阳极引脚各接一个限流电阻，如图 2－48a 所示。图 2－48b 是不恰当的连接方法，同共阳极一样，该连接在显示不同的数字时亮度也不一样。

同共阳极相似，将 dp、g、f、e、d、c、b 和 a 等 8 段依次连接至单片机一个输出端口的最高位（P0.7）到最低位（P0.0），小数点不亮，则 0～9 的驱动信号如表 2－10 所示。

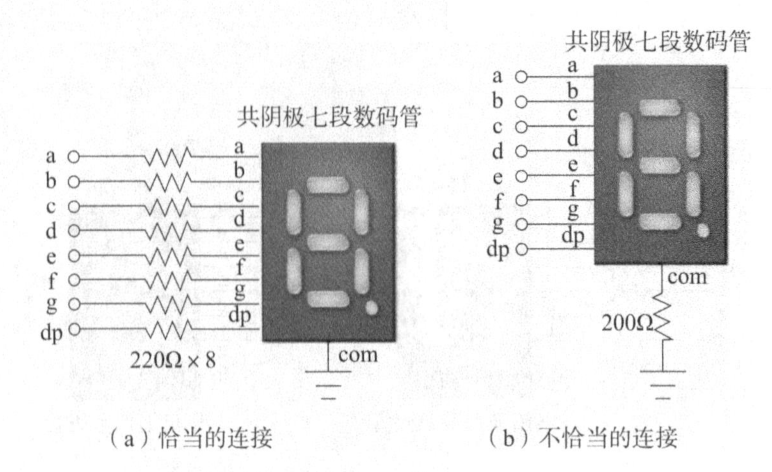

图 2-48　共阴极七段数码管的应用

表 2-10　共阴极七段数码管驱动信号编码

数字	二进制	十六进制	显示
0	0011 1111	0x3f	0
1	0000 0110	0x06	1
2	0101 1011	0x5b	2
3	0100 1111	0x4f	3
4	0110 0110	0x66	4
5	0110 1101	0x6d	5
6	0011 1100	0x3c	6
7	0000 0111	0x07	7
8	0111 1111	0x7f	8
9	0110 0111	0x37	9

很明显，共阳极七段数码管的驱动信号与共阴极七段数码管的驱动信号刚好反相，只要使用其中一组驱动信号编码即可，万一所使用的编码与七段数码管的极性不符，只要在程序里的输出指令中加一个反相运算符“～”即可。

二、数组

C 语言规定把具有相同数据类型的若干变量按有序的形式组织起来称为数组，在数组中的每一个成员称为数组元素。数值数组可分为一维数组和二维数组，下面分别介绍。

（一）一维数组

1. 语法格式

```
数据类型说明符　　存储器类型说明符　　数组名[常量表达式]
```

例如：

```
char code TAB[5] = {0xc0,0xf9,0xa4,0xb0,0x99};    // 数字0～4的段码
```

其中的“char”为数据类型说明符，“code”表示该数组存储在程序存储器（ROM）中，“TAB”为数组名，“5”为常量表达式。整体意思是：定义了一个名为TAB，数据类型为char的数组，存储在ROM中，其中该数组含有5个元素，分别为TAB[0]、TAB[1]、TAB[2]、TAB[3]和TAB[4]，而每一个数组元素的数据类型都为char型。

引用数组元素时，格式如下：

```
数组名［元素在数组中的位置编号］
```

注意：

- 数组的元素是从0开始编号的，而不是从1开始的，即第五个元素为TAB[4]而不是TAB[5]。
- 数组名的命名规则与变量相同，但是在同一个程序里面，数组名不能与变量名相同。

2. 一维数组的初始化

所谓初始化，就是在定义数组的同时给数组的元素赋予初值，下面是几种初始化的方式。

方式①：

```
int TAB[5] = {1,2,3,4,5};
```

在定义数组的同时并赋予初值。在花括号“{}”里面的数值就是元素TAB[0]、TAB[1]、TAB[2]、TAB[3]和TAB[4]的值。即TAB[0] = 1、TAB[1] = 2、TAB[2] = 3、TAB[3] = 4和TAB[4] = 5。

方式②：

```
int TAB[5] = {1,2};
```

在花括号里只给需要的元素赋初值，而未被赋初值的元素在编绎时由系统自动赋予“0”为初值。即TAB[0] = 1、TAB[1] = 2、TAB[2] = 0、TAB[3] = 0和TAB[4] = 0。

方式③：

```
int TAB[] = {1,2,3,4,5};
```

如果给每个元素都赋予了初值，那么在数组名中可以不给出数组元素的个数。上面的写法就等价于“int TAB[5] = {1,2,3,4,5};”。

（二）二维数组

1. 语法格式

```
数据类型说明符    存储器类型说明符    数组名[常量表达式1][常量表达式2]
```

在上面的语法格式当中，常量表达式1表示第一维下标的长度，常量表达式2表示第二维下标的长度。

例如：

```
int   array[3][4];
```

上述表达式定义了一个3行4列、名为array、数据类型为int的数组。该数组的下标变量共有3*4个，即：

array[0][0]，array[0][1]，array[0][2]，array[0][3]

array[1][0]，array[1][1]，array[1][2]，array[1][3]

array[2][0]，array[2][1]，array[2][2]，array[2][3]

二维数组在概念上是二维的，即是说其下标在两个方向上变化，下标变量在数组中的位置也处于一个平面之中，而不是像一维数组只是一个向量。但是，实际的硬件存储器却是连续编址的，也就是说存储器单元是按一维线性排列的。其实在一维存储器中存放二维数组，是按行排列，即放完一行之后顺次放入第二行。如上面定义的二维数组，即：先存放array[0]行，再存放array[1]行，最后存放array[2]行。每行有4个元素，也是依次存放。因为数组array的数据类型定义为int，int为双字节的数据类型，所以每个元素在内存中占两个字节的空间。

2. 二维数组的初始化

二维数组的初始化与一维数组的初始化是大同小异的，只要掌握了一维数组，那么二维数也很容易理解。

方式①：

```
int array[3][4]={{1,2,3,4},{5,6,7,8},{9,10,11,12}};
```

在定义数组的同时并赋予初值。全部元素的初值括在一个花括号中，其中每一行的元素又用一个大括号括起来，其中间用“，”分开。

方式②：

```
int array[3][4]={{1,2},{5,6}};
```

在花括号中只给需要的元素赋初值，而未被赋初值的元素在编绎时由系统自动赋予“0”为初值。即array[0][0]=1、array[0][1]=2、array[1][0]=5和array[1][1]=6，其余未被赋值的全部为“0”。相当于以下的赋值：

```
int array[3][4]={{1,2,0,0},{5,6,0,0},{0,0,0,0}};
```

方式③：

```
int array[][4]={{1,2,3},{5,6,7,8},{9,10}};
```

在一维数组中，如果给每个元素都赋予了初值，那么在数组名中可以不给出数组元素的个数，但是在二维数组中就只能省略行的个数，而不能省略列的个数。那么上面的定义方式经系统编译之后得到的结果是：

```
int array[3][4]={{1,2,3,0},{5,6,7,8},{9,10,0,0}};
```

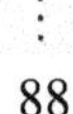

【任务实施】

（1）准备元器件。

元器件清单如表 2－11 所示。

表 2－11　元器件清单

序号	种类	标号	参数	序号	种类	标号	参数
1	电阻	R_1	10kΩ	5	排阻	R_{N1}	220Ω＊8
2	电容	C_1，C_2	30pF	6	晶振	X_1	11.0592MHz
3	电容	C_3	10μF	7	数码管	U2	1 位红色
4	单片机	U1	STC89C52				

（2）搭建硬件电路。

本任务对应的仿真电路图如图 2－49 所示，对应的配套实验板 4 位数码管部分的电路原理图如图 2－50 所示，图中的 R_{N1} 为限流电阻，由 8 个 220Ω 的电阻封装而成，与用 8 个独立电阻的作用是完全一样的。图中七段数码管为共阳极，其 com 端接 V_{CC}，低电平对应的段为亮，高电平对应的段为暗。如要显示“0”，应给 P0 端口赋值二进制数

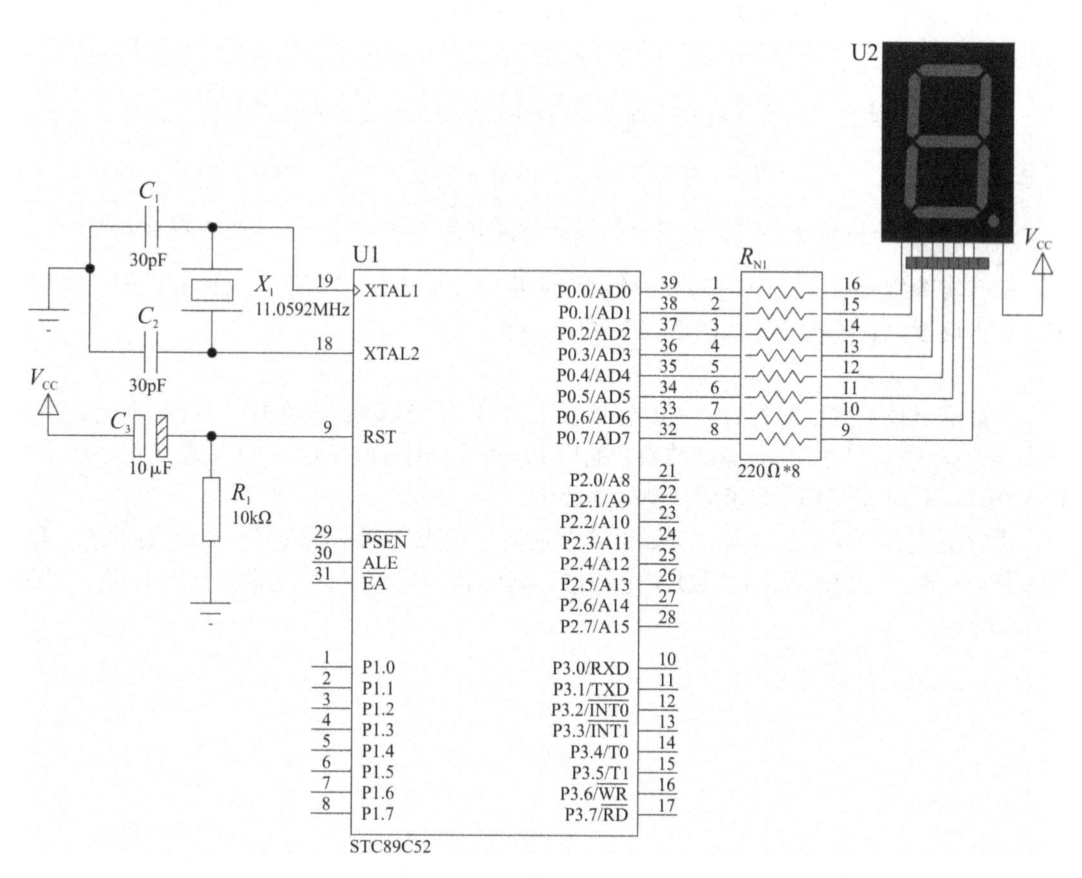

图 2－49　驱动七段数码管显示 0～9 仿真电路图

"1100 0000"，化成十六进制为"0xc0"，对应的命令为"P0 = 0xc0"。0～9 对应的段码依次为：0xc0，0xf9，0xa4，0xb0，0x99，0x92，0x83，0xf8，0x80 和 0x98。

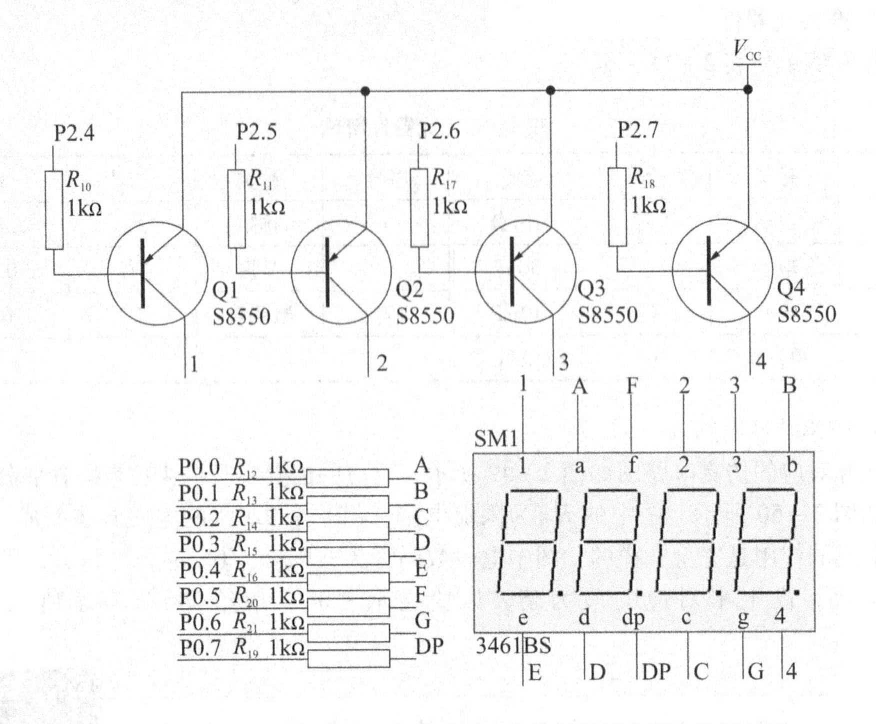

图 2-50　任务 5 所对应的配套实验板 4 位数码管部分的电路原理图

注意：

若电路中使用的是共阴极数码管，上述程序清单需将数字 0～9 的段码取反"～"。

配套实验板所对应的任务 5 的电路制作实物照片如图 2-51 所示，用万能板制作的任务 5 的正反面电路实物照片如图 2-52 和图 2-53 所示。

（3）程序设计。

要显示具体数字，编程时只需要将该数字所对应的段码赋值给 P0 端口；要让数码管循环显示 0～9，可采用 for 循环结构，循环 10 次，分别对应显示 0～9；要让每个数字显示 500ms，采用延时 1ms 的函数，延时参数为"500"。

电路板上共有 4 位数码管，可采用其中任何一位来实现本次任务。如用最右边一位，则编程时应将 P2.3 清零。而用最左边一位，则编程时应将 P2.0 清零，程序流程图如图 2-54 所示。

任务6　用4位七段数码管显示“2014”

【任务要求】

制作一个单片机系统电路板，控制4位七段数码管显示数字组合“2014”。

【学习目标】

（1）了解4位七段数码管的内部结构；
（2）熟悉用单片机驱动多位七段数码管的方法。

【知识链接】

一、多位七段数码管

在上一任务中，我们已学习过1位七段数码管的结构及其应用。若要同时使用多位七段数码管时，如果还是与1位七段数码管一样采用独立驱动方式，效率会很低。并且，采用独立驱动每个七段数码管显示器的方式也将占用较多的单片机I/O脚，增加元件和成本。

要使用多位数码管，通常都是使用七段数码管模块，它是把多个1位七段数码管封装在一起。其中，各位数码管的a引脚都连接到a引脚，b引脚都连接到b引脚，c引脚都连接到c引脚……而每个位数的公共端引脚是独立的。市面上常见的七段数码管模块有2位、3位、4位、6位等。在上一任务中的图2－42b和图2－42c中，已经展示了2位和4位七段数码管。

市面上没有8位数码管，一般最多只有6位的。常见的电路板上的8位数码管都是由两个4位数码管组成的，如图2－56所示是市场上一些实验板上的8位数码管，它由两个CPS03641AR型号的4位数码管组成。

图2－56　8位七段数码管的实物图

二、4位七段数码管

4位七段数码管是由4个1位七段数码管封装而成的，其价格比4个单个的1位数码

管要便宜得多，而且用起来也更方便。如图 2－57 所示是常用的 4 位七段数码管的正反面实物图，如图 2－58 所示是其尺寸图，如图 2－59 所示是其内部结构图。

图 2－57　4 位七段数码管实物图

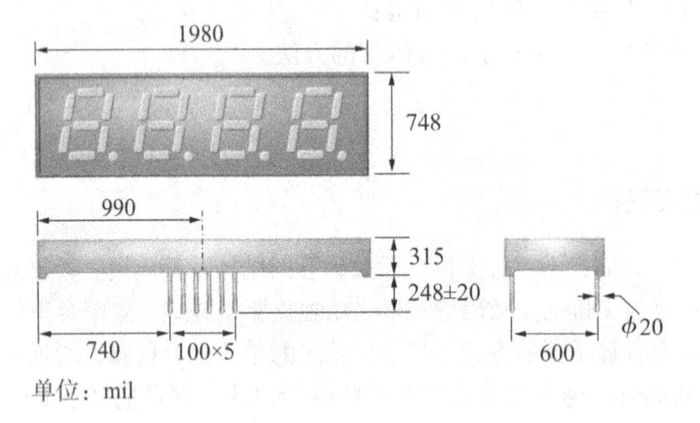

图 2－58　4 位七段数码管尺寸

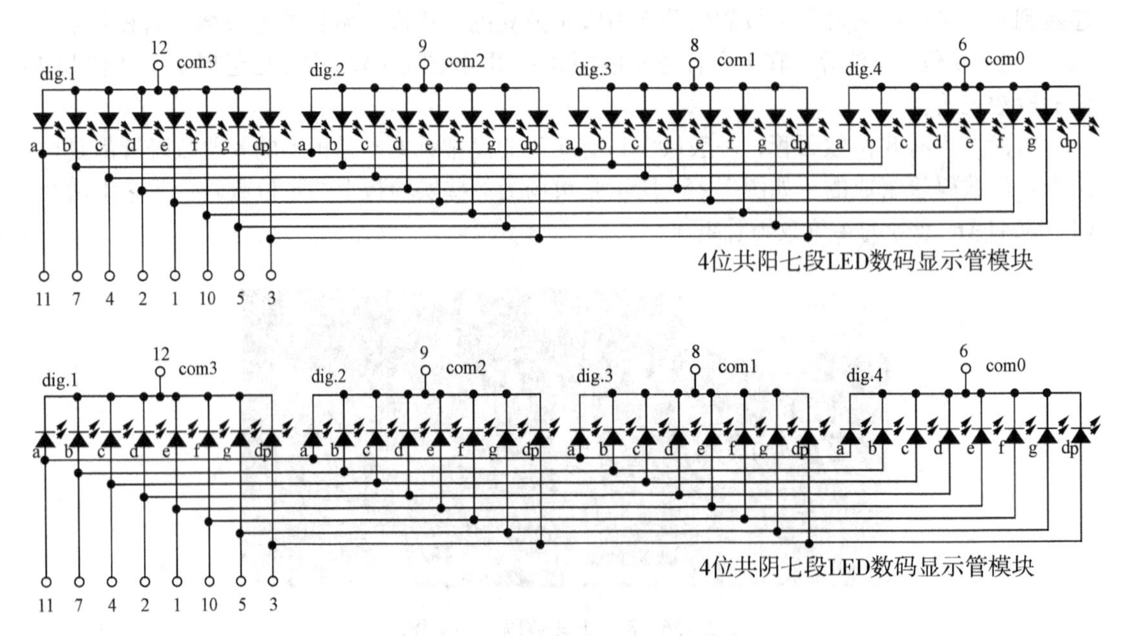

图 2－59　4 位七段数码管内部结构

若要同时使用多个七段数码管，必须采用扫描式，即利用人类的视觉暂留现象快速扫描的驱动方式，这样只要一组驱动电路即可达到显示多个七段数码管的目的。在硬件电路方面，首先将每个七段数码管的 8 个引脚按编号分别连接在一起，再使用晶体三极管分别驱动每个七段数码管的公共端引脚 com，如图 2－60 所示。其显示方式是将第一个七段数码管所要显示的数据送到总线上，然后将 1110 扫描信号送到 4 个晶体管的基极即可；若要显示第二个七段数码管，则将所要显示的数据送到总线上，然后将 1101 扫描信号送到 4 个晶体管的基极；若要显示第三个七段数码管，则将所要显示的数据送到总线上，然后将 1011 扫描信号（如图 2－60 所示的扫描信号 A，B，C，D）送到 4 个晶体管的基极；若要显示第四个七段数码管，同样是将所要显示的数据送到总线上，然后将 0111 扫描信号送到 4 个晶体管的基极。扫描一圈后，再从头开始扫描。

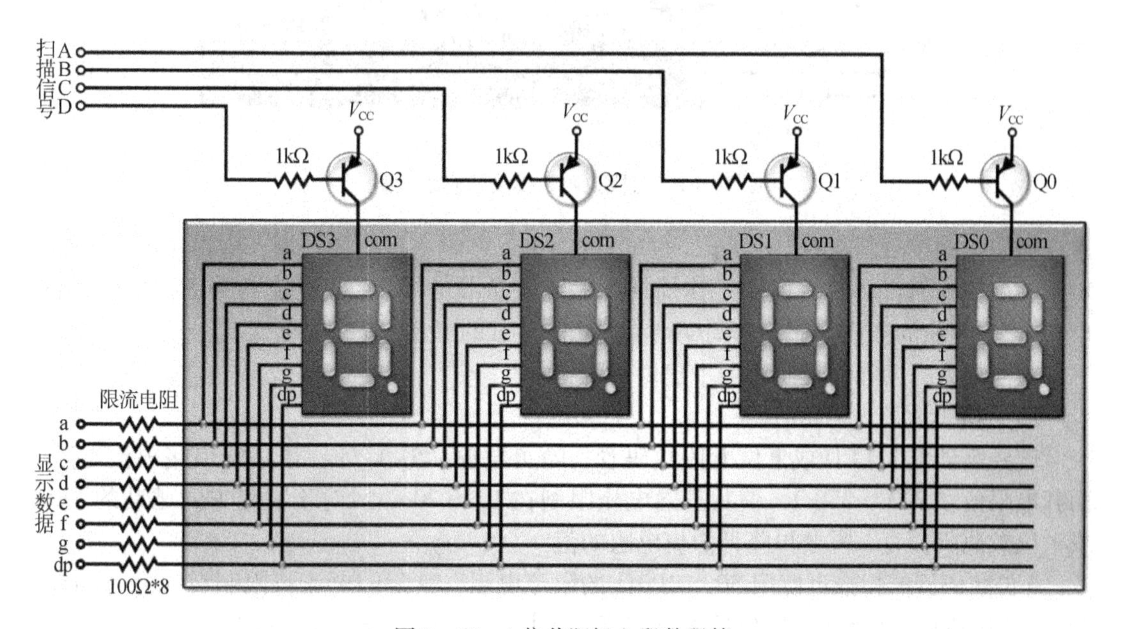

图 2－60　4 位共阳极七段数码管

虽然任一时刻只显示一个七段数码管，但只要从第一个到最后一个的扫描时间不超过 16ms，即频率为 60Hz 以上，就能同时看到这几个数字。这是因为人类的视觉暂留效应及二极管的余辉作用，使数字显示稳定，人们观察不到闪烁现象。

由此可得知，以扫描方式驱动多个并接的七段数码管时，驱动信号包括显示数据与扫描信号，显示数据是所要显示的驱动信号段码，与驱动 1 位七段数码管一样。扫描信号就像是开关，用以决定驱动哪一个位数。

扫描信号也分成高电平扫描与低电平扫描两种，其类型与电路结构有关。如图 2－61 所示是 4 位七段数码管模块的应用电路，其扫描信号分别接入 QO ～ Q3 的 PNP 晶体管的基极，其中低电平将使其所连接的晶体管导通，其所驱动的位数才可能会显示，这称为低电平扫描。若把 QO ～ Q3 改为 NPN 晶体管，且其 E、C 对调，则需高电平信号才能使晶体管导通（通常不用这种设计），这称为高电平扫描。一般低电平扫描较常见。

三、扫描驱动存在的问题

对于用扫描方式驱动的七段数码管而言，其亮度与稳定是个矛盾问题，若要亮一点，则扫描的频率要低一点，以提高工作周期；若扫描频率太低，又会有闪烁的现象。因此，

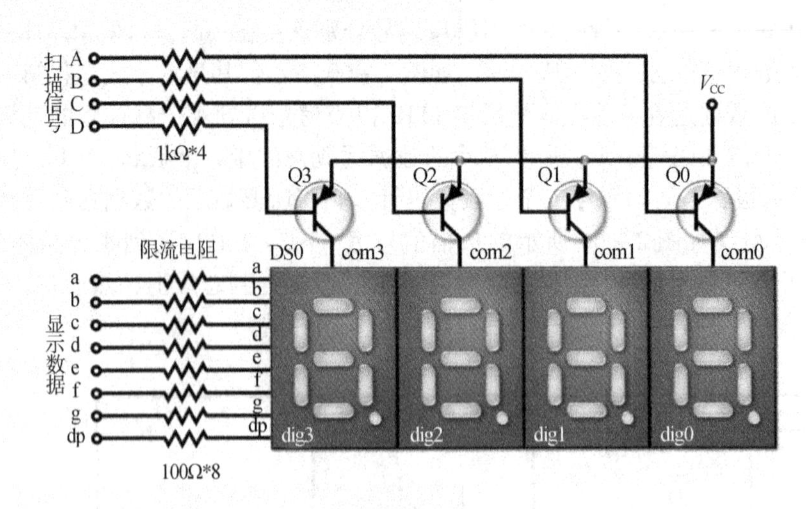

图 2-61　七段数码管模块的应用电路

建议把扫描频率限制在 60Hz 以上，也就是在 16ms 之内完整扫描一周，这样才不会闪烁。对于 4 位扫描而言，其每位的工作周期为固定式负载的 1/4，其亮度约为固定式负载的 1/4，若是 8 位的扫描，那工作周期则为固定式负载的 1/8，其亮度更低。

如何提升亮度呢？在此有两个建议。

（1）降低限流电阻值。

若要驱动 1 个 LED 或 1 位七段数码管，除了电源（5V）外，还必须串接限流电阻，而其电阻值在 220～330Ω，使其正向电流限制在 10～20mA。对于扫描方式驱动的 LED 或七段数码管而言，需要再降低限流电阻的值。

4 位数码管的扫描可使用 50～100Ω 的限流电阻，其瞬间电流将限制在 33～66mA。若整个扫描周期为 16ms，每位约 4ms 点亮，平均电流约为 8.3～16.5mA。

8 位数码管的扫描可使用 25～50Ω 的限流电阻，其瞬间电流将限制在 66～132mA。若整个扫描周期为 16ms，每位约 2ms 点亮，平均电流约为 8.3～16.5mA。

（2）选用高亮度七段 LED 数码管模块。

随着 LED 技术的发展，市面上不乏高亮度的产品。当然，高亮度的 LED 或七段 LED 数码管的驱动电流与正向电压不一定与本书所介绍的相同，所以要参考其数据说明，以作为设计的依据。

注意：

采用降低限流电阻提升亮度的方法进行在线仿真时要小心。若程序停止或暂停时，LED 可能持续点亮。这时候，可能会有 33～66mA（4 位）或 66～132mA（8 位）电流流过 LED，这样即使不会马上破坏该 LED，也会降低其寿命。

四、集成译码器 74HC138

实验板上配置了 4 位七段数码管，其 4 位显示从左至右分别受 P2.0、P2.1、P2.2 和 P2.3 控制，当控制位为低电平时该位显示，为高电平时该位熄灭。

但市场上也有些实验板，因 P2 端口不够用，所以其具体显示哪一位由 P2.2～P2.0

经译码器 74HC138 控制。经过译码器后可由 P2 端口的 3 位来控制输出 8 位，相当于扩充了 5 个 P 端口。系统复位后 P2.2～P2.0 默认为“111”，经译码后为“7”，即 Y7 输出低电平“0”，Y0～Y6 输出高电平“1”。

74HC138 是一款高速 CMOS 器件，74HC138 引脚兼容低功耗肖特基 TTL（LSTTL）系列，其封装与引脚如图 2－62 所示。

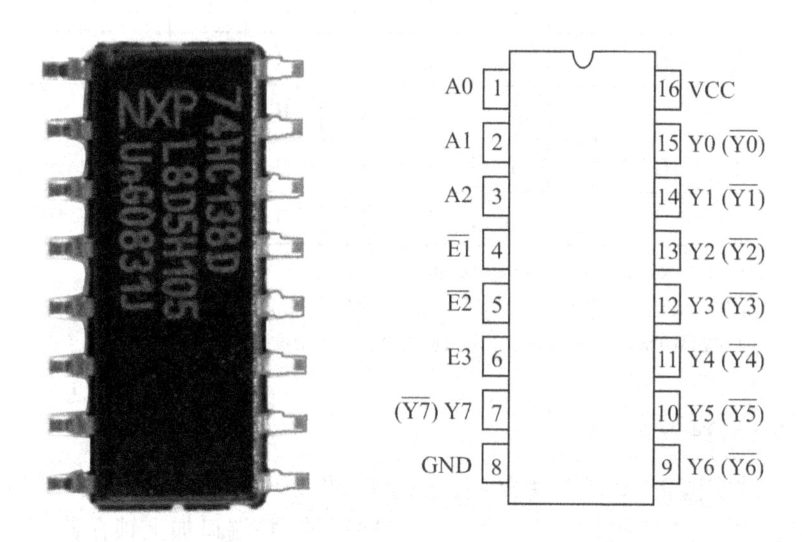

图 2－62 集成译码器 74HC138 封装与引脚

74HC138 译码器可接受 3 位二进制加权地址输入（A0、A1 和 A3），并在使能时，提供 8 个互斥的低有效输出（Y0 至 Y7），其功能如表 2－12 所示。74HC138 特有 3 个使能输入端：两个低有效（$\overline{E1}$和$\overline{E2}$）和一个高有效（E3）。除非$\overline{E1}$和$\overline{E2}$置低且 E3 置高，否则 74HC138 将保持所有输出为高。利用这种复合使能特性，仅需 4 片 74HC138 芯片和 1 个反相器，即可轻松实现并行扩展，组合成为一个 1～32（5 线到 32 线）译码器。任选一个低有效使能输入端作为数据输入，而把其余的使能输入端作为选通端，则 74HC138 亦可充当一个 8 位输出多路分配器，未使用的使能输入端必须保持在各自合适的高有效或低有效状态。

表 2－12 集成译码器 74HC138 功能表

输入						输出							
E3	$\overline{E2}$	$\overline{E1}$	A_2	A_1	A_0	$\overline{Y0}$	$\overline{Y1}$	$\overline{Y2}$	$\overline{Y3}$	$\overline{Y4}$	$\overline{Y5}$	$\overline{Y6}$	$\overline{Y7}$
X	H	X	X	X	X	H	H	H	H	H	H	H	H
X	X	H	X	X	X	H	H	H	H	H	H	H	H
L	X	X	X	X	X	H	H	H	H	H	H	H	H
H	L	L	L	L	L	L	H	H	H	H	H	H	H
H	L	L	L	L	H	H	L	H	H	H	H	H	H

续表

输　入						输　出							
E3	$\overline{E2}$	$\overline{E1}$	A_2	A_1	A_0	$\overline{Y0}$	$\overline{Y1}$	$\overline{Y2}$	$\overline{Y3}$	$\overline{Y4}$	$\overline{Y5}$	$\overline{Y6}$	$\overline{Y7}$
H	L	L	L	H	L	H	H	L	H	H	H	H	H
H	L	L	L	H	H	H	H	H	L	H	H	H	H
H	L	L	H	L	L	H	H	H	H	L	H	H	H
H	L	L	H	L	H	H	H	H	H	H	L	H	H
H	L	L	H	H	L	H	H	H	H	H	H	L	H
H	L	L	H	H	H	H	H	H	H	H	H	H	L

注：H 表示高电平，L 表示低电平，X 表示任意电平；

E3、$\overline{E2}$、$\overline{E1}$为输入使能端，A0、A1、A2 为二进制数据输入端；

$\overline{Y0}$～$\overline{Y7}$为 8 个信号输出端，引脚标号上面的横杠“－”表示该引脚输入或输出电平“0”有效。

五、锁存器 74HC573

市场上有些实验板 P0 端口为复用，除了驱动数码管外，还用作驱动 LED（见任务 2）。为了增强 P0 端口的驱动能力，可以在实验板的 P0 端口加上锁存器 74HC573，再来驱动七段数码管。

74HC573 是一个 8 位三态非反转透明锁存器。它是高性能硅门 CMOS 器件，器件的输入是和标准 CMOS 输出兼容的，且上拉电阻能和 LS/ALSTTL 输出兼容。其引脚如图 2－63 所示。

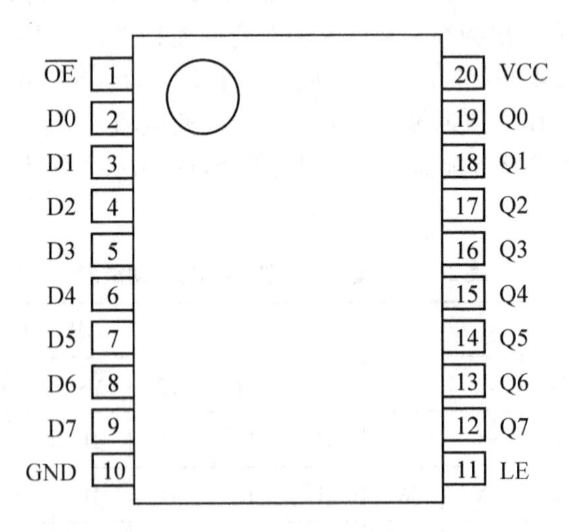

图 2－63　74HC573 引脚图

原理说明：74HC573 的内部结构如图 2－64 所示，8 个锁存器都是透明的 D 型锁存器，当使能（G）为高时，Q 输出将随数据（D）输入而变。当使能为低时，输出将锁存在已建立的数据电平上。其输出控制不影响锁存器的内部工作，即老数据可以保持，甚至当输出被关闭时，新的数据也可以置入。这种电路可以驱动大电容或低阻抗负载，可以直接与系统总线接口并驱动总线，而不需要外接口。这种电路特别适用于缓冲寄存器、I/O通道、双向总线驱动器和工作寄存器。当锁存使能端为高时，这些器件的锁存对于数据是透明的（也就是说输入输出同步）。当锁存使能变低时，符合建立时间和保持时间的数据会被锁存。

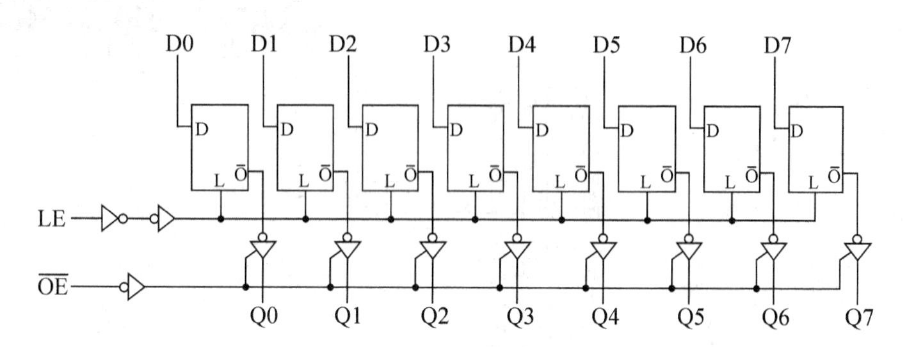

图 2-64　74HC573 的内部结构

74HC573 引脚功能真值表如表 2-13 所示。

表 2-13　74HC573 引脚功能真值表

输　入			输　出
$\overline{OE}$ 锁存使能输入	LE 锁存使能输入	D0～D7 8 位输入数据	Q0～Q7 8 位输出数据
H	X	X	Z
L	L	X	不改变
L	H	L	L
L	H	H	H

注：H 表示高电平，L 表示低电平，X 表示任意电平。

【任务实施】

（1）准备元器件。

元器件清单如表 2-14 所示。

表 2-14　元器件清单（对应图 1-6 和图 2-50）

序号	种类	标号	参数	序号	种类	标号	参数
1	电阻	R_1	10kΩ	5	三极管	Q1～Q4	S8550
2	电容	C_1，C_2	30pF	6	电阻	R_{10}～R_{21}	1kΩ
3	电容	C_3	10μF	7	4 位数码管	SM1	3461BS
4	单片机	U1	STC89C52	8	晶振	X_1	11.0592MHz

（2）搭建硬件电路。

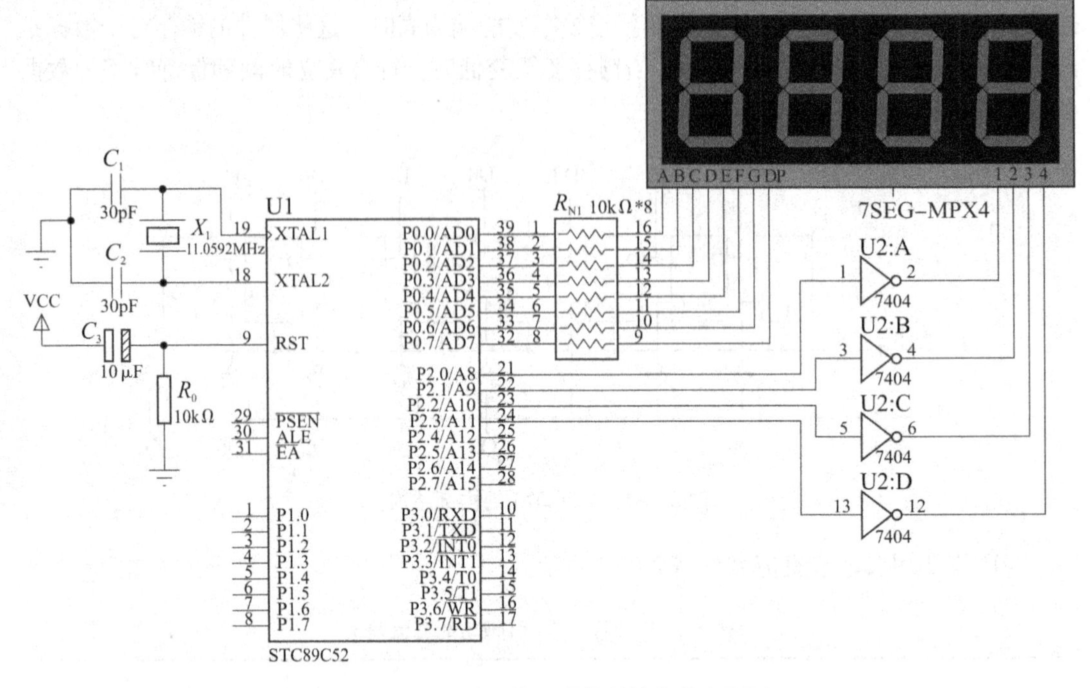

图 2－65　驱动 4 位七段数码管仿真电路图

本任务对应的仿真电路图如图 2－65 所示，该电路图与图 2－50 有些不一致。由于仿真软件本身的原因，当采用图 2－50 的电路图来仿真时总是看不到数字显示，因此采用了简化的电路，图 2－65 只可用于仿真。对应的配套实验板电路原理图的数码管显示部分如图 2－50 所示，其他部分见图 1－6。本次任务电路制作实物照片也与上一任务一致，如图 2－51、图 2－52 和图 2－53 所示。

图 2－65 中 4 位七段数码管为共阳极。P2.0～P2.3 分别控制 4 位数码管具体显示哪一位。例如：P2.0 为“0”时，则左边第一位数码管会显示；P2.3 为“0”时，则右边第一位数码管会显示；P2.0～P2.3 为“1111”时，则 4 位数码管全部熄灭。R_{N1} 为一个排阻，起到限流/降压作用。

（3）程序设计。

程序流程图如图 2－66 所示。

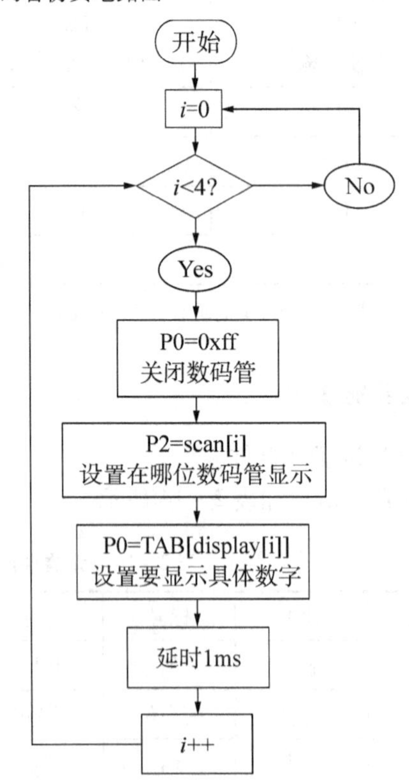

图 2－66　4 位七段数码管动态显示程序流程

程序清单如下：

```
/** 任务6  4位七段数码管动态显示 **/
//==声明区==================================
#include  <stc.h>                                    // 定义头文件
char code TAB[10] ={0xc0,0xf9,0xa4,0xb0,0x99,         // 数字0～4
                    0x92,0x82,0xf8,0x80,0x98};        // 数字5～9
char code display[4] ={2,0,1,4};                     // 欲显示的8个数字
char code scan[4] ={0xfe,0xfd,0xfb,0xf7};            // 显示位的扫描信号
void delay1ms(int);                                  // 声明延迟函数
//==主程序==================================
main()                                               // 主程序开始
{
    char i;
    while(1)                                         // 无穷循环
    {
      for (i =0;i <8;i ++)                           // 扫描8个数字
      {
        P0 =0xff;                                    // 关闭数码管防止闪动
        P2 =scan[i];                                 // 输出位扫描信号
        P0 =TAB[display[i]];                         // 输出段码
        delay1ms(1);                                 // 延迟1ms
      }                                              // 结束一轮扫描
    }
}
//==子程序==================================
/* 延迟函数，延迟约x*1ms */
void delay1ms(int x)                                 // 延迟函数开始
{  int i,j;                                          // 声明整数变数i，j
   for (i =0;i <x;i ++)                              // 计数x次，延迟x*1ms
      for (j =0;j <120;j ++);                        // 计数120次，延迟1ms
}                                                    // 延迟函数结束
```

写出程序后，在Keil uVision2中编译和生成Hex文件“任务6.hex”。

（4）使用Proteus仿真。

将“任务6.hex”加载（相同于实际单片机程序的下载）到仿真电路图的单片机中，在仿真中，将看到4位数码管稳定地显示“2014”，如图2-67所示。

（5）使用实验板调试所编写的程序。

用实验板看到的现象与仿真是一样的，若调整扫描的频率低于60Hz时，例如一轮扫描时间为4*8=32ms，将看到显示的数字有闪动的现象，但在仿真中看不到这种现象。

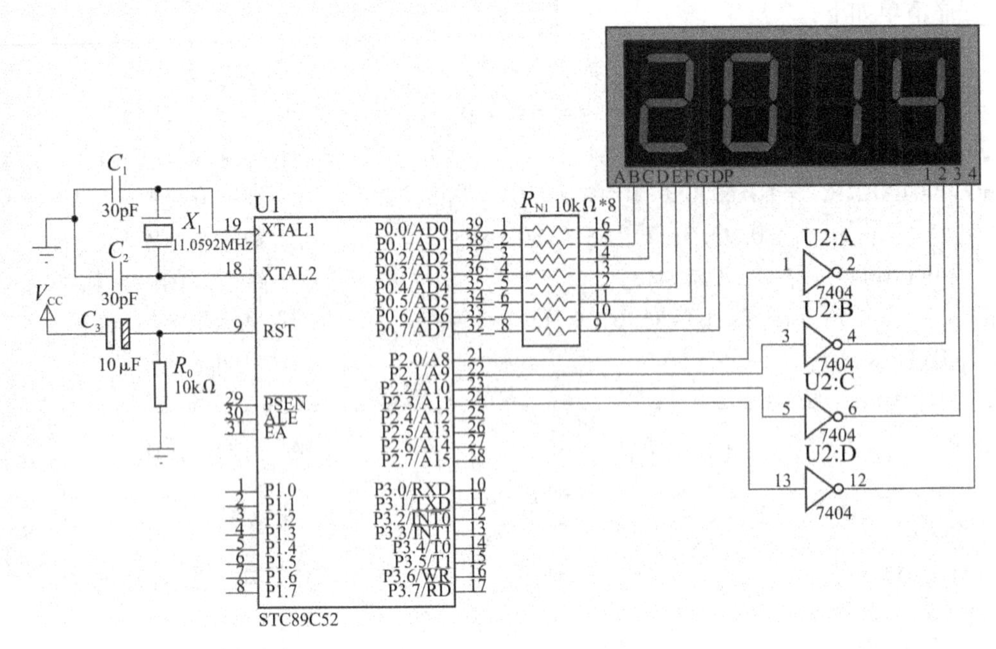

图 2－67　4 位数码管显示“2014”

【任务小结】

通过单片机控制 4 位七段数码管显示，让读者了解多位数码管的内部机构，显示多位数字的驱动原理，以及单片机控制驱动的具体方法。

【习题】

1. 4 位数码管的静态显示和动态显示分别具有什么特点，实际设计时应如何选择使用?

2. 若想让 4 位数码管显示“2015”，该如何修改程序? 若要显示“7865”，又该如何修改程序?

3. 若想让 4 位数码管先显示“2014”，再显示“7865”，该如何修改程序?

4. 若想让 4 位数码管显示的“2014”从左向右循环滚动显示，该如何修改程序?

5. 若想让 4 位数码管显示的“2014”从右向左循环滚动显示，该如何修改程序?

模块三 单片机P端口输入

任务7 利用按键控制LED灯的亮和灭

【任务要求】

制作一个单片机系统电路板，用一个按键控制一个LED灯的亮和灭。

【学习目标】

（1）了解单片机的输入设备；
（2）熟悉按键输入电路的设计方法；
（3）熟悉单片机处理按键的编程方法。

【知识链接】

一、按键的分类

按键按照结构原理可分为两类，一类是触点式开关按键，如机械式开关、导电橡胶式开关等；另一类是无触点开关按键，如电气式按键、磁感应按键等。前者造价低，后者寿命长。目前，微机系统中最常见的是触点式开关按键。

按键按照接口原理可分为编码键盘与非编码键盘两类，这两类键盘的主要区别是识别键符及给出相应键码的方法不同。编码键盘主要是用硬件来实现对键的识别，非编码键盘主要是由软件来实现键盘的定义与识别。

编码键盘能够由硬件逻辑自动提供与键对应的编码，此外，一般还具有去抖动和多键、窜键保护电路，这种键盘使用方便，但需要较多的硬件，价格较贵，一般的单片机应用系统较少采用。非编码键盘只简单地提供行和列的矩阵，其他工作均由软件完成。由于其经济实用，较多地应用于单片机系统中。

按键按照功能可分为两类，一类是非自锁按钮，另一类是自锁开关。

（一）非自锁按钮

非自锁按钮的特点是具有自动恢复（弹回）功能，当按下按钮，其中的触点接通（或切断），放开按钮后，触点恢复为切断（或接通）。在电子电路中最典型的非自锁按钮如图3－1所示。当然，在工业上也会以导电橡皮所组成的按钮来降低成本，尤其是同时需要

图3－1 常用非自锁按钮实物图

多个按钮的键盘组。

根据尺寸区分，非自锁按钮可分为6mm、8mm、10mm、12mm等，虽然非自锁按钮有4个引脚，但实际上，其内部只有一对接点，如图3－2所示。在尺寸图之中，上面两个引脚是内部相连通的，而下面两个引脚也是内部相连通的，上、下脚之间则为一对接点。

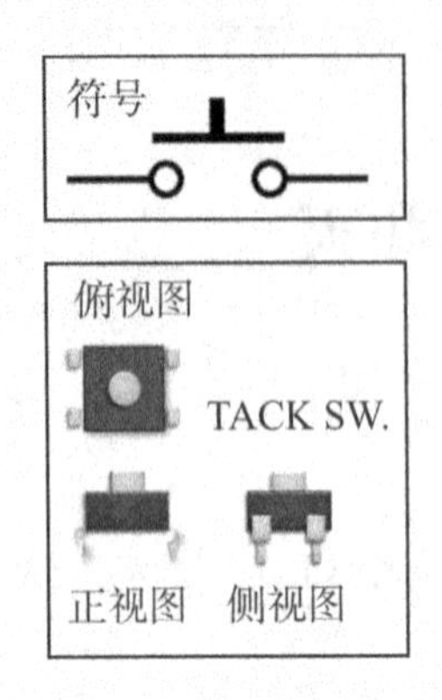

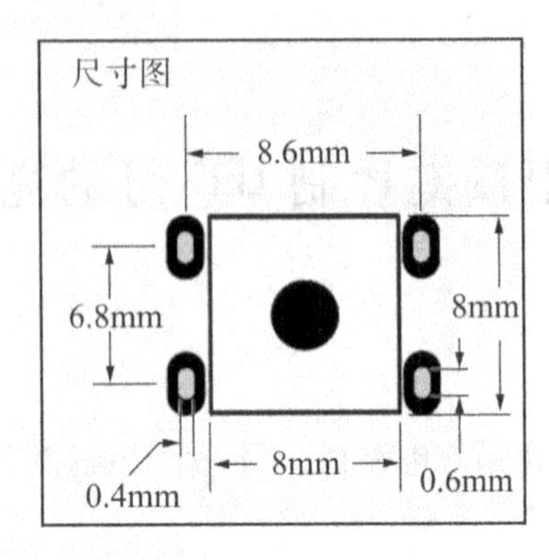

图3－2　8mm非自锁按钮的符号、外观与尺寸

（二）自锁开关

自锁开关具有自锁功能，也就是不会自动恢复（弹回）。当按一下开关（或切换开关）时，其中的接点接通（或切断），若要恢复接点状态，则需再按一下开关（或切换开关）。在电子电路方面，最典型的自锁开关如图3－3a所示。还有一种用得很多的是拨码开关，如图3－3b所示。当然，对于电路板的组态设置方面等不常切换开关状态的场合，也常以跳线来代替，也就是在电路板上放置两个引脚的排针，然后以短路帽作为接通的组件。

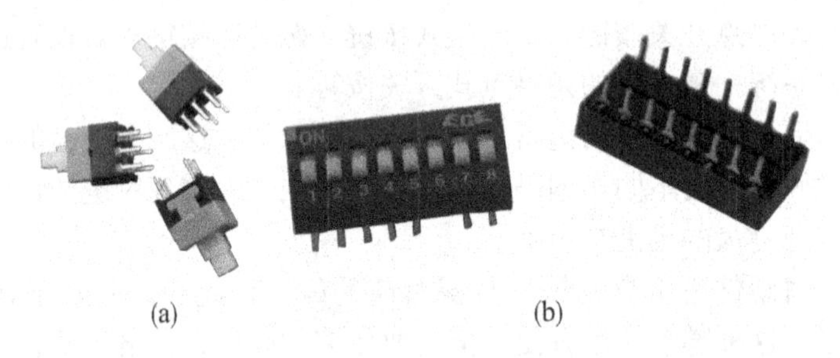

图3－3　常用自锁开关实物图

按照拨码开关的开关数量来分，有2P、4P、8P等几种，2P拨码开关内部有独立的两个开关，4P拨码开关内部有独立的4个开关，8P拨码开关内部有独立的8个开关。通常会在拨码开关上标示记号或“ON”，若将开关拨到记号或“ON”的一边，则触点接通，拨到另一边则触点为不通。8P拨码开关的符号、三视图与尺寸图如图3－4所示。

还有一种数字型拨码开关在单片机电路中也很实用，其尺寸与外观如图3－5所示。表3－1为数字型拨码开关的输出状态。

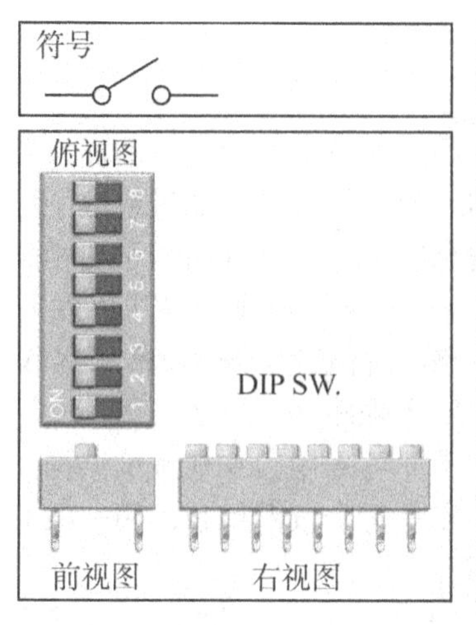

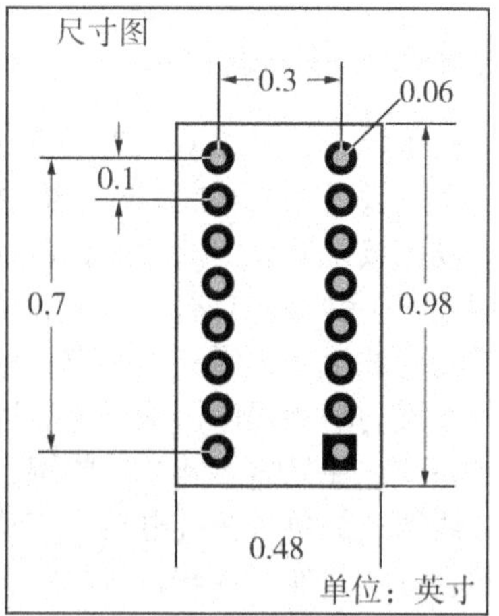

图 3－4　8P 拨码开关的符号、三视图与尺寸图

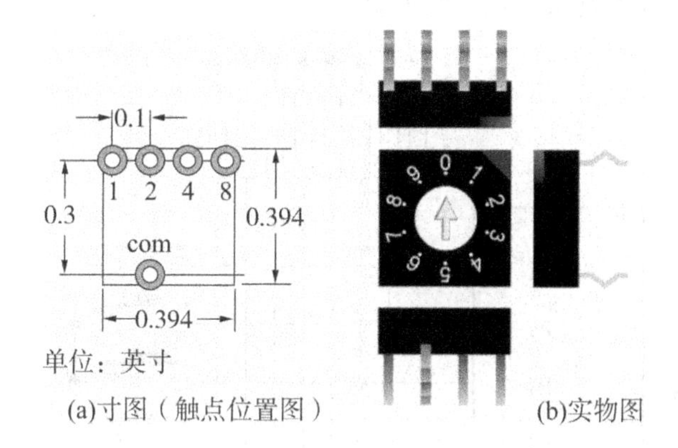

图 3－5　数字型拨码开关

表 3－1　数字型拨码开关的输出状态

输出数字	输出端状态			
	8 输出端	4 输出端	2 输出端	1 输出端
0	OFF	OFF	OFF	OFF
1	OFF	OFF	OFF	ON
2	OFF	OFF	ON	OFF
3	OFF	OFF	ON	ON
4	OFF	ON	OFF	OFF
5	OFF	ON	OFF	ON
6	OFF	ON	ON	OFF
7	OFF	ON	ON	ON
8	ON	OFF	OFF	OFF
9	ON	OFF	OFF	ON

二、独立式按键输入电路设计

在单片机应用系统中，除了复位按键有专门的复位电路及专一的复位功能外，其他按键都是以开关状态来设置控制功能或输入数据。当所设置的功能键或数字键按下时，计算机应用系统应完成该按键所设定的功能，键信息输入是与软件结构密切相关的过程。

对于一组键或一个键盘，总有一个接口电路与 CPU 相连。CPU 可以采用查询或中断方式了解有无键输入并检查是哪一个键按下，然后将该键号送入累加器 ACC，再通过跳转指令转入执行该键的功能程序，执行完后返回主程序。

单片机控制系统往往只需要几个功能键，因而可采用独立式按键结构。独立式按键是直接用 I/O 端口线构成的单个按键电路，其特点是每个按键单独占用一根 I/O 端口线，每个按键的工作不会影响其他 I/O 端口线的状态。

独立式按键的典型应用如图 3 -6 所示，I/O 端口采用 P1 端口，按键输入均采用低电平有效，此外，上拉电阻保证了按键断开时，I/O 端口线有确定的高电平。当 I/O 端口线内部有上拉电阻时，外电路可不接上拉电阻。

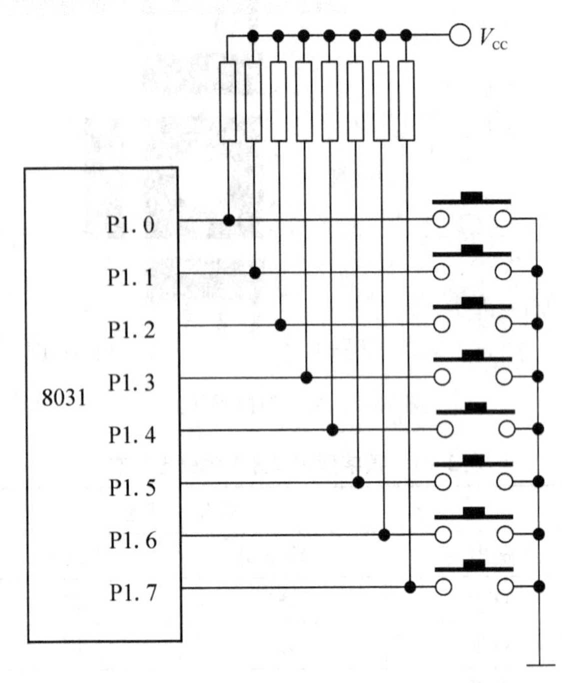

图 3 -6　独立式按键电路

独立式按键电路配置灵活，软件结构简单，但每个按键必须占用一根 I/O 端口线，因此，在按键较多时，I/O 端口线浪费较大，不宜采用独立式按键电路。独立式按键软件常采用查询式结构，即先逐位查询每根 I/O 端口线的输入状态（如某一根 I/O 端口线输入为低电平，则可确认该 I/O 端口线所对应的按键已按下），然后再执行该键的功能处理程序。

注意：

当设计单片机控制电路的输入电路时，要把握输入端不能空悬这一原则，否则不但会使输入端产生不确定状态，还可能有干扰噪声输入，使电路误动作。

不管是非自锁按钮还是自锁开关，将它作为数字电路或单片机电路的开关输入时，通常会串接一个电阻，再接到 V_{CC} 或 GND，如图 3 – 7 所示。在图 3 – 7a 中，平时开关为开路状态，单片机引脚串接 10kΩ 的电阻连接到 V_{CC}，使输入引脚上保持为高电平信号；若按下开关，则经由开关接地，输入引脚上将变为低电平信号；断开开关时，输入引脚上将恢复为高电平信号，如此将产生一个负脉冲。反之，如图 3 – 7b 所示，平时按钮开关为开路状态，其中 470Ω 的电阻接地，使输入引脚上保持为低电平信号；若按下开关，则经由开关接 V_{CC}，输入引脚上将变为高电平信号；断开开关时，输入引脚上将恢复为低电平信号，如此将产生一个正脉冲。

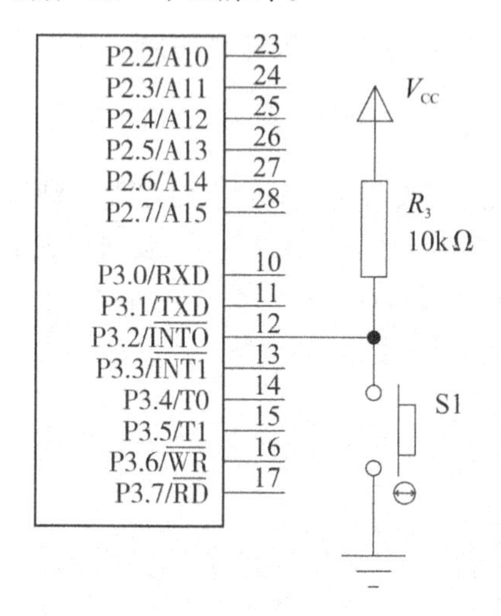

(a)接10kΩ上拉电阻

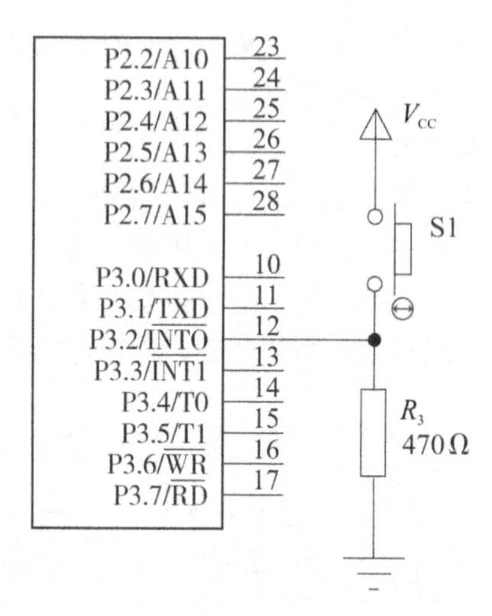

(b)接470Ω下拉电阻

图 3 – 7　按键输入电路

对于数字型拨码开关，每片数字型拨码开关都有 5 个接点，分别是 com、8、4、2 和 1，通常是把 com 端点连接 V_{CC}，而其他端点分别通过一个 470Ω 的电阻接地。若要把数字型拨码开关与单片机连接，则如图 3 – 8 所示，将数字型拨码开关的 8、4、2、1 端口直接并接于单片机输入口即可，其中 8 端是 MSB，1 端是 LSB。

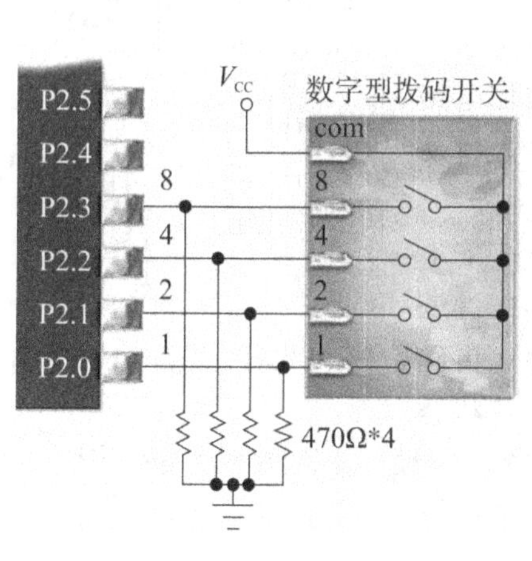

图 3 – 8　数字型拨码开关的输入电路

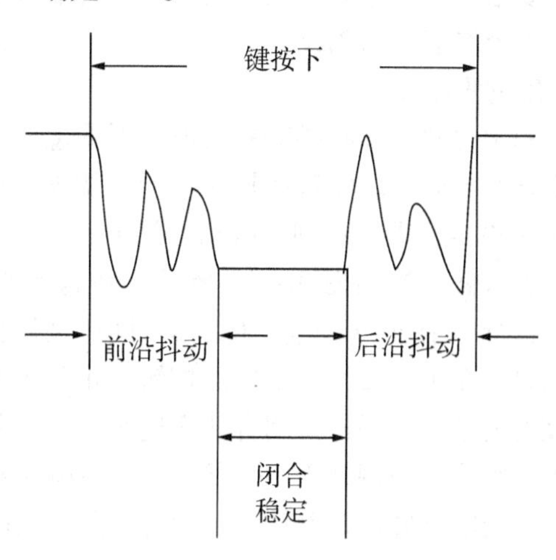

图 3 – 9　触点机械抖动

三、按键抖动与去抖动

（一）抖动问题

机械式按键在按下或松开时，由于机械弹性作用的影响，通常伴随有一定时间的触点机械抖动，然后其触点才稳定下来。其抖动过程如图 3－9 所示，抖动时间的长短与开关的机械特性有关，一般为 5～20 ms。若在触点机械抖动期间检测按键的通断状态，可能导致判断出错，即按键一次，却因抖动问题会被处理器错误地认为是多次按键操作。

（二）去抖动方法

为了克服按键触点机械抖动所致的检测误判，必须采取去抖动措施。这一点可从硬件、软件两方面予以考虑。

1. 硬件去抖

在硬件上可在输出端加 R－S 触发器（双稳态触发器）、单稳态触发器、滤波消抖等构成去抖动电路，如图 3－10 所示。其中，图 3－10a 是一种由 R－S 触发器构成的去抖动电路，当触发器翻转时，触点抖动不会对其产生任何影响。由于硬件去抖使用的元器件较多，增加了成本与电路复杂度，现在已经很少使用了。

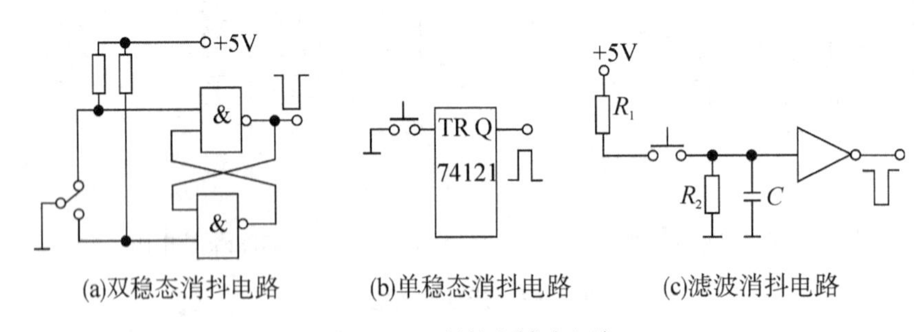

图 3－10　硬件去抖动电路

对于要求不高的场合，可以采用在按键上并联一个电容的方法，如图 3－11 所示是 RC 去抖动电路。此法简单，只需要增加一个电容即可。通常，当电阻 R 取值为 10kΩ 时，电容取值为 3.3μF。

2. 软件去抖

利用硬件来抑制抖动的噪声，不管怎样都会增加电路的复杂性与成本。而若在软件上下点功夫，避开产生抖动的 5～20ms，即可达到去抖动的效果。

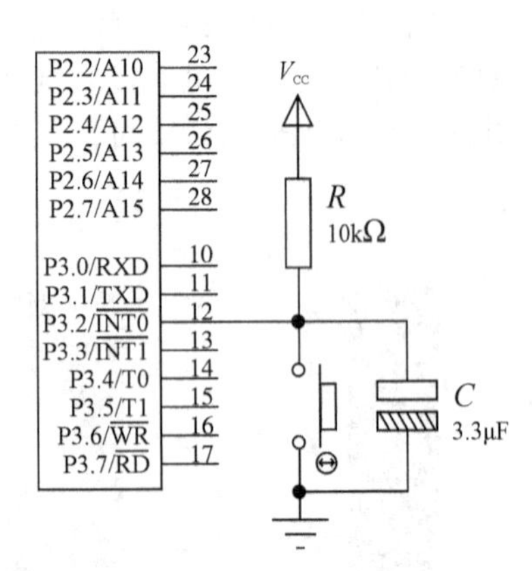

图 3－11　RC 去抖动电路

怎么做呢？如图 3－12 所示，在检测到有按键按下时，执行一个 20 ms 左右（具体时间应视所使用的按键进行调整，在延时过程中不检测按键）的延时程序后，再确认该键电平是否仍保持闭合状态电平，若仍保持闭合状态电平，则确认该键处于闭合状态，这时响应按键动作。同理，在检测到该键释放后，也应采用相同的步骤进行确认，从而可消除抖动的影响。

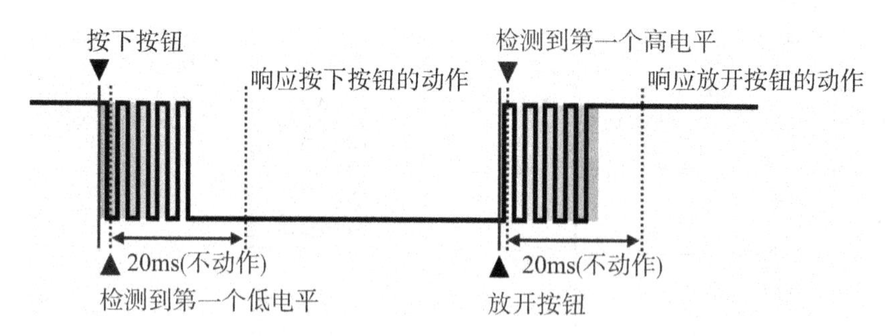

图 3－12　按钮开关动作与去抖动函数的波形分析

注意：

要编制一个完善的键盘控制程序应具备以下功能：

- 检测有无按键按下，须消除按键机械触点抖动的影响。
- 有可靠的逻辑处理办法。每次只处理一个按键，其间对其他任何按键的操作均不会对系统产生影响，且无论一次按键时间有多长，系统仅执行一次按键功能程序。
- 准确输出按键值（或键号），以满足跳转指令要求。

【任务实施】

（1）准备元器件。

元器件清单如表 3－2 所示。

表 3－2　元器件清单

序号	种类	标号	参数	序号	种类	标号	参数
1	电阻	R_1，R_3	10kΩ	5	单片机	U1	STC89C51
2	电阻	R_2	220Ω	6	发光二极管	D1	LED 红
3	电容	C_1，C_2	30pF	7	按键	S1	非自锁
4	电容	C_3	10μF	8	晶振	X_1	11.0592MHz

（2）搭建硬件电路。

本任务对应的仿真电路图如图 3－13 所示，对应的配套实验板按键输入部分的电路原理图如图 3－14 所示，图中的 10kΩ 的 R_3 为上拉电阻，以此保证在无按键时输入单片机的电平为高电平“1”。当按下按键时，P3.2 与地短接，输入单片机的电平为低电平“0”。

配套实验板所对应的任务 7 的电路制作实物照片如图 3－15 所示，用万能板制作的任务 7 的正反面电路实物照片如图 3－16 和图 3－17 所示。

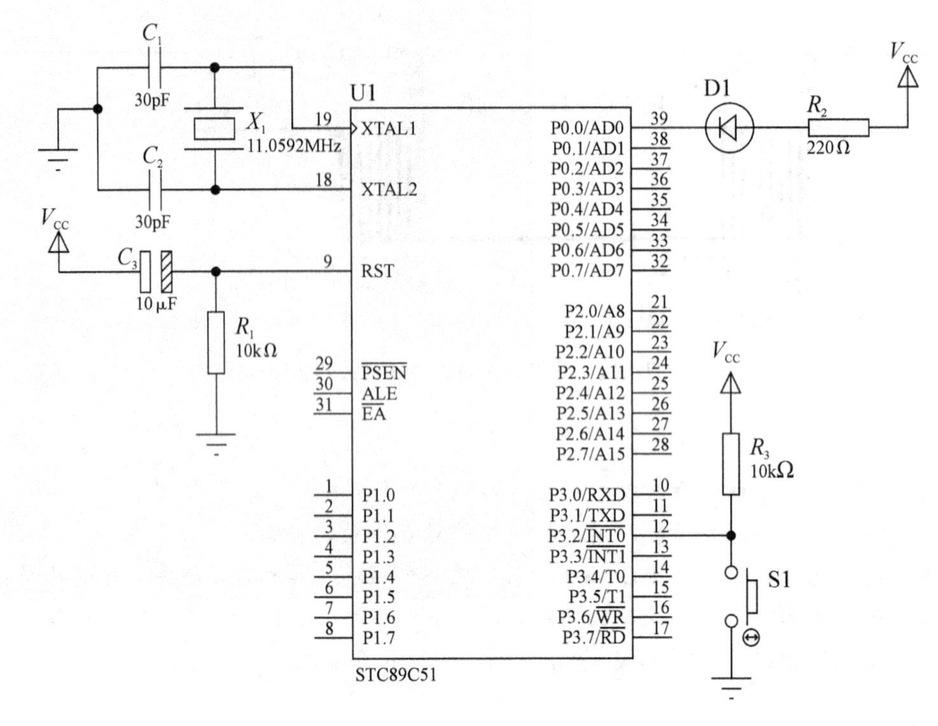

图 3－13　按键控制 LED 灯仿真电路图

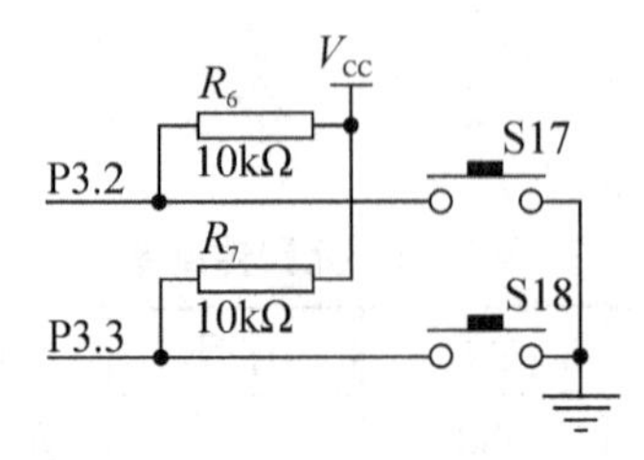

图 3－14　任务 7 所对应的配套实验板按键输入部分的电路原理图

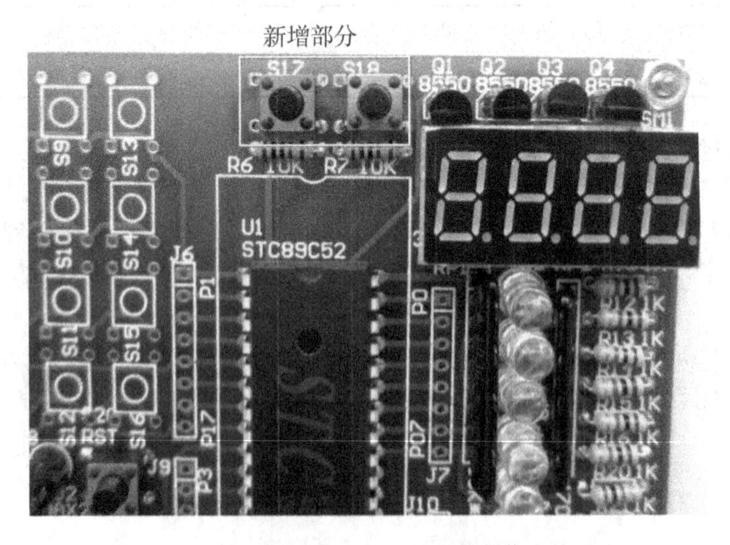

图 3－15　任务 7 的双面 PCB 板电路制作实物照片

图3-16 任务7的万能板电路制作实物照片正面

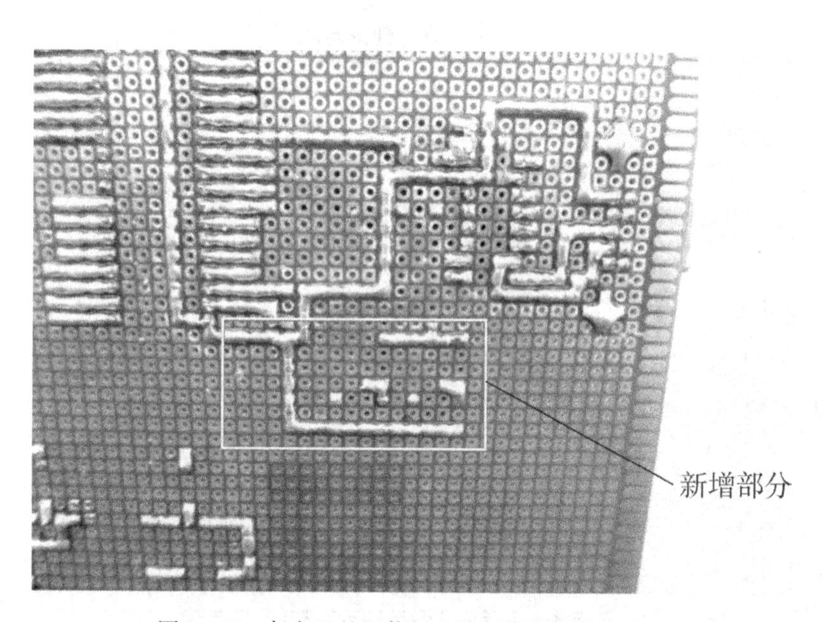

图3-17 任务7的万能板电路制作实物照片反面

(3)程序设计。

程序流程图如图3-18所示。

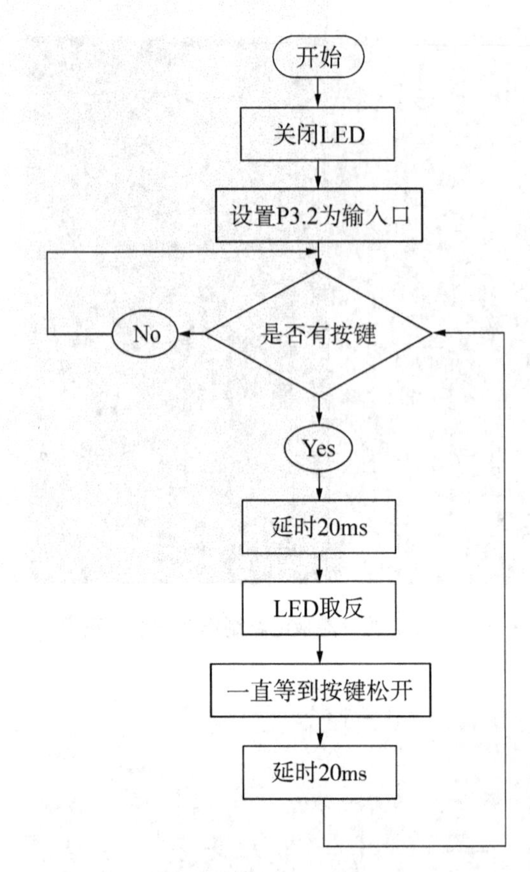

图 3－18　按键控制 LED 灯亮和灭程序流程

程序清单如下：

```
/＊＊ 任务 7  按键控制 LED 灯亮和灭 ＊＊/
//==声明区== == == == == == == == == == == == == == ==
#include  <stc.h>                      //  定义头文件
sbit  SB1 = P3^2;                      //  声明 SB1 接至 P3.2
sbit  LED = P0^0;                      //  声明 LED 接至 P0.0
void  delay20ms();                     //  声明延时 20ms 函数
//==主程序== == == == == == == == == == == == == == ==
main()                                 //  主程式开始
{  LED = 1;                            //  关闭 LED
   SB1 = 1;                            //  设置 P3.2 为输入口
   while(1)                            //  无穷循环
   {  if (SB1 ==0)                     //  若按下 SB1
      {  delay20ms();                  //  调用延时 20ms 函数（按下时）
         LED = !LED;                   //  切换 LED 为反相
         while(SB1! =1);               //  若仍按住 SB1，继续等
```

```
            delay20ms();                        //  调用延时 20ms 函数（放开时）
        }                                       //  if 叙述结束
    }                                           //  while 循环结束
}                                               //  主程序结束
//==子程序====================================
/* 延时 20ms 函数函数，延迟约 20ms */
void delay20ms()                                //  延时 20ms 函数开始
{   int i;                                      //  声明整数变数 i
    for(i=0;i<2400;i++);                        //  计数 2400 次，延迟约 20ms
}                                               //  延时 20ms 函数结束
```

写出程序后，在 Keil uVision2 中编译和生成 Hex 文件“任务 7. hex”。

（4）使用 Proteus 仿真。

将“任务 7. hex”加载（相同于实际单片机程序的下载）到仿真电路图的单片机中，在仿真中将看到，每按键一次，LED 灯都会切换状态，即：按一下，灯亮；再按一下，灯灭。

（5）使用实验板调试所编写的程序。

将“任务 7. hex”程序下载到单片机中，给实验板上电后，将看到与仿真中一样的现象。

【任务小结】

通过介绍单片机控制按键，让读者了解单片机的输入按键的设计方法，熟悉单片机处理按键的编程的具体方法。

【习题】

1. 若用一个按键控制 P0 端口的七段数码管，每按键一次，显示加 1，到 9 之后重新从 0 开始，该如何修改硬件电路与编写程序？

2. 若是将 8P 拨码开关接在 P2 端口，分别控制接在 P0 端口的 8 个 LED 灯的亮和灭，又该如何修改硬件电路与程序？

3. 若改变晶体振荡器的频率，延时时间的程序应该如何修改？

4. 若按下按键很长时间才转到相应的功能程序，问题出现在程序的什么地方？

任务8　用1位数码管显示4＊4矩阵键盘按键值

【任务要求】

制作一个单片机系统电路板，用1位七段数码管来显示4＊4矩阵键盘的按键值。

【学习目标】

（1）熟悉4＊4矩阵键盘的结构及制作方法；
（2）了解4＊4矩阵键盘的扫描原理；
（3）掌握单片机扫描4＊4矩阵键盘的编程方法。

【知识链接】

一、矩阵键盘简介

独立按键具有编程简单但占用I/O端口资源多的特点，不适合在按键较多的场合中使用。在实际应用中经常要用到输入数字、字母等功能，如电子密码锁、电话机键盘等一般都有12～16个按键，在这种情况下，如果用独立按键的话显然太浪费I/O端口资源，为此引入了矩阵键盘的应用，如图3－19所示是市售4＊4键盘的正反面实物图。

图3－19　市售4＊4键盘正反面实物图

矩阵键盘又称行列键盘，它是由4行和4列组成的键盘。在行和列的每个交叉点上设置一个按键，这样键盘上按键的个数就为16个。这种行列式键盘结构能有效地提高单片机系统中I/O端口的利用率，其结构如图3－20所示。由图3－20可知，一个4＊4的行、列结构可以构成一个含有16个按键的键盘，显然，在按键数量较多时，矩阵式键盘较之独立式按键键盘要节省很多I/O端口。

二、矩阵键盘工作原理

4＊4键盘最常见的键盘布局如图3－21a所示，一般由16个按键组成，在单片机中

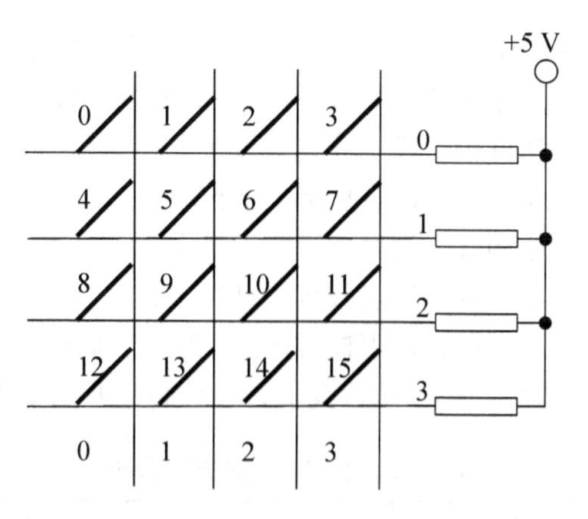

图 3－20 矩阵式键盘结构

正好可以用一个 P 端口实现 16 个按键功能，这也是在单片机系统中最常用的形式。4＊4 矩阵键盘的内部电路如图 3－21b 所示，4 行用 Y0、Y1、Y2、Y3 标示，4 列用 X0、X1、X2、X3 标示，每一行都要有一个 10kΩ 的电阻接到公共端 com。

在该矩阵式键盘中，行、列线分别连接到按键开关的两端，行线通过上拉电阻接 +5V 电压。当无键按下时，行线处于高电平状态；当有键按下时，行、列线将导通，此时，行线电平将由与此行线相连的列线电平决定。这是识别按键是否按下的关键。然而，矩阵键盘中的行线、列线和多个键相连，各按键按下与否均影响该键所在行线和列线的电平，各按键间将相互影响，因此，必须将行线、列线信号配合起来作适当处理，才能确定闭合键的位置。处理矩阵键盘按键通常有两种方法：扫描法和线反转法。

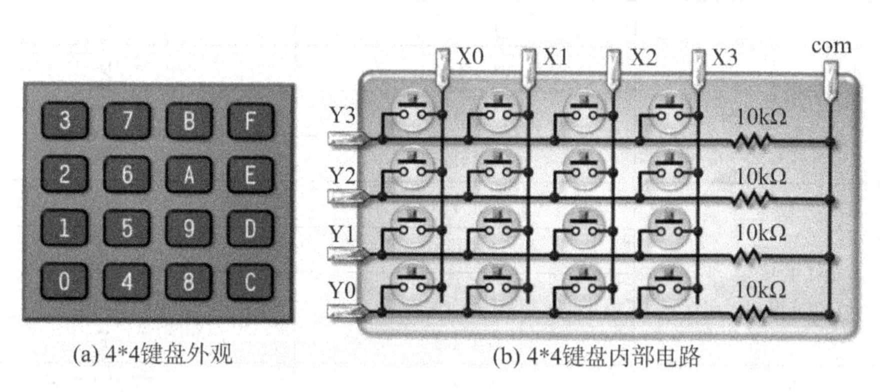

(a) 4*4键盘外观 (b) 4*4键盘内部电路

图 3－21 4＊4 键盘布局和内部电路

（一）扫描法

根据扫描方式的不同，com 可能连接到 V_{CC} 或 GND，当进行键盘扫描时，单片机先将扫描信号送至 X0～X3，再从 Y0～Y3 读取键盘状态，即可判断哪个按键被按下。键盘扫描的方式有两种，即低电平扫描与高电平扫描，在实际应用中极少使用高电平扫描，在这里仅介绍低电平扫描。

低电平扫描是将公共端 com 连接 V_{CC}，在没有任何按键被按下时，Y3、Y2、Y1、Y0 端点能保持为高电平“1”，而送入 X3、X2、Xl、X0 的扫描信号之中，只有一个为低电平，其余的则为高电平。整个工作可分为 4 个阶段，在第一个阶段里，主要目的是判断按键3、按键2、按键1及按键0有没有被按下。先将1110信号送入X3、X2、X1、X0，也就是只有X0为低电平，其他各列皆为高电平。紧接着读取Y3、Y2、Y1、Y0的状态。

若Y3、Y2、Y1、Y0为1110，代表按键0被按下；

若Y3、Y2、Y1、Y0为1101，代表按键1被按下；

若Y3、Y2、Y1、Y0为1011，代表按键2被按下；

若Y3、Y2、Y1、Y0为0111，代表按键3被按下；

若Y3、Y2、Y1、Y0为1111，代表按键3、按键2、按键1及按键0都没被按下。

第二至第四个阶段的操作与第一阶段类似，在此将它归纳如表3－3所示。

表3－3　低电平扫描按键分析

X3 X2 X1 X0 （由单片机输出）	Y3 Y2 Y1 Y0 （由单片机读取）	动作按键
1 1 1 0	1 1 1 0	0
	1 1 0 1	1
	1 0 1 1	2
	0 1 1 1	3
1 1 0 1	1 1 1 0	4
	1 1 0 1	5
	1 0 1 1	6
	0 1 1 1	7
1 0 1 1	1 1 1 0	8
	1 1 0 1	9
	1 0 1 1	A
	0 1 1 1	B
0 1 1 1	1 1 1 0	C
	1 1 0 1	D
	1 0 1 1	E
	0 1 1 1	F
x x x x（任意状态）	1 1 1 1	无按键按下

或许你会质疑，若在第一阶段扫描时，有除了0、1、2、3以外的按键，单片机是不是就检测不到了？其实，这个不必担心，因为相对来说人类手指的动作很慢，从按下按键到放开按键的时间至少也得0.1s（即100ms），而CPU的动作是以微秒（μs）来计算的，从第一到第四阶段运行一圈只需几毫秒（ms）。所以无论你的手按键有多快，在放开按键之前程序一定已经扫过很多次了。

（二）线反转法

除了常用的扫描法之外，还有一种是采用线反转法。这时硬件电路中的行和列都需要接10kΩ的上拉电阻，处理按键动作时分两步进行，如表3－4所示。

表 3－4　线反转法处理按键步骤

	X3 X2 X1 X0 （由单片机输出）	Y3 Y2 Y1 Y0 （由单片机读取）	行列位置
第一步	0 0 0 0	1 1 1 0	行 0
		1 1 0 1	行 1
		1 0 1 1	行 2
		0 1 1 1	行 3
		1 1 1 1	无按键
	Y3 Y2 Y1 Y0 （由单片机输出）	X3 X2 X1 X0 （由单片机读取）	行列位置
第二步	0 0 0 0	1 1 1 0	列 0
		1 1 0 1	列 1
		1 0 1 1	列 2
		0 1 1 1	列 3
		1 1 1 1	无按键

第一步，将行设置为输入，列设置为输出，并使列全部输出为低电平“0”，在检测行的电平中由高到低的一行则为按键所在行。

第二步，将行设置为输出，列设置为输入，并使行全部输出为低电平“0”，在检测列的电平中由高到低的一列则为按键所在列。

即此法先确定行位置，再确定列位置，按键值＝4＊行＋列。

三、制作 4＊4 矩阵键盘

如图 3－22a 所示为常用按钮的内部结构，其外表是一个具有 4 个引脚的正方形，而其内部是将两对引脚连接，两对引脚之间则为 a 接点。使用这种具有内部连接的按钮可在单面电路板（或面包板）上轻松制作 4＊4 键盘，如图 3－22b 所示。

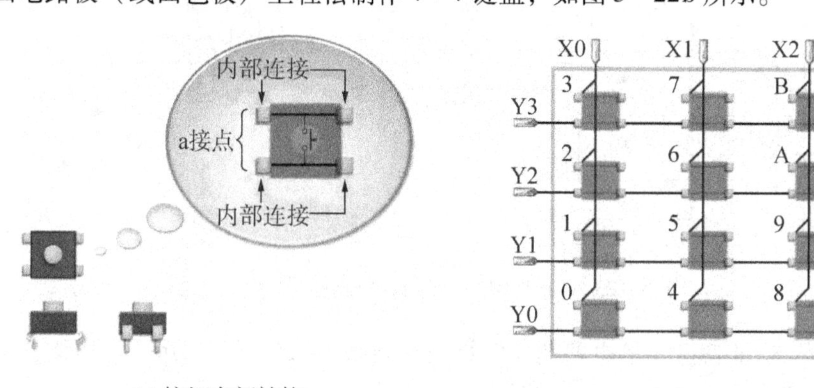

(a) 按钮内部结构

(b) 制作时焊接走线方法

图 3－22　手工制作 4＊4 矩阵键盘

【任务实施】

（1）准备元器件。

元器件清单如表 3 - 5 所示。

表 3 - 5　元器件清单

序号	种类	标号	参数	序号	种类	标号	参数
1	电阻	R_1 ～ R_5	10kΩ	5	按键	K0 ～ K15	非自锁
2	电容	C_1，C_2	30pF	6	排阻	R_{N1}	220Ω * 8
3	电容	C_3	10μF	7	晶振	X_1	11.0592MHz
4	单片机	U1	STC89C52				

（2）搭建硬件电路。

本任务对应的仿真电路图如图 3 - 23 所示，对应的配套实验板 4 * 4 矩阵键盘部分的电路原理图如图 3 - 24 所示。图中的 X0 ～ X3 接 P1.4 ～ P1.7，是键盘扫描信号输出；图中的 Y0 ～ Y3 接 P1.0 ～ P1.3，是键盘扫描信号输入。R_2 ～ R_5 为上拉电阻，以此保证在无按键时输入单片机的电平为高电平“1”。

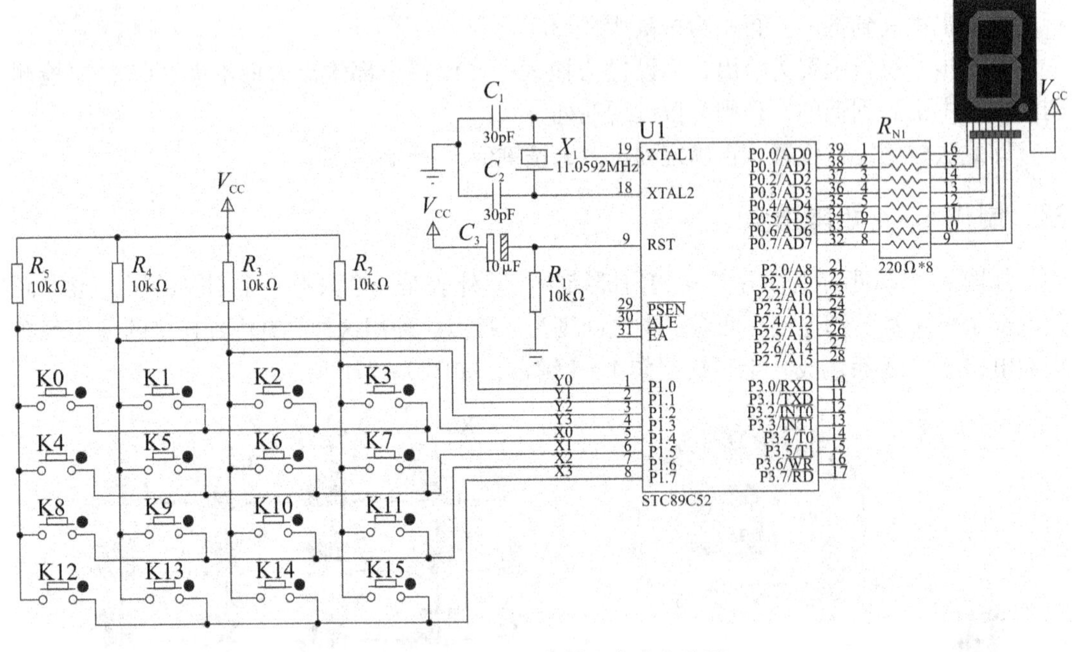

图 3 - 23　4 * 4 矩阵键盘仿真电路图

配套实验板所对应的任务 8 的电路制作实物照片如图 3 - 25 所示，用万能板制作的任务 8 的正反面电路实物照片如图 3 - 26 和图 3 - 27 所示。

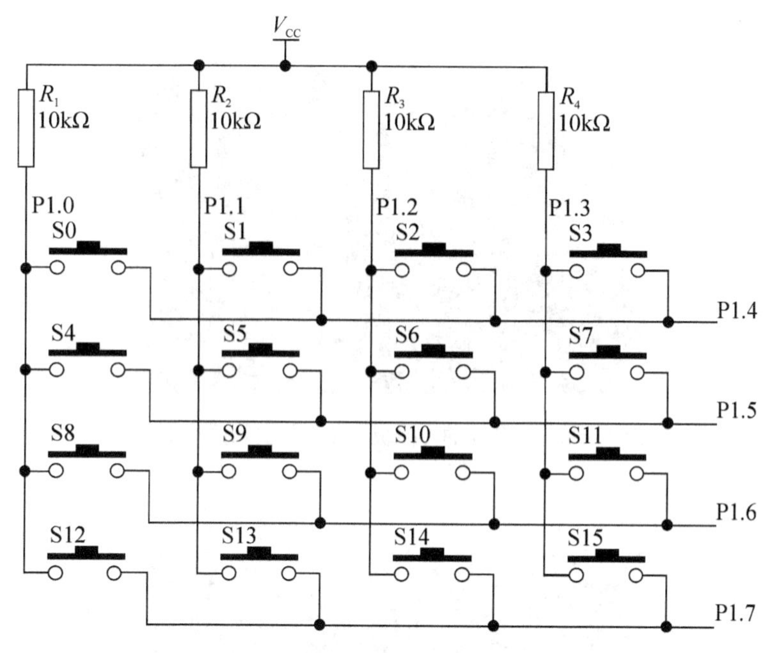

图 3－24　任务 8 所对应的配套实验板 4 * 4 矩阵键盘部分的电路原理图

图 3－25　任务 8 的双面 PCB 板电路制作实物照片

（3）程序设计。

当按下键盘里的按键后，按键上的键值将显示在七段数码管上。在编写键盘扫描程序之前，必须先准备好 16 个七段数码管的段码，除了前述任务 5 中曾经使用过的 0～9 的段码外，还要准备 a～f 的段码，如表 3－6 所示。

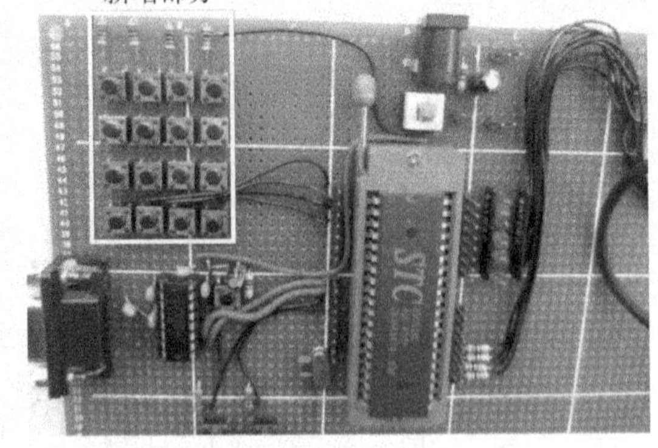

图3-26　任务8的万能板电路制作实物照片正面

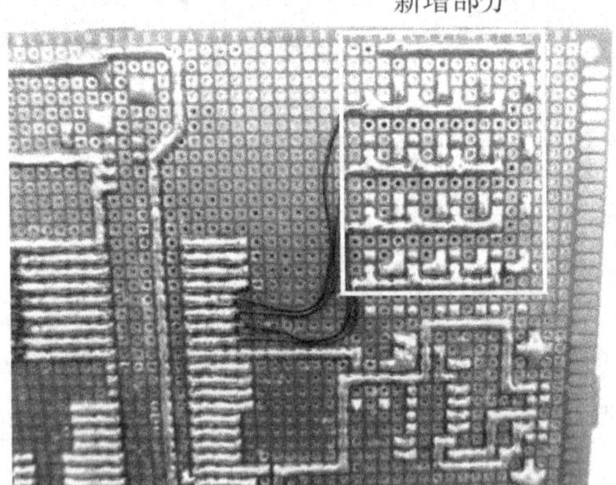

图3-27　任务8的万能板电路制作实物照片反面

表3-6　共阳极数码管a～f的段码

显示的键值	二进制	十六进制
a	1010 0000	0xa0
b	1000 0011	0x83
c	1010 0111	0xa7
d	1010 0001	0xa1
e	1000 0100	0x84
f	1000 1110	0x8e

程序流程图如图3-28所示。

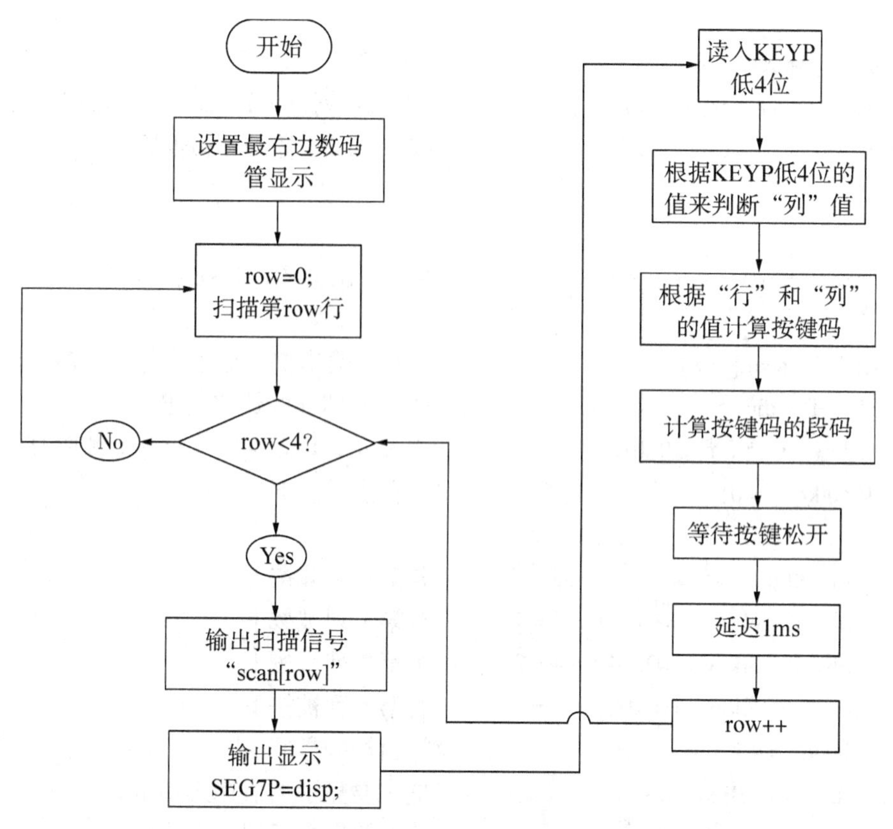

图 3-28 用 1 位数码管显示 4∗4 键盘按键值程序流程

程序清单如下：

```
/** 任务 8  用 1 位数码管显示 4*4 键盘按键值 **/
//==声明区=================================
#include <stc.h>                                    // 定义头文件
#define KEYP P1
#define SEG7P P0
char code TAB[16]={0xc0,0xf9,0xa4,0xb0,             // "0～3" 对应的段码
                  0x99,0x92,0x82,0xf8,              // "4～7" 对应的段码
                  0x80,0x90,0xa0,0x83,              // "8～b" 对应的段码
                  0xa7,0xa1,0x84,0x8e};             // "c～f " 对应的段码
unsigned char disp=0x7f;                            // 声明显示初值为小数点 "."
unsigned char scan[4]={0xef,0xdf,0xbf,0x7f};
//高 4 位为扫描码，低 4 位设置为输入
void delay1ms(int);
//==主程序区================================
void main()
```

```
{
  unsigned char row, col;                     //row：行；col：列
  unsigned char colkey, kcode;                //colkey：列键值；kcode：按键码
  P2 =0xf7;                                   //P2.3 为 0，让最右边数码管显示
  while(1)
  {
    for(row =0; row <4; row ++)               //第 row 次循环，扫描第 row 行
    {
      KEYP = scan[row];                       //高 4 位输出扫描信号，低 4 位输入行值
      SEG7P = disp;                           //把 disp 储存的数字输出
      colkey =~KEYP&0x0f;                     //读入 KEYP 低 4 位（反相后清除高 4 位）
      if(colkey! =0)                          //若有按键按下
      {
        if(colkey ==0x01) col =0;             //若第 0 列被按下
        else if(colkey ==0x02) col =1;        //若第 1 列被按下
        else if(colkey ==0x04) col =2;        //若第 2 列被按下
        else if(colkey ==0x08) col =3;        //若第 3 列被按下
        kcode =4 * row + col;                 //算出按键号码
        disp =TAB[kcode];                     //把将要显示的值存入 disp
        while(colkey! =0)                     //若按钮未松开则一直等
        {  colkey =~KEYP&0x0f; }
      }
      delay1ms(1);
    }
  }
}
//==定义子程序区== == == == == == == == == == == == == == =
void delay1ms(int x)                          //延时 1ms 的子程序
{
  unsigned char i, j;
  for(i =0; i <x; i ++)
    for(j =0; j <120; j ++);
}
```

程序说明如下：

一开始没有任何按键被按下时让其显示小数点，按键被按下时显示键值。

将显示数字的段码放到 TAB[16]数组中，需要显示按键码时再由此数组读取显示段码。同样地，将键盘的低电平扫描信号存放在 scan[4]数组，以供扫描之用。

整个函数包括4行的扫描程序，即“for（row = 0; row < 4; row + + ）”，每一次循环扫描一行。在每行的扫描程序里，先送出行扫描信号及相对的七段数码管的段码。紧接着读取键盘状态，即“colkey = ～ KEYP&0x0f;”，实时读取P1端口的8位，进行反相运算后，再用“～ KEYP&0x0f;”将高4位变成“0”，如此一来其结果使键盘状态变为单纯的数字，若该行第1列的按键被按下，则colkey将为0x01；若该行第2列的按键被按下，则colkey将为0x02；若该行第3列的按键被按下，则colkey将为0x04；若该行第4列的按键被按下，则colkey将为0x08。

若有按键被按下，则colkey将不为“0”，所以可利用“if（colkey! =0）”来判断是否有按键被按下。若有按键被按下，则根据colkey的值设置列值，即列col检测出来了。

当得到col值之后，就可根据当时扫描的行值计算出被按下按键的键值，即“kcode =4 * row + col;”。在此，键盘的键值编码是第1行的4个按键，其键值分别为0到3，第2行的4个按键的键值分别为4到7，第3行的4个按键的键值分别为8到b，第4行的4个按键的键值分别为c到f，所以可归纳得到键值为4 * col + row。

先以disp = TAB[kcode]求出按键码所对应的显示段码，再以“SEG7P = disp”将段码输出，如此一来，每按一个按键，其键值将显示在七段数码管上。

“while（colkey（）! =0）colkey = ～ KEYP&0x0f;”指令是等按键放开后才继续后面的动作。若按键还没有被放开，则再读取一次“colkey = ～ KEYP&0x0f;”，更新按键状态，才能有效判断。

在结束列扫描循环之后，必须调用延迟子程序，即“delaylms（1）;”指令，让数码管产生足够的亮度。

写出程序后，在Keil uVision2中编译和生成Hex文件“任务8. hex”。

（4）使用Proteus仿真。

将“任务8. hex”加载（相同于实际单片机程序的下载）到仿真电路图的单片机中，在仿真中将看到：仿真开始时显示小数点“. ”，每按一个键，七段数码管就显示相应的按键码数字。如按下“3”号键，七段数码管就显示数字“3”。

（5）使用实验板调试所编写的程序。

将“任务8. hex”程序下载到单片机中，给实验板上电后，将看到与仿真中一样的现象，并且按键的布局与仿真也是一样的。

【任务小结】

通过介绍单片机控制扫描4 * 4矩阵键盘，让读者了解矩阵键盘的设计方法，以及矩阵键盘的扫描原理，熟悉单片机处理矩阵键盘的编程的具体方法。

【习题】

1. 本任务是采用低电平扫描键盘，若要采用线反转法，该如何编写程序？

2. 若采用8 * 2矩阵键盘，8行接P1端口，2列分别接P2. 0与P2. 1，应该如何编写程序？

3. 本任务中，若采用组合键，即先按下一个键，再按另一个键才执行功能程序，应该如何编写程序？

模块四 外部中断的应用

任务9 用外部中断 INT0 控制 8 个 LED 单灯左移

【任务要求】

制作一个单片机系统电路板，要求无外部中断信号输入时为 8 个 LED 灯持续全灯闪烁，有外部中断信号输入时，变成单灯左移，左移 3 圈之后中断完毕，又回到原来的全灯闪烁状态。

【学习目标】

（1）理解中断的基本概念；
（2）了解单片机的外部中断源 INT0；
（3）掌握中断控制寄存器 IE、TCON 的设置方法；
（4）理解中断处理过程；
（5）熟悉单片机外部中断 INT0 的编程方法。

【知识链接】

一、中断及其功能

在现实生活中经常会有中断的事情。如：一名同学正在教室写作业，忽然接到快递公司的电话，需出去收一个快递，收到快递后回来原来的教室继续写作业。

CPU 暂时中止其正在执行的程序，转去执行请求中断的那个外设或事件的服务程序，等处理完毕后再返回执行原来中止的程序，这一过程叫中断。其运行过程如图 4 - 1 所示。

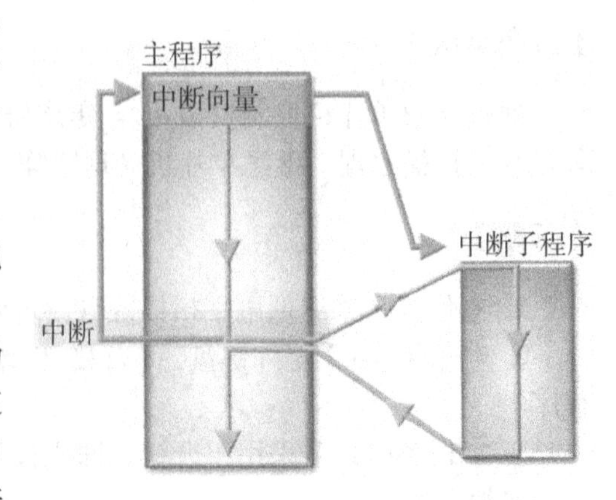

图 4 - 1　中断流程

中断系统在单片机系统中有很重要的作用，能大大提高 CPU 工作效率，利用中断可以实现以下功能：

（1）实时处理功能：在实时控制中，现场的各种参数、信息均随时间和现场而变化。这些外界变量可根据要求随时向 CPU 发出中断申请，请求 CPU 及时处理中断请求。如中断条件满足，CPU 马上就会响应，进行相应的处理，从而实现实时处理。

（2）故障处理功能：针对难以预料的情况或故障，如掉电、存储出错、运算溢出等，可通过中断系统由故障源向 CPU 发出中断请求，再由 CPU 转到相应的故障处理程序进行处理。

（3）分时操作：中断可以解决快速的 CPU 与慢速的外设之间的矛盾，使 CPU 和外设同时工作。CPU 在启动外设工作后继续执行主程序，同时外设也在工作。每当外设做完一件事就发出中断申请，请求 CPU 中断它正在执行的程序，转去执行中断服务程序（一般情况是处理输入/输出数据），中断处理完之后，CPU 恢复执行主程序，外设也继续工作。这样，CPU 可启动多个外设同时工作，大大地提高其效率。

二、MCS－51 中断系统

MCS－51 系列单片机中不同型号芯片的中断源数量是不同的，最基本的 8051 单片机有 5 个中断源，分别是外部中断 INT0、外部中断 INT1、定时器 T0、定时器 T1 和串行中断 RI/TI（8052 单片机提供 6 个中断服务，除了 8051 的 5 个中断外，还包括第三个定时器/计数器 T2 的中断），如图 4－2 所示。

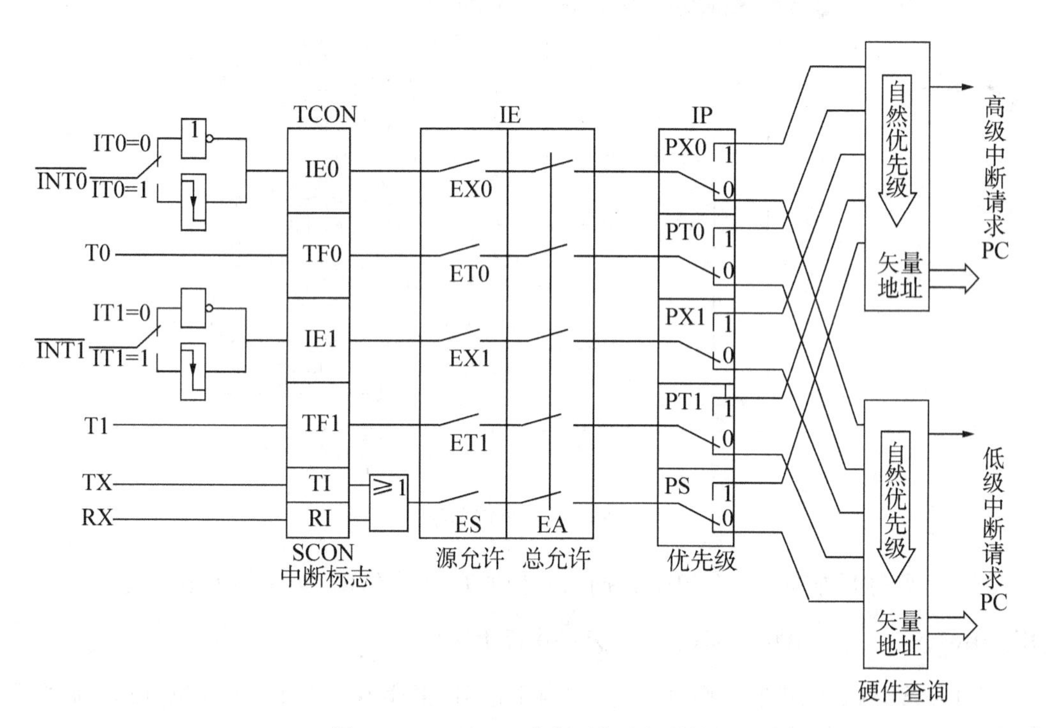

图 4－2　MCS－51 中断系统内部结构

由图 4－2 可以看出，所有的中断源都要产生相应的中断请求标志，这些标志分别放在特殊功能寄存器 TCON 和 SCON 的相关位。每一个中断源的请求信号需经过中断允许 IE 和中断优先权选择 IP 的控制才能够得到单片机的响应。

单片机中断源主要有 3 类：

（1）外部中断：有 INT0 与 INT1 两个，CPU 通过 INT0 引脚（P3.2 复用引脚）及

INT1 引脚（P3.3 复用引脚）即可接收外部中断的请求。外部中断信号可以是低电平触发、下降沿触发两种。

（2）定时器/计数器中断：有 T0 与 T1 两个（8052 还有 T2）。若是作为定时器使用，CPU 将计数单片机内部的时钟脉冲，属于单片机内部中断；若是作为计数器使用，CPU 将计数外部的脉冲，因而属于外部中断。至于外部脉冲的输入，是通过 T0 引脚（P3.4 复用引脚）及 T1 引脚（P3.5 复用引脚）。关于定时器/计数器，留待模块五再作详细介绍。

（3）串行口中断：有 RI 或 TI 两个，CPU 通过 RXD 引脚（P3.0 复用引脚）接收完数据，以及 TXD 引脚（P3.1 复用引脚）发送完数据后，申请接收（RI）中断请求或发送（TI）中断请求。关于串行口，留待模块六再作详细介绍。

三、中断开关寄存器 IE

MCS－51 单片机的中断开关分为两级：其中第一级为 1 个总开关，第二级为 5 个分开关（8052 单片机有 6 个分开关），由 IE 寄存器控制。详细说明如图 4－3 所示。

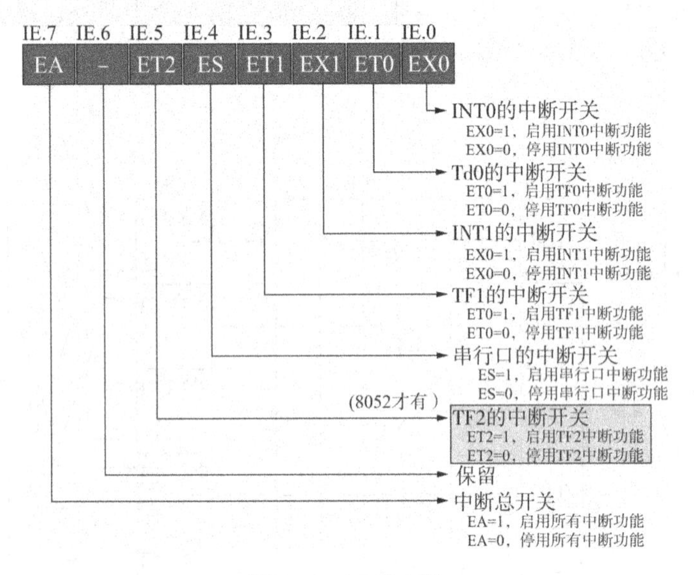

图 4－3　IE 寄存器

例如，要打开外部中断 INT0，同时将其他所有中断关闭，可用如下语句实现：

```
IE =0x81;          // 1000 0001，打开外部中断 INT0
```

其中 0x81 就是二进制 1000 0001，相当于把 IE 寄存器中的 EA 与 EX0 设置为“1”，等同于如下两个语句的作用之和：

```
EA =1;                    //打开中断总开关
EX0 =1;                   //打开中断 INT0 的开关
```

同理，若要同时打开中断 INT0、INT1，且把其他所有中断关闭，则其实现语句为：

```
IE =0x85;          // 1000 0101，打开外部中断 INT0、INT1
```

四、定时器/计数器控制寄存器 TCON

TCON 寄存器是一个 8 位的可位寻址寄存器。在定时器/计数器控制寄存器 TCON 里，有部分设置与外部中断信号的采样方式有关，其中 IT0 与 IT1 分别为外部中断 INT0 与 INT1 的中断请求信号类型设置位。其每一位的符号和详细功能说明如表 4 - 1 所示。

表 4 - 1　TCON 寄存器的符号与详细功能

位号	TCON. 7	TCON. 6	TCON. 5	TCON. 4	TCON. 3	TCON. 2	TCON. 1	TCON. 0
符号	TF1	TR1	TF0	TR0	IE1	IT1	IE0	IT0
	与定时器相关			与外部中断相				

（1）TF0（TF1）和 TR0（TR1）与定时器相关，详见后续模块。

（2）IE0（IE1）是外部中断请求标志位。当 INT0（或 INT1）引脚出现有效的请求信号，此位由单片机置“1”，当进入了中断服务程序之后再由单片机自动清零。

（3）IT0（IT1）外部中断触发方式控制位。

IT0（IT1）=1，设置为脉冲触发方式，下降沿触发有效。

IT0（IT1）=0，设置为电平触发方式，低电平有效。

例如，INT0 中断要采用下降沿触发的方式，可用如下语句实现：

```
TCON =0x01;          // 0000 0001，设置 INT0 为下降沿触发
```

其中 0x01 就是二进制 0000 0001，相当于把 TCON 寄存器中的 IT0 设置为“1”。

也可以用下面的语句，两者结果一样。

```
IT0 =1;          // 设置 INT0 为下降沿触发
```

五、中断子程序

中断子程序是一种特殊的子程序（函数），中断子程序的具体格式如下：

```
void 中断子程序名称（void）interrupt 中断编号 using 寄存器组
{
  语句 1;
  语句 2;
  ……
}
```

其中各项说明如下：

（1）由于中断子程序并不传递参数，也不返回值，因此在其左边标识“void”，在中断子程序名称右边的括号里也是“void”。

（2）中断子程序的命名只要是合乎规定的字符串都可以，与普通子程序命名规则相同。

（3）Keil C 提供 0～31 共 32 个中断编号，不过，8051 只使用 0～4，8052 则使用 0～

5，具体编号及入口地址如表4－2所示。例如，若要声明为INT0外部中断，则标识为"interrupt 0"；若要声明为T0定时器/计数器中断，则标识为"interrupt 1"。

（4）"寄存器组"，表示中断子程序里要采用哪个寄存器组，8051内部有4组寄存器组，即RB0～RB3。通常主程序使用RB0，而在子程序里使用其他寄存器组，以避免数据的冲突。若不想指定寄存器组，也可省略该项目。使用"using"的目的是为了减少保护现场和恢复现场的时间，从而减少响应延迟时间，不同优先级使用不同的组。

表4－2　中断源的编号及入口地址

中断编号	中断源名称	中断入口地址（在程序存储器中的位置）
\	系统复位（Reset）	0x0000
0	第一个外部中断 INT0	0x0003
1	第一个定时器/计数器中断 T0	0x000B
2	第二个外部中断 INT1	0x0013
3	第二个定时器/计数器中断 T1	0x001B
4	串行口中断 RI/TI	0x0023
5	第三个定时器/计数器中断（8x52）TF2/EXF2	0x002B

例如，要定义一个INT0的中断子程序，其名称定义为"my_int0"，而在该中断子程序使用RB1寄存器组，则应定义为：

```
void   my_int0 (void) interrupt 0   using 1
{
语句1;
语句2;
……
}
```

大括号内可编写中断子程序的内容，编写中断子程序的内容与一般函数类似。

【任务实施】

（1）准备元器件。

元器件清单如表4－3所示。

表4－3　元器件清单

序号	种类	标号	参数	序号	种类	标号	参数
1	电阻	R_1 ～ R_8	220Ω	5	单片机	U1	STC89C51
2	电阻	R_9，R_{10}	10kΩ	6	发光二极管	D1 ～ D8	LED 红
3	电容	C_1，C_2	30pF	7	晶振	X_1	11.0592MHz
4	电容	C_3	10μF				

（2）搭建硬件电路。

仿真电路图如图 4 －4 所示，与配套实验板对应的按键电路相同。该电路图可用于仿真和手工制作，前述任务已经将本次任务的电路制作完毕，本次任务无需再制作。

（3）程序设计。

主程序正常执行时，P0 端口所连接的 8 个 LED 灯将全灯闪烁。按一下 INT0 所对应的按钮，则进入中断状态，P0 端口所连接的 8 个 LED 灯将变成单灯左移，而左移 3 圈后，恢复中断前的状态，即程序将继续执行 8 个 LED 灯全灯闪烁的功能。

根据功能要求与电路结构，先声明 delay1ms 函数，然后依次定义主程序、中断子程序、单灯左移子程序与 delay1ms 子程序。

在主程序里，先设置中断初始化（对 IE、IP、TCON 设置），然后进行全灯亮、延迟、全灯灭、延迟等持续动作。

在单灯左移子程序里，则采用嵌套循环的方式，内循环进行单灯左移 8 次，即可将亮灯由最右边移至最左边，外循环 3 次，也就是让单灯由最右边移至最左边，跑 3 圈后，才返回主程序。

程序流程图如图 4 －5 所示。

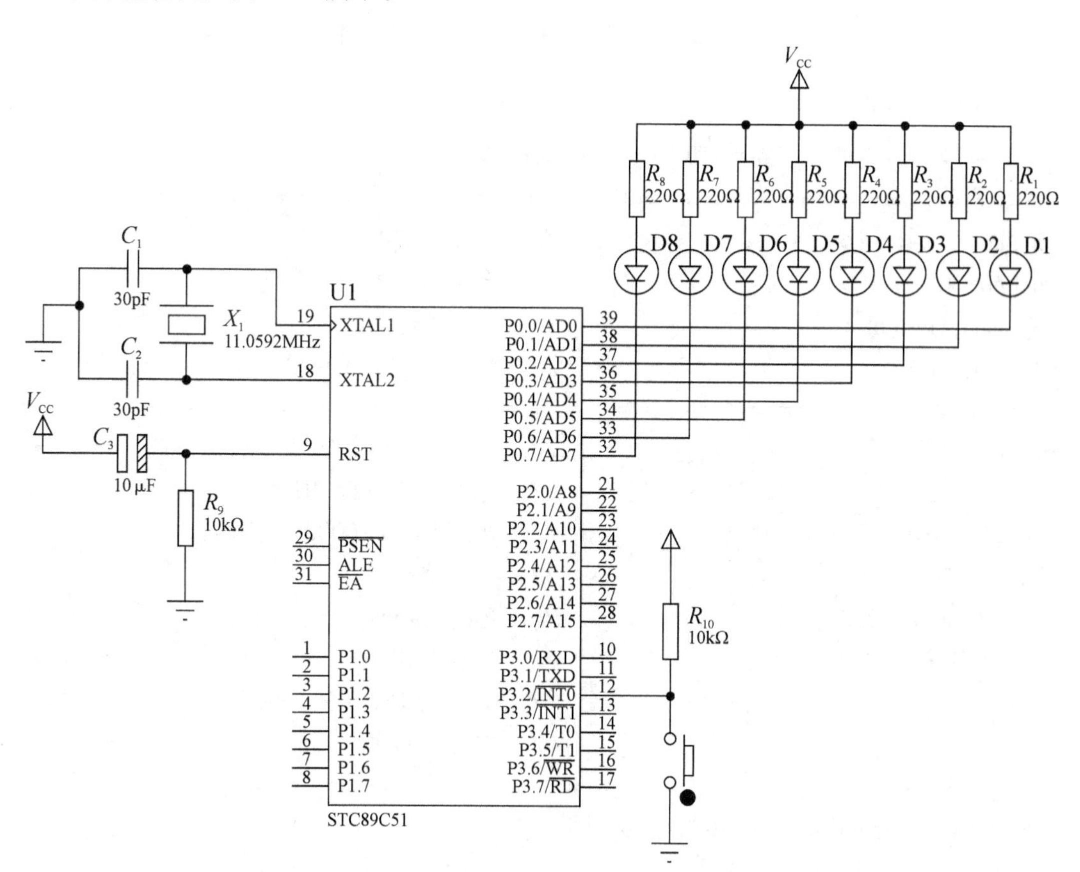

图 4 －4　外部中断 INT0 实验仿真电路图

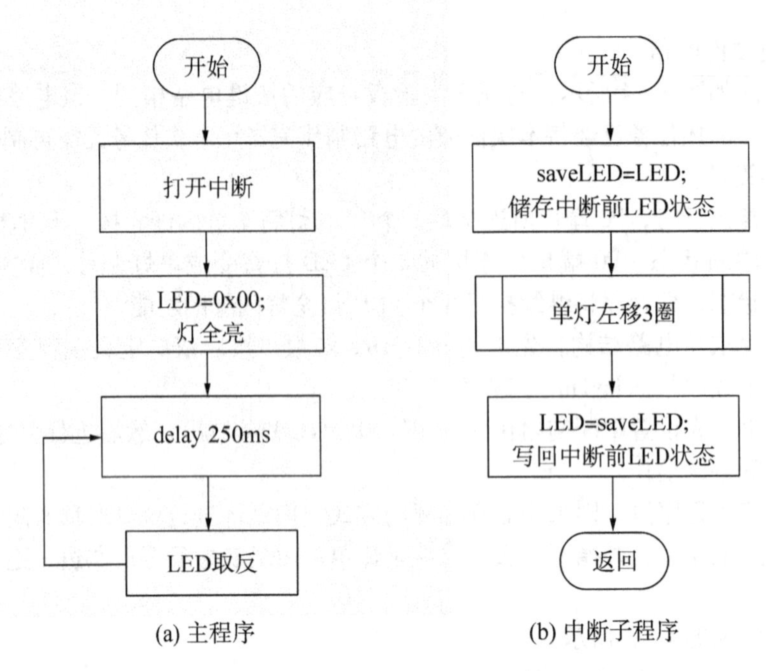

图 4－5　用外部中断 INT0 控制 8 个 LED 单灯左移程序流程

程序清单如下：

```
/＊＊ 任务 9　用外部中断 INT0 控制 8 个 LED 单灯左移 ＊＊/
//==声明区== == == == == == == == == == == == == == == ==
#include    <stc.h>                    // 定义头文件
#define   LED   P0                      // 定义 LED 接至 P0 口
void delay1ms(int);                     // 声明延迟函数
void left(int);                         // 声明单灯左移函数
//==主程序== == == == == == == == == == == == == == == ==
main()                                  // 主程序开始
{  IE =0x81;                            // 打开外部中断 INT0
   LED =0x00;                           // 初值：0000 0000，灯全亮
   while(1)                             // 无穷循环
   {  delay1ms(250);                    // 延时 250ms
      LED = ~ LED;                      // LED 反相
   }                                    // while 循环结束
}                                       // 主程序结束
//==子程序== == == == == == == == == == == == == == == ==
/＊ INT 0 的中断子程序 － 单灯左移 3 圈 ＊/
void my_int0(void) interrupt 0          // INT0 中断子程序开始
{  unsigned saveLED = LED;              // 储存中断前 LED 状态
   left(3);                             // 单灯左移 3 圈
```

```
    LED = saveLED;                          //  写回中断前 LED 状态
}                                           //  结束 INT0 中断子程序
/* 延迟函数，延迟约 x ms */
void delay1ms(int x)                        //  延迟函数开始
{   int i, j;                               //  声明整数变数 i，j
    for (i = 0; i < x; i ++)                //  计数 x 次，延迟 x * 1ms
      for (j = 0; j < 120; j ++);           //  计数 120 次，延迟 1ms
}                                           //  延迟函数结束
/* 单灯左移函数，执行 x 圈 */
void left(int x)                            //  单灯左移函数开始
{   int i, j;                               //  声明变数 i，j
    for(i = 0; i < x; i ++)                 //  i 循环，执行 x 圈
     {   LED = 0xfe;                        //  初始状态 = 1111 1110，最右灯亮
         for(j = 0; j < 7; j ++)            //  j 循环，左移 7 次
         {   delay1ms(250);                 //  延迟 250 * 1ms = 0.25s
             LED = (LED << 1) | 0x01;       //  左移 1 位后，LSB 设为 1
         }                                  //  j 循环结束
   delay1ms(250);                           //  延迟 250ms
     }                                      //  i 循环结束
}                                           //  单灯左移函数结束
```

写出程序后，在 Keil uVision2 中编译和生成 Hex 文件“任务 9. hex”。

（4）使用 Proteus 仿真。

将“任务 9. hex”加载（相同于实际单片机程序的下载）到仿真电路图的单片机中，在仿真中将看到：仿真开始时显示 8 个 LED 灯全灯闪烁，每按一下外部中断 INT0 所对应的按键（S17），8 个 LED 灯就变成单灯左移了，左移 3 圈之后又回到原来的全灯闪烁。

（5）使用实验板调试所编写的程序。

将“任务 9. hex”程序下载到单片机中，给实验板上电后，将看到与仿真中一样的现象。

【任务小结】

通过介绍单片机外部中断 INT0 实验，让读者掌握单片机中断系统的基本结构和使用原理，熟悉单片机中断程序编程的具体方法。

【习题】

1．什么叫中断？中断有什么特点？

2．51 单片机有哪几个中断源？如何设定它们的优先级？

3．外部中断有哪两种触发方式？对触发脉冲或电平有什么要求？如何选择和设定？

4．叙述 CPU 响应中断的过程。

5. 用外部中断 INT1 实现与本任务相同的功能。

6. 在本任务里，若希望中断时 8 个 LED 灯变成双灯右移 3 圈才返回主程序，程序应如何更改?

7. 在本任务的基础上增加一个 INT1 以控制 P2.0，使每中断一次让 P2.0 取反一次，试在仿真电路上多加一个灯并观察效果。

任务10 用两个外部中断控制数码管加减计数

【任务要求】

制作一个单片机系统电路板，要求同时使用两个外部中断 INT0 和 INT1，初始时七段数码管显示“－”。外部中断 INT0 控制七段数码管从 0 加到 9，之后恢复原来的显示“－”，外部中断 INT1 控制七段数码管从 9 减到 0，之后恢复原来的显示“－”，并且要求 INT1 的优先等级比 INT0 高，即：在 INT0 中断从 0 加到 9 的过程中，INT1 可以打断，变成从 9 减到 0，之后恢复到原来的 INT0 的现场（原来从哪个数字打断就回到哪个数字）。

【学习目标】

（1）进一步掌握单片机的外部中断 INT0、INT1；

（2）掌握中断控制寄存器 IP 的设置方法；

（3）理解中断优先级和中断嵌套。

【知识链接】

一、中断优先级

为什么要有中断优先级？这是因为 CPU 同一时间只能响应一个中断请求。若同时来了两个或两个以上中断请求，就必须有先后顺序。为此将 MCS－51 单片机的 5 个中断源分成高、低两个级别，高级优先，由 IP 寄存器控制。

单片机应用系统通常都由好几个外部设备共同组成，这时就要人为地给它们分配一个重要程度指标，以决定哪些设备优先使用 CPU，确保整个系统的实时性能。不同的单片机中断优先级数不相同，MCS－51 单片机有两个优先级：“0”和“1”，可通过 IP 寄存器进行设置，如图 4－6 所示，当设置为“1”时对应为高级，“0”时为低级。具体的设置在初始化编程时，由程序确定。CPU 先按级别高低选择响应中断请求，如果同级则按自然优先级响应中断请求。高优先级（“1”级）的中断可以打断低优先级（“0”级）的中断，即可以嵌套。但是，同级的中断则是先来先服务的，不能嵌套，即自然优先级高的中断不能打断同级的自然优先级低的中断。

注意：

IP 寄存器各位与 IE 寄存器的各位是相对应的，图 4－6 把 IE 和 IP 寄存器放在一起以方便读者对比。

例如，单片机系统使用了 INT0 和 INT1 中断，现在要求 INT1 比 INT0 的优先等级高，可用如下语句实现：

```
IP = 0x04;          // 0000 0100，设置 INT1 为高优先级，其他为低优先级
```

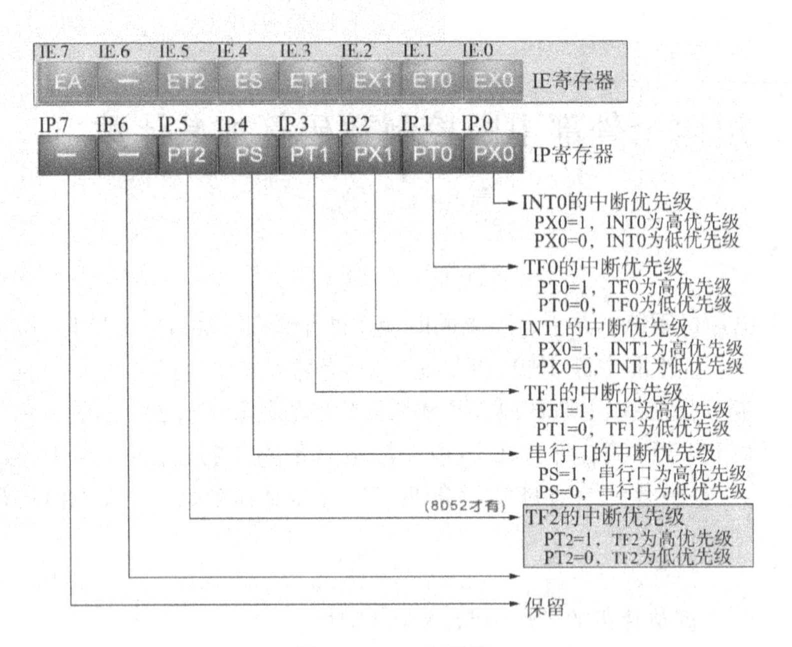

图 4－6　IP 寄存器

其中 0x04 就是二进制 0000 0100，相当于把 IP 寄存器中的 PX1 设置为“1”，等同于如下语句：

```
PX1 = 1;          //设置 INT1 为高优先级
```

若同一级（同为高级或同为低级）中的 5 个中断源同时向 CPU 申请中断，它们的优先顺序又是怎样的呢？如图 4－7 所示是中断的自然优先等级，它们的顺序与其在 IP 寄存器中的位置是相对应的，IP. 0 为最高等级，IP. 6 是最低等级。在实际应用中，很少能够用到自然优先级，因为两个中断信号完全同时向 CPU 发出中断请求的概率非常低。

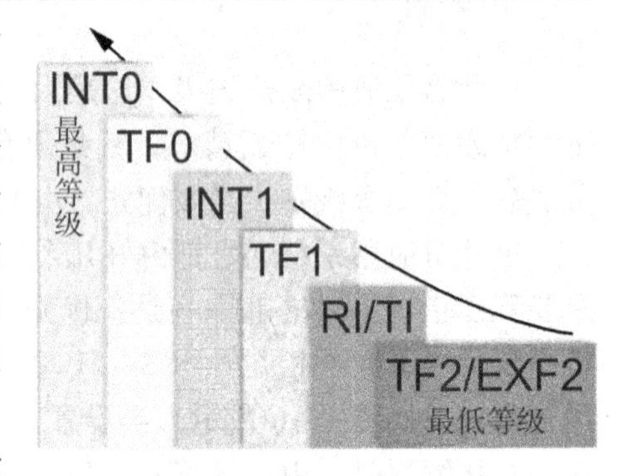

图 4－7　中断的自然优先等级

中断优先原则可以概括为 4 句话：①低级不打断高级；②高级不理睬低级；③同级不能打断；④同级同时中断按自然优先级。

二、中断嵌套

中断嵌套是指中断系统正在执行一个中断服务时，有另一个优先级更高的中断提出中断请求，这时会暂时终止当前正在执行的级别较低的中断源的服务程序，去处理级别更高的中断源，待处理完毕，再返回到被中断了的中断服务程序继续执行，这个过程就是中断嵌套。中断嵌套其实就是更高一级的中断的“插队”，处理器正在执行着中断，又接受了另一件更急的“急件”，转而处理更高一级的中断的行为。

当一个中断正在执行的时候，如果事先没有设置 IP 寄存器，则不会发生任何嵌套。

如图 4 - 8 所示，当中断子程序（一）优先等级高于（或同级于）中断子程序（二）时，只有等先申请中断的子程序（一）执行完了之后才会响应后申请中断的子程序（二）。

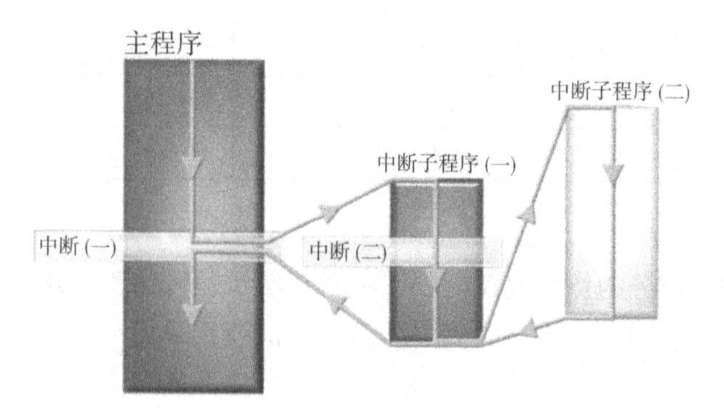

图 4 - 8　中断子程序（一）优先等级高于（或同级于）中断子程序（二）的执行流程

如果事先设置了中断优先级寄存器 IP，那么当一个更高优先级的中断到来的时候会发生中断嵌套。如图 4 - 9 所示，当中断子程序（一）优先等级低于中断子程序（二）时，即使先申请中断的子程序（一）正在执行，系统也会优先响应后申请中断的子程序（二），等子程序（二）执行完了之后再回到子程序（一），子程序（一）执行完了之后再回到主程序。

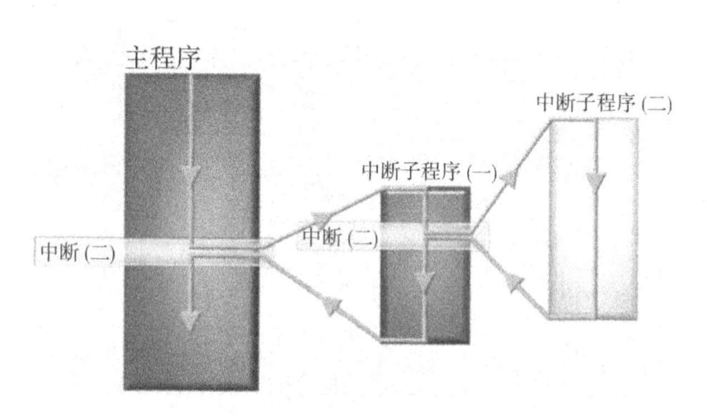

图 4 - 9　中断子程序（一）优先等级低于中断子程序（二）的执行流程

注意：

图 4 - 8 和图 4 - 9 中的优先等级不是指自然优先等级，而是特指由 IP 寄存器控制的高级、低级。

【任务实施】

（1）准备元器件。

元器件清单如表 4 - 4 所示。

表 4-4　元器件清单

序号	种类	标号	参数	序号	种类	标号	参数
1	电阻	$R_1 \sim R_3$	10kΩ	4	单片机	U1	STC89C52
2	电容	C_1，C_2	30pF	5	排阻	R_{N1}	220Ω * 8
3	电容	C_3	10μF	6	晶振	X_1	11. 0592MHz

（2）搭建硬件电路。

与任务 9 相同，任务的仿真电路图如图 4-10 所示，该仿真电路与配套实验板对应的按键电路相同。该电路图可用于仿真和手工制作，前述任务已经将本次任务的电路制作完毕，本次任务无需再制作。

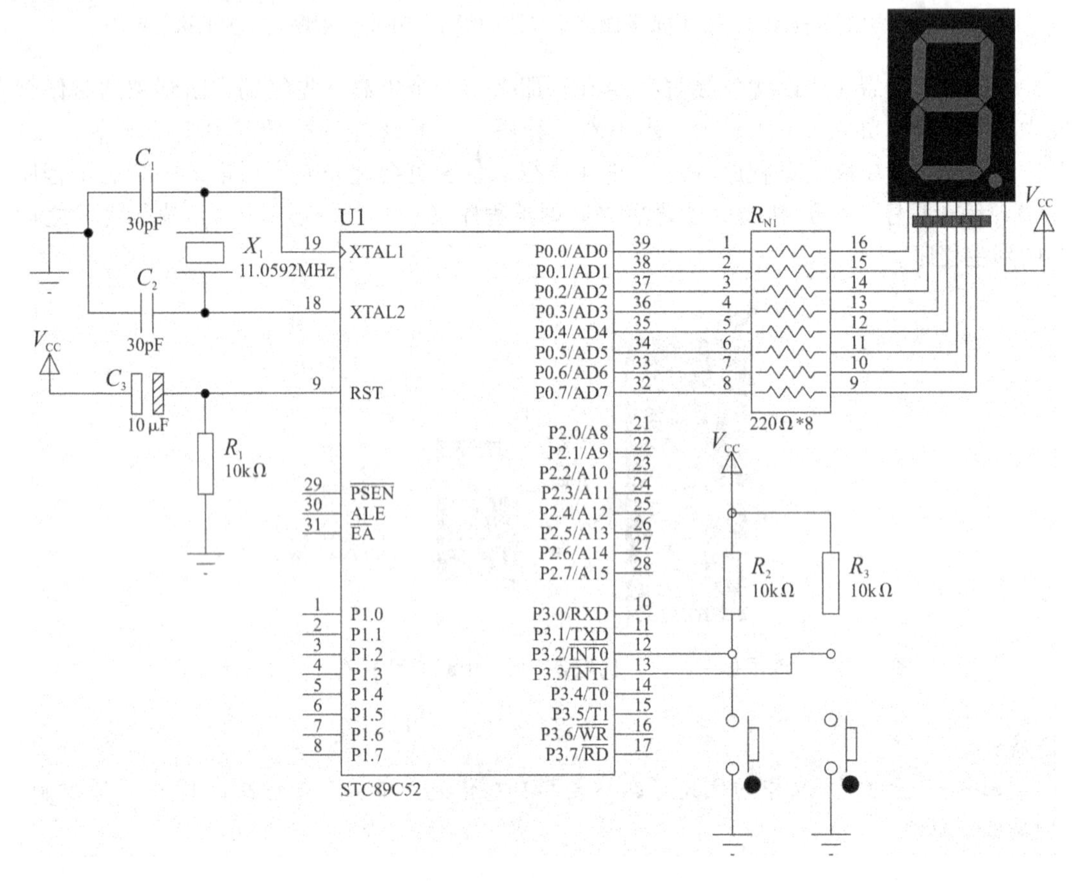

图 4-10　两个外部中断控制数码管加减显示仿真电路图

（3）程序设计。

主程序正常执行时，只需要让数码管静态显示一个减号“-”即可。即只需要在初始化时让七段数码管显示“-”，不需要其他任何动作。

外部中断 INT0 控制七段数码管从 0 加到 9，用一个 for 循环，循环 10 次即可满足要求。同样，外部中断 INT1 控制七段数码管从 9 减到 0，也可以用 for 循环实现。

当要求 INT1 的优先等级比 INT0 高时，给 IP 寄存器赋值 0000 0100（即十六进制 0x04）即可。

若要在中断之后恢复现场，还需要在执行中断动作前保存 P0 端口原来的状态，这时需要一个中间变量 saveSEG7，这样就能实现从哪个数字打断就回到哪个数字了。

程序流程图如图 4－11 所示。

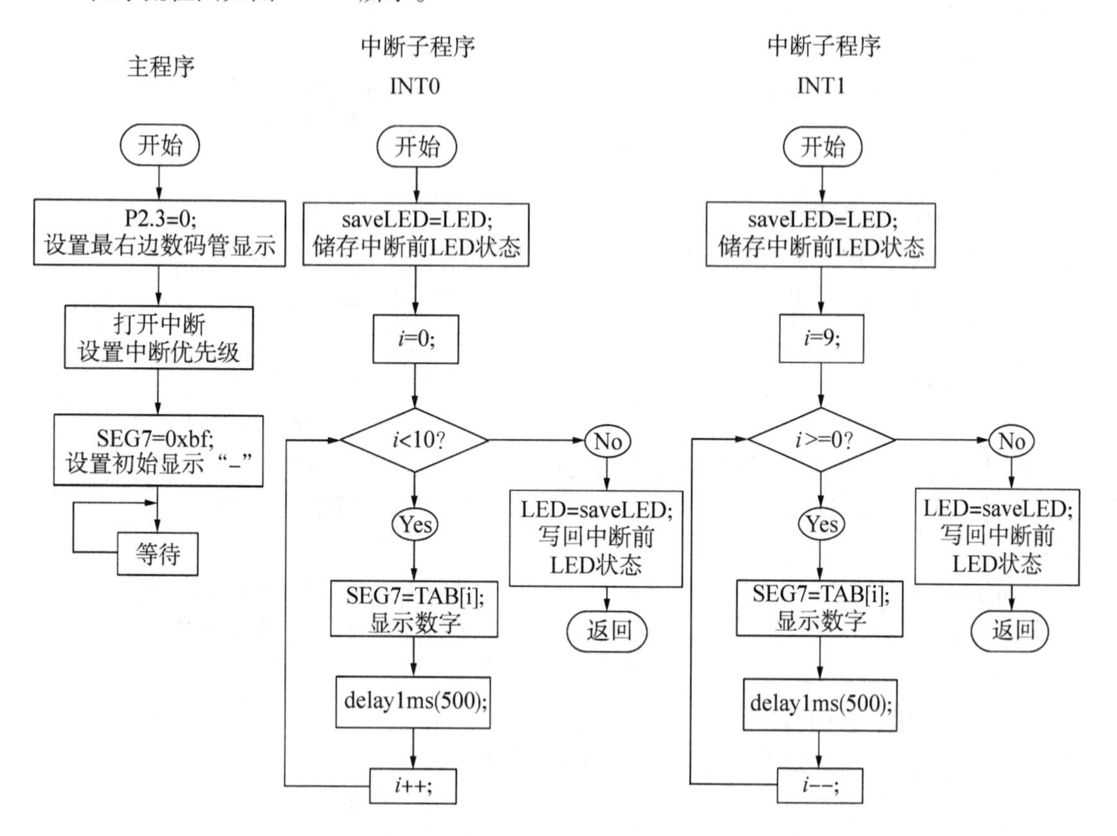

图 4－11　用两个外部中断控制数码管加减计数程序流程

程序清单如下：

```
/**任务 10　用两个外部中断控制数码管加减计数**/
#include <stc.h>                              //  定义头文件
#define  SEG7 P0                              //  定义七段数码管接至 P0 端口
char code TAB[10] = {0xc0,0xf9,0xa4,0xb0,0x99,          //  数字 0～4
                     0x92,0x83,0xf8,0x80,0x98};          //  数字 5～9
void delay1ms(int);                           //  声明延迟函数
main()                                        //  主程序开始
{
  P2 = 0xf7;                                  //  P2.3 为"0"，让最右边数码管显示
  IE = 0x85;                                  //  打开外部中断 INT0 和 INT1
  IP = 0x04;                                  //  设置 INT1 优先级高于 INT0
```

```
  SEG7 =0xbf;                                   // 数码管初始时显示“ - ”
  while(1);                                     // 无穷等待，主程序无任何动作
}                                               // 主程序结束
// INT0 的中断子程序——数码管从 0 加到 9
void add_int0(void) interrupt 0                 // INT0 中断子程序开始
{   char i;
    unsigned saveSEG7 = SEG7;                   // 储存中断前数码管状态
    for(i =0; i <10; i ++)                      // 显示 0～9，共 10 次循环
       {
            SEG7 = TAB[i];
//  显示数字，使用实验板需改为“SEG7 =～TAB[i];”
            delay1ms(500);                      // 延迟 500ms
       }                                        // for 循环结束
  SEG7 = saveSEG7;                              // 写回中断前数码管状态
}                                               // 结束 INT0 中断子程序
// INT 1 的中断子程序——数码管从 9 减到 0
void subb_int1(void) interrupt 2                // INT0 中断子程序开始
{   char i;
    unsigned saveSEG7 = SEG7;                   // 储存中断前数码管状态
    for(i =9; i > =0; i - -)                    // 显示 0～9，共 10 次循环
       {
            SEG7 = TAB[i];
//  显示数字，使用实验板需改为“SEG7 =～TAB[i];”
            delay1ms(500);                      // 延迟 500ms
       }                                        // for 循环结束
            SEG7 = saveSEG7;                    // 写回中断前数码管状态
}                                               // 结束 INT0 中断子程序
// 延迟函数，延迟约 x ms
void delay1ms(int x)                            // 延迟函数开始
{   int i, j;                                   // 声明整数变数 i，j
    for (i =0; i <x; i ++)                      // 计数 x 次，延迟 x ms
         for (j =0; j <120; j ++);              // 计数 120 次，延迟 1ms
}                                               // 延迟函数结束
```

写出程序后，在 Keil uVision2 中编译和生成 Hex 文件“任务 10. hex”。

（4）使用 Proteus 仿真。

将“任务 10. hex”加载（相同于实际单片机程序的下载）到仿真电路图的单片机中，在仿真中将看到：仿真开始时七段数码管显示“ - ”。任何时候按一下外部中断 INT0 的按键，七段数码管就从 0 加到 9，之后恢复原来的显示“ - ”。任何时候按一下外部中断

INT1 的按键，七段数码管就从 9 减到 0，之后恢复原来的显示“ - ”。在中断程序显示从 0 加到 9 的过程中，可以被 INT1 打断，变成从 9 减到 0，之后恢复到原来被打断的那个数字直到加到 9 之后又显示“ - ”。

（5）使用实验板调试所编写的程序。

将程序文件“任务 10. hex”下载到单片机中，给实验板上电后，将看到与仿真中一样的现象。

【任务小结】

通过介绍单片机两个外部中断 INT0 和 INT1 的实验，让读者掌握中断控制寄存器 IP 的设置方法，并加深读者对中断优先级和中断嵌套的理解。

【习题】

1. 不改变电路，把程序改成按一次变化 1，即：一个按键实现加功能“从 0 加到 9”，另一个实现减功能“从 9 减到 0”，设定初始状态为“0”。

2. 在本任务里，若不用七段数码管显示，而是用 8 个 LED 灯的左移一圈和右移一圈来代替数码管的“从 0 加到 9”和“从 9 减到 0”，程序应如何更改？

模块五　定时器/计数器中断的应用

任务11　用定时器T0中断控制LED灯闪烁

【任务要求】

制作一个单片机系统电路板，要求用定时器T0中断来控制LED灯闪烁。

【学习目标】

（1）了解单片机的定时器/计数器的结构；
（2）掌握定时器控制寄存器TCON、工作方式寄存器TMOD的设置方法；
（3）熟悉单片机定时器的编程方法。

【知识链接】

一、定时器/计数器中断的概念

什么是计数？

计数是指对外部事件进行计数，将外部事件的发生以输入脉冲的方式表示，因此计数功能的实质就是对外来脉冲进行计数，51单片机有两个计数器：T0和T1（52单片机还有T2），P3.4和P3.5分别是这两个计数器的计数输入端。外部输入的脉冲在负跳变时有效，进行计数器加1。

什么是定时？

定时器是通过计数器的计数来实现的，不过此时的计数脉冲来自单片机内部晶体振荡器，它的脉冲频率和周期恒定，因而计一定数量的脉冲的时间是确定的，所以定时器功能的实质还是对单片机内部脉冲的计数。

51单片机内部共有两个16位可编程的定时器/计数器，分别是Timer0和Timer1（也就是T0和T1）。它们既有定时功能又有计数功能，通过设置与它们相关的特殊功能寄存器可以选择启用定时功能或计数功能。需要注意的是，这个定时器系统是单片机内部一个独立的硬件部分，它与CPU和晶振通过内部某些控制线连接并相互作用，CPU一旦设置开启定时功能后，定时器便在晶振的作用下自动开始计时，当定时器的计数器计满后，会产生中断，即通知CPU该如何处理。定时器/计数器的实质是加1计数器（16位），由高8位和低8位两个寄存器组成。

定时器/计数器的应用可以用中断的方式进行，当定时器/计数器达到定时时间/计数设定值时出现中断，这时CPU暂停正在执行的程序1，调入定时/计数中断预先设定的另一个程序2，执行完成设定的程序2后，再返回执行暂停的程序1。就像是生活中：你一开始在看书，到11点闹钟响了（提醒你去煮饭），你暂停看书而去煮饭，煮上饭后，再接着去看书。

二、定时器/计数器工作方式寄存器TMOD

TMOD是定时器/计数器的工作方式寄存器，确定其工作方式和功能，其每一位的符号和功能说明如表5-1所示。

表5-1　TMOD符号和功能

位号	TMOD.7	TMOD.6	TMOD.5	TMOD.4	TMOD.3	TMOD.2	TMOD.1	TMOD.0
符号	GATE	C/T	M1	M0	GATE	C/T	M1	M0

（1）GATE：门控位。

GATE=1，定时/计数器的运行受外部引脚输入电平的控制，即INT0控制T0运行，INT1控制T1运行。

GATE=0，定时/计数器的运行不受外部引脚输入电平的控制。

（2）C/T：计数器模式和定时器模式选择位。

C/T=1，选择计数器模式，计数器对外部输入引脚T0（P3.4）或T1（P3.5）的外部脉冲计数。

C/T=0，选择定时器模式。

（3）M1、M0：工作方式选择位。

M1、M0工作方式设定见表5-2。

表5-2　定时/计数器工作方式设定

M1 M0	工作方式	位数	计数范围	功能说明
0　0	Mode 0	13位	0～8191	
0　1	Mode 1	16位	0～65535	
1　0	Mode 2	8位	0～255	具有自动加载功能
1　1	Mode 3	8位	0～255	T0分成两个8位计数器，T1停止计数

下面对4种工作方式逐一说明。

① Mode 0。

当M1M0为00时，定时器/计数器工作于Mode 0。Mode 0是13位计数器，其计数器由TH0的全部8位和TL0的低5位构成，TL0的高3位为未用，如图5-1所示为Mode 0的逻辑功能框图。

Mode 0是13位计数器，其最大计数为二进制：1 1111 1111 1111，即十进制8191，也就是说，每次计数到8191都会产生溢出，置位TF0。但是在实际应用中，经常有少于8191个计数值的要求。例如，在编写程序时要求计数满1200溢出中断，在这种情况下，计数就不应该从0开始了，而是应该从一个固定数值开始，那么这个数值是多少呢？按上

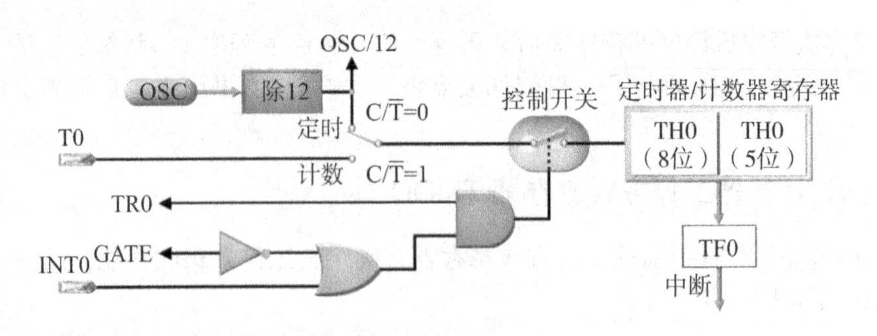

图5－1　Mode 0 逻辑框图

述要求1 200溢出中断一次，那么只要用8 192－1 200＝6 992，将6 992作为初值赋给计数器，使计数器从6 992开始计数，经过1 200个计数脉冲，就到了8 192并产生溢出。以下为Mode 0定时的时间计算公式：

$$t=(8192-x)*(12\div 晶振频率)$$

式中，t为定时的时间，单位为μs；x为计数器的计数初值；晶振频率的单位为MHz。

下面用一个例子来理解这个公式，根据上面的分析，现在计算若要定时2ms，应该如何计算计数初值，由于实验板的晶振为12MHz，需要定时2ms也就是2 000μs，然后把其参数代入公式：

$$2000=(8192-x)*(12\div 12)$$

结果$x=6192$，将这x的值填入13位初值TH0和TL0中。注意，TL0只用了低5位，高3位没有用到，填入“0”。这时装入TH0和TL0的初值如下：

TH0：6 192除以2^5的商为193，化成十六进制为0xC1；

TL0：6 192除以2^5的余数为16，化成十六进制为0x10。

只要把这个初值赋给定时器0，则定时器每2ms就溢出一次，将计数溢出标位置“1”，触发中断。具体指令如下：

```
TH0 = 0xC1;                    //设置T0定时初值高5位
TL0 = 0x10;                    //设置T0定时初值低8位
```

注意：

定时器工作方式Mode 0是没有自动重装功能的，为了使下一定时的时间不变，需要在每当定时器溢出之后，马上再赋初值给TH0和TL0，否则定时器就会从“0”开始计数，这样就不准确了。

② Mode 1。

当M1M0为01时，定时器/计数器工作于Mode 1，这时定时器/计数器的逻辑功能框图如图5－2所示。

Mode 1与Mode 0的操作是完全相同的，只是Mode 1是16位计数器，而Mode 0是13位计数器。以下是Mode 1定时的时间计算公式。

$$t=(65536-x)*(12\div 晶振频率)$$

因此每次计数到65 536就会产生溢出，置位TF0。

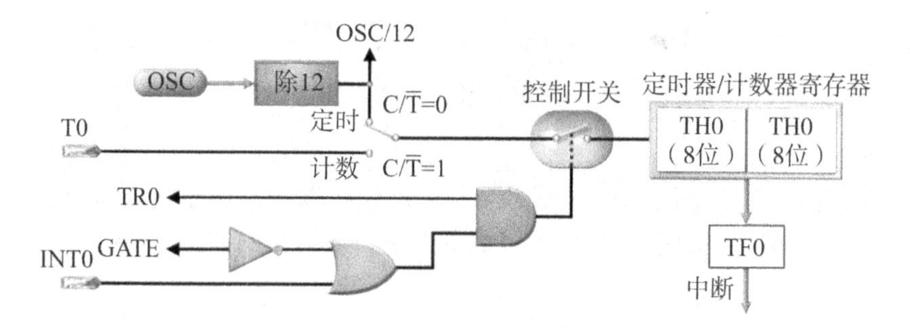

图 5-2　Mode 1 逻辑框图

例如，要定时 60ms（即 60000μs），给定时器赋初值的具体指令如下：

```
TH0 = (65536 - 60000) /256;            //设置 T0 定时初值高 8 位
TL0 = (65536 - 60000) %256;            //设置 T0 定时初值低 8 位
```

Mode 1 与 Mode 0 相比，Mode 1 的计数范围比 Mode 0 的要大很多，而其他的操作又是完全一样，因此 Mode 1 完全可以取代 Mode 0，很少有人用 Mode 0（难用又没有必要）。

③ Mode 2。

Mode 0 与 Mode 1 若用于循环计数，每次计数到溢出的时候都必需在程序中利用软件重新装入定时的初值，否则就会造成定时的不正确。但是在重装的同时需花费一定的时间，这样就会让定时时间有误差，如果用于一般定时这是无关紧要的，但如果在对定时要求非常严格的情况下，这样是不允许的。下面介绍第三种定时工作方式，就是 Mode 2，如图 5-3 所示是 Mode 2 的逻辑功能框图。

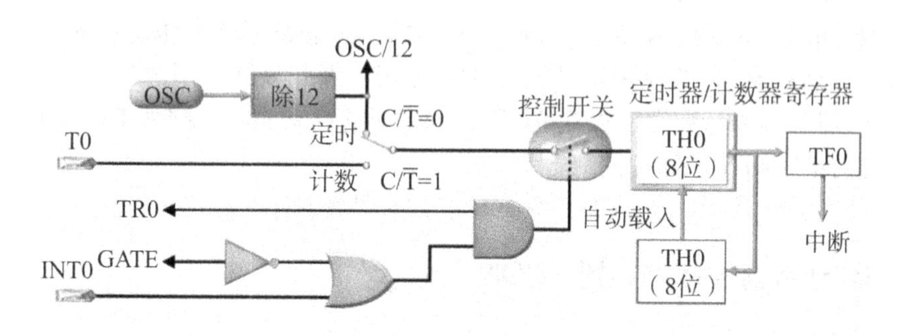

图 5-3　Mode 2 逻辑框图

由图 5-3 可以清楚地看到，Mode 2 与前面介绍的两种定时器唯一的不同就是定时器的低 8 位是用作定时的计数，当计数溢出的时候高 8 位就用作自动重装初值，赋值于低 8 位，因为其有硬件重装的功能，所以在每次计数溢出的时候，用户无需在程序当中利用软件去重装，这样不但省去了程序中的重装指令，而且也有利于提高定时器的精确度。因为 Mode 2 只有 8 位数结构，所以计数范围十分有限，以下是 Mode 2 定时的时间计算公式：

$$t = (256 - x) * (12 \div 晶振频率)$$

例如，要定时 100μs，给定时器赋初值的具体指令如下：

```
TH0 =256 -100;                    //设置 T0 定时初值
TL0 =256 -100;                    //设置 T0 定时初值的自动加载值
```

④ Mode 3。

Mode 3 的结构较为特殊，只能用于定时器 T0，如果强制用于定时器 T1，就等同于 TR1 =0，即把定时器 T1 关闭。定时器/计数器的逻辑功能框图如图 5 -4 所示。

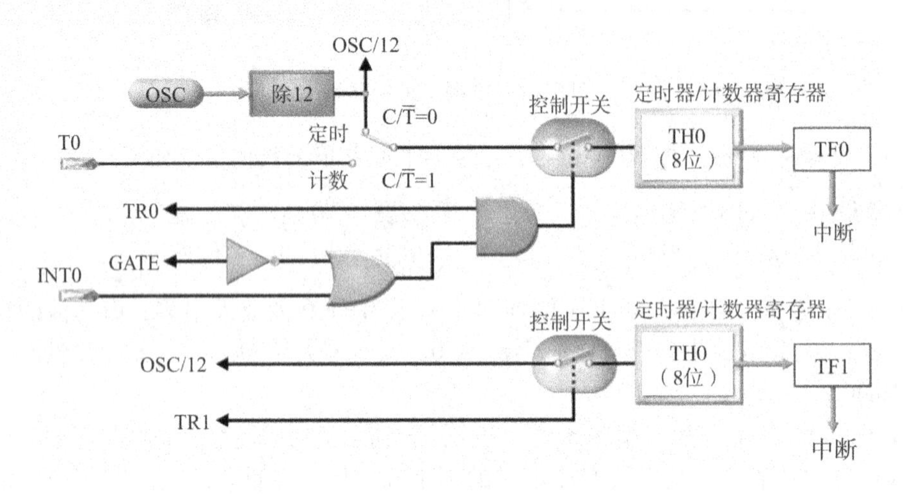

图 5 -4　Mode 3 逻辑框图

从图 5 -4 中可以清楚地看到，在 Mode 3 下定时器/计数器被拆分为两个独立的计数器 TL0 与 TH0。上面是拆分出来的 8 位定时/计数器，其使用方式跟前面介绍的几种工作方式是完全相同的，大家可以参考前面所讲的文段。而下面只能当作简单的定时器使用。而且由于定时/计数器 T0 的控制位已经被 TL0 占用，因此只好借用定时/计数器 T1 的控制位 TR1 和 TF1。即以计数溢出去置位 TF1，而定时的启动和停止则受 TR1 所控制。以下为 Mode 3 定时的时间计算公式：

$$t = (256 - x) * (12 \div \text{晶振频率})$$

三、定时器/计数器控制寄存器 TCON

TCON 是控制寄存器，控制 T0 和 Tl 的启动、停止及设置溢出标志。其每一位的符号和功能说明如表 5 -3 所示。

表 5 -3　控制寄存器的符号和功能

位号	TCON. 7	TCON. 6	TCON. 5	TCON. 4	TCON. 3	TCON. 2	TCON. 1	TCON. 0
符号	TF1	TR1	TF0	TR0	IE1	IT1	IE0	IT0
	与定时器相关				与外部中断相关			

(1) TF0 (TF1) 内部定时器/计数器 T0 (定时器/计数器 T1) 溢出中断标志位。

当片内定时器/计数器 T0 (定时器/计数器 T1) 计数溢出的时候，由单片机自动置“1”，而当进入了中断服务程序之后再由单片机自动清零。

（2）TR0（TR1）内部定时器/计数器 T0（定时器/计数器 T1）启动位。

TR0（TR1）=1 时，启动 TR0（TR1）；

TR0（TR1）=0 时，关闭 TR0（TR1）。

（3）IE0（IE1）和 IT0（IT1）与外部中断相关，在前述任务 9 中已经有详述，这里不再重复叙述。

定时器/计数器的中断子程序与任务 9 中的介绍类似，中断子程序第一行的格式为：

```
void  中断子程序名称（void）interrupt 中断编号 using 寄存器组
```

其中定时器/计数器的中断编号与外部中断的中断编号不一样，Timer0 的中断编号为“1”，Timer1 的中断编号为“3”，Timer2 的中断编号为“5”，具体参见表 4-2。

例如，要定义一个 Timer1 的中断子程序，其名称是“Timer1”，则该中断子程序应声明为：

```
void  Timer1（void）interrupt 3
```

【任务实施】

（1）准备元器件。

元器件清单如表 5-4 所示。

表 5-4　元器件清单

序号	种类	标号	参数	序号	种类	标号	参数
1	电阻	$R_1 \sim R_8$	220Ω	5	单片机	U1	STC89C51
2	电阻	R_9	10kΩ	6	发光二极管	D1 ~ D8	LED 红
3	电容	C_1，C_2	30pF	7	晶振	X_1	11.0592MHz
4	电容	C_3	10μF				

（2）搭建硬件电路。

仿真电路图如图 5-5 所示，配套实验板对应的按键电路图与仿真电路图相同。该电路图可用于仿真和手工制作，前述任务已经将本次任务的电路制作完毕，本次任务无需再制作。

（3）程序设计。

主程序只需要完成定时器 T0 的初始化即可，完成初始化之后就可原地等待，不需要任何其他的动作。初始化的动作为：先设定好 TCON、TMOD、IE 寄存器，然后计算出定时计数初值并赋给 TH0 和 TL0。若需要定时 250ms，可以分成单次定时 50ms，共定时 5 次即可实现，因此可计算出定时初值为“TH0 =（65536 - 50000）/256”“TL0 =（65536 - 50000）% 256”。

在定时器中断子程序里，需要完成 LED 取反的动作，同时为确保定时时间为 50ms，每次定时还需要重新设置定时初值。

程序流程图如图 5-6 所示。

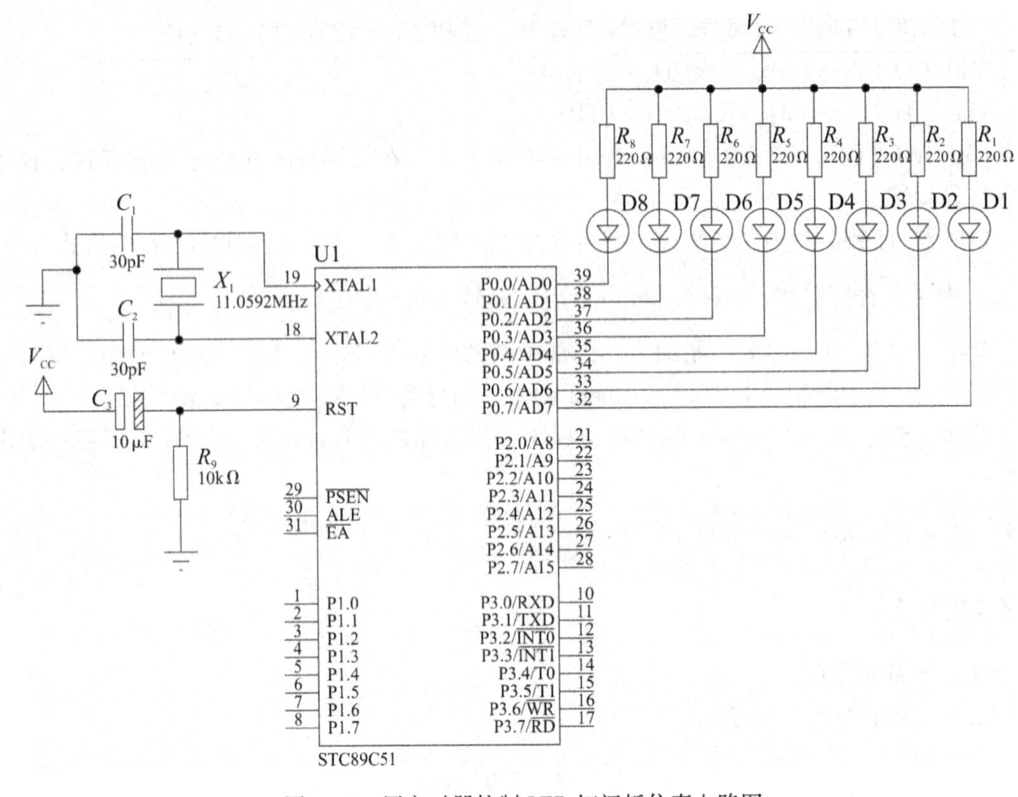

图 5－5　用定时器控制 LED 灯闪烁仿真电路图

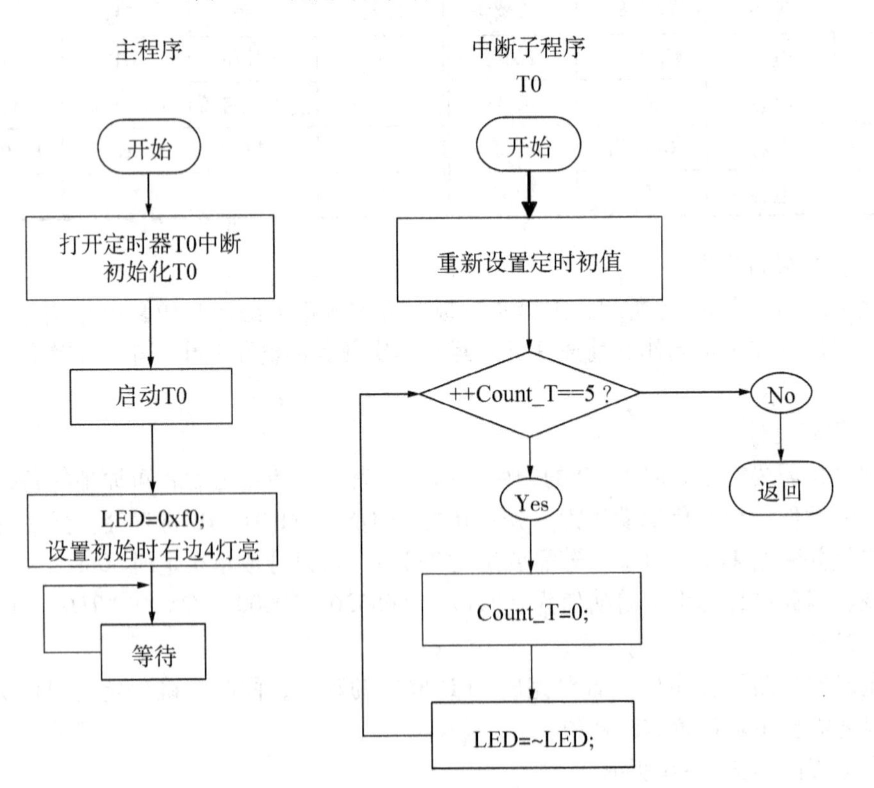

图 5－6　用定时器 T0 中断控制 LED 灯闪烁程序流程

程序清单如下：

```
/ * * 任务 11  用定时器 T0 中断控制 LED 灯闪烁 * * /
//==声明区== == == == == == == == == == == == == == == ==
#include <stc.h>                      // 定义头文件
#define  LED  P0                      // 定义 LED 接至 P0 端口
#define  count 50000                  // T0（Mode 1）之计量值，约 50ms
#define TH_M1 (65536 - count)/256     // T0 定时初值高 8 位，等效为 256 进制的十位
#define TL_M1 (65536 - count)%256     // T0 定时初值低 8 位，等效为 256 进制的个位
unsigned char  Count_T = 0;           // 宣告 IntCount 变数，计算 T0 中断次数
//==主程序== == == == == == == == == == == == == == == ==
main()                                // 主程序开始
{  IE = 0x82;                         // 启用 T0 中断
   TMOD = 0x01;                       // 设定 T0 为 Mode 1
   TH0 = TH_M1;                       // 设置 T0 定时初值高 8 位
   TL0 = TL_M1;                       // 设置 T0 定时初值低 8 位
   TR0 = 1;                           // 启动 T0
   LED = 0xf0;                        // LED 初值 = 1111 0000，右 4 灯亮
   while(1);                          // 无穷循环，程序停滞
}                                     // 主程序结束
//==T0 中断子程序——每中断 5 次，LED 反相== == == == == == == ==
void timer0(void) interrupt 1         // T0 中断子程序开始
{  TH0 = TH_M1; TL0 = TL_M1;          // 设置 T0 计数量高 8 位、低 8 位
   if ( ++Count_T == 5)               // 若 T0 已中断 5 次，即共定时了 5 * 50 = 250ms
    {  Count_T = 0;                   // 重新计次
       LED = ~LED;                    // 输出相反
    }                                 // if 叙述结束
}                                     // T0 中断子程序
```

写出程序后，在 Keil uVision2 中编译和生成 Hex 文件“任务 11. hex”。

（4）使用 Proteus 仿真。

将“任务 11. hex”加载（相同于实际单片机程序的下载）到仿真电路图的单片机中，在仿真中将看到 8 个 LED 灯在不断全灯闪烁，闪烁的频率为 2Hz。

（5）使用实验板调试所编写的程序。

将“任务 11. hex”程序下载到单片机中，给实验板上电后，将看到与仿真中一样的现象。

【任务小结】

通过单片机定时器 T0 中断实验，让读者加深对单片机中断系统的理解，掌握定时器的结构和原理，以及单片机定时器中断程序编程的具体方法。

【习题】

1. 定时器/计数器的定时功能和计数功能有什么不同？分别应用在什么场合下？

2. 软件定时与硬件定时的原理有何异同？

3. 在本任务里8个LED灯为全灯闪烁，若希望8个LED灯变成单灯左移，程序应如何更改？

4. 使用定时器T0，采用Mode 0实现本任务中相同的功能。

模块六 单片机串口应用

任务 12 通过串口发送一串字符至电脑

【任务要求】

制作一个单片机系统电路板，要求用单片机串口发送一串字符至电脑，通过电脑的串口助手实时显示接收到的字符串。

【学习目标】

（1）了解串行通信的基本概念；
（2）了解 51 单片机的串行通信接口；
（3）熟悉 51 单片机串口发送数据的编程方法；
（4）掌握 PC 端串口调试助手的使用。

【知识链接】

一、串行通信的基本概念

单片机与外界的信息交换称为通信。通信的基本方式可分为并行通信和串行通信两种。所谓并行通信是指数据的各位同时在多根数据线上发送或接收，如图 6－1a 所示。串行通信是数据的各位在同一根数据线上依次逐位发送或接收，如图 6－1b 所示。目前串行通信在单片机双机、多机以及单片机与电脑之间的通信等方面得到了广泛应用。

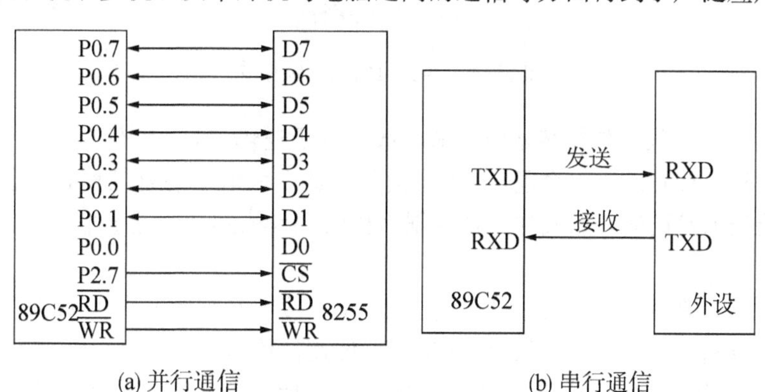

图 6－1 并行通信与串行通信

(一) 异步通信和同步通信

串行通信按同步方式可分为同步通信和异步通信两种。

同步通信(Synchronous Communication)是一种连续传送数据的通信方式,一次通信传送多个字符数据,称为一帧信息。数据传输速率较高,通常可达56000bps或更高。其缺点是要求发送时钟和接收时钟保持严格同步,同步通信的数据帧格式如图6-2所示。

同步字符	数据字符1	数据字符2	……	数据字符 $n-1$	数据字符 n	校验字符	(校验字符)

图6-2 同步通信的数据帧格式

而在异步通信(Asynchronous Communication)中,数据通常是以字符或字节为单位组成数据帧进行传送的。收、发端各有一套彼此独立、互不同步的通信机构,由于收发数据的帧格式相同,因此可以相互识别接收到的数据信息。异步通信的信息帧格式如图6-3所示。

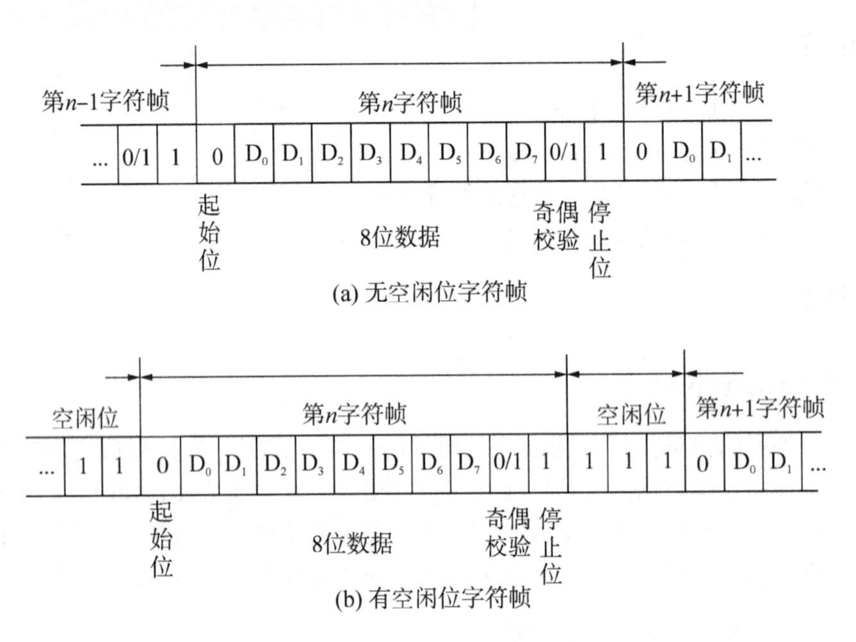

图6-3 异步通信信息帧格式

(1) 起始位。在没有数据传送时,通信线上处于逻辑"1"状态,而当发送端要发送一个字符数据时,首先发送一个逻辑"0"信号,这个低电平便是帧格式的起始位。其作用是向接收端表示发送端开始发送一帧数据。接收端检测到这个低电平后,就准备接收数据信号。

(2) 数据位。在起始位之后,发送端发出(或接收端接收)的是数据位,数据的位数没有严格的限制,5~8位均可,由低位到高位逐位传送。

(3) 奇偶校验位。数据位发送完(接收完)之后,可发送一位用来检验数据在传送过程中是否出错的奇偶校验位。奇偶校验是收发双方预先约定好的有限差错检验方式之一,有时也可不使用。

（4）停止位。字符帧格式的最后部分是停止位，逻辑“1”电平有效，它可占1/2位、1位或2位。停止位表示传送一帧信息的结束，也为发送下一帧信息做好准备。

（二）串行通信的波特率

波特率（Baud Rate）是串行通信中的一个重要概念，它是指传输数据的速率，亦称比特率。波特率的定义是每秒传输二进制数码的位数。如：波特率为1 200bps是指每秒钟能传输1 200位二进制数码。

波特率的倒数即为每位数据的传输时间。例如：波特率为1 200bps，每位的传输时间为：

$$t_d = \frac{1}{1\,200} = 0.833\text{ms}$$

波特率和字符的传输速率不同，若采用图6-3的数据帧格式，并且数据帧连续传送（无空闲位），则实际的字符传输速率为1 200/11 = 109.09帧/秒。波特率也不同于发送时钟和接收时钟频率。同步通信的波特率和时钟频率相等，而异步通信的波特率通常是可变的。

（三）串行通信的制式

在串行通信中数据是在两个站之间进行传送的，按照数据传送方向，串行通信可分为单工（Simplex）、半双工（Half Duplex）和全双工（Full Duplex）3种制式。如图6-4所示为3种制式的示意图。

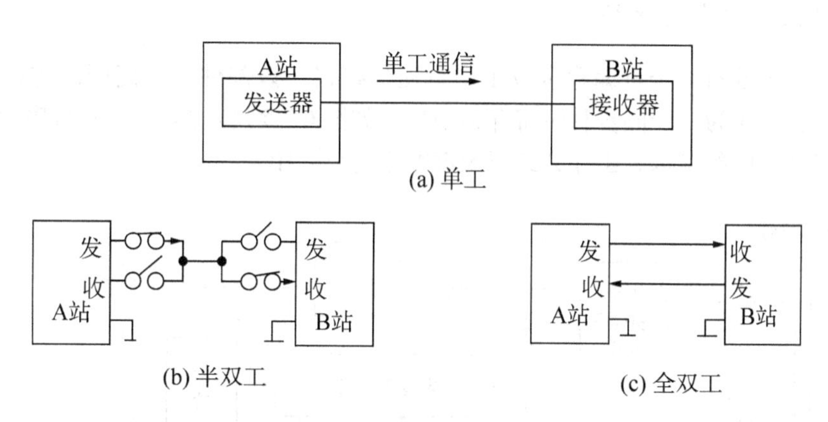

图6-4　单工、半双工和全双工3种制式示意图

在单工制式下，通信线的一端接发送器，一端接接收器，数据只能按照一个固定的方向传送，如图6-4a所示。

在半双工制式下，系统的每个通信设备都由一个发送器和一个接收器组成，如图6-4b所示。在这种制式下，数据能从A站传送到B站，也可以从B站传送到A站，但是不能同时在两个方向上传送，即只能一端发送，一端接收。其收发开关一般是由软件控制的电子开关。

全双工通信系统的每端都有发送器和接收器，可以同时发送和接收数据，即数据可以在两个方向上同时传送，如图6-4c所示。

在实际应用中，尽管多数串行通信接口电路具有全双工功能，一般情况只工作于半双工制式下，因为其简单、实用。

（四）串行通信的校验

串行通信的目的不只是传送数据信息，更重要的是应确保数据信息准确无误地传送。因此必须考虑在通信过程中对数据差错进行校验，因为差错校验是保证准确无误地通信的关键。常用差错校验方法有奇偶校验、累加和校验以及循环冗余码校验等。

（1）奇偶校验。其特点是按字符校验，即在发送每个字符数据之后都附加一位奇偶校验位（“1”或“0”），当设置为奇校验时，数据中“1”的个数与校验位“1”的个数之和应为奇数；反之则为偶校验。收、发双方应具有一致的差错检验设置，当接收一帧字符时，对“1”的个数进行检验，若奇偶性（收、发双方）一致则说明传输正确。奇偶校验只能检测到那种影响奇偶位数的错误，级别较低且速度慢，一般只用在异步通信中。

（2）累加和校验。其是指发送方将所发送的数据块求和，并将“校验和”附加到数据块末尾。接收方接收数据时也是先对数据块求和，将所得结果与发送方的“校验和”进行比较，若两者相同，表示传送正确，若不同则表示传送出了差错。“校验和”的加法运算可用逻辑加，也可用算术加。累加和校验的缺点是无法检验出字节或位序的错误。

（3）循环冗余码校验。其基本原理是将一个数据块看成一个位数很长的二进制数，然后用一个特定的数去除它，将余数作校验码附在数据块之后一起发送。接收端收到该数据块和校验码后，进行同样的运算来校验传送是否出错。目前，循环冗余码校验已广泛用于数据存储和数据通信中，并在国际上形成规范，市面上已有不少现成的CRC软件算法。

二、AT89C51的串行接口

AT89C51内部有一个可编程全双工串行通信接口。该部件不仅能同时进行数据的发送和接收，也可作为一个同步移位寄存器使用。如图6-5所示是51单片机串行口结构框图。下面将对其内部结构、工作方式以及波特率进行介绍。

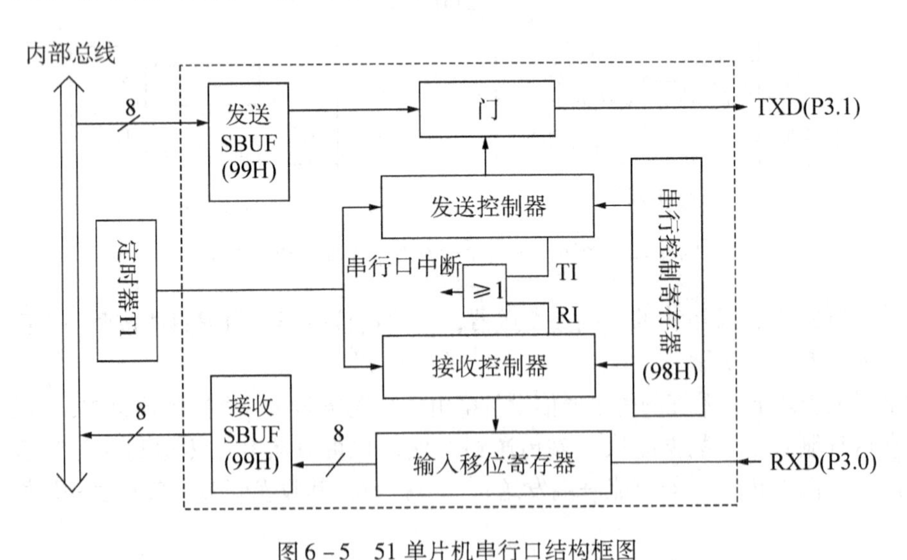

图6-5　51单片机串行口结构框图

（一）串行数据缓冲器SBUF

SBUF是串行口缓冲寄存器，包括发送寄存器和接收寄存器，以便能以全双工方式进行通信。此外，在接收寄存器之前还有移位寄存器，从而构成了串行接收的双缓冲结构，这样可以避免在数据接收过程中出现帧重叠错误。而发送数据时，由于 CPU 是主动的，不会发生帧重叠错误，因此发送电路不需要双重缓冲结构。

在逻辑上，SBUF 只有一个，它既表示发送寄存器，又表示接收寄存器，具有同一个单元地址 99H。但在物理结构上，则有两个完全独立的 SBUF，一个是发送缓冲寄存器 SBUF，另一个是接收缓冲寄存器 SBUF。如果 CPU 写 SBUF，数据就会被送入发送缓冲寄存器准备发送；如果 CPU 读 SBUF，则读入的数据一定来自接收缓冲寄存器。即 CPU 对 SBUF 的读写，实际上是分别访问上述两个不同的寄存器。

（二）串行控制寄存器（SCON）

串行控制寄存器用于设置串行口的工作方式、监视串行口的工作状态、控制发送与接收的状态等。它是一个既可以字节寻址又可以位寻址的 8 位特殊功能寄存器。其格式如图 6－6 所示。

SCON 位地址：	9FH	9EH	9DH	9CH	9BH	9AH	99H	98H
	SM0	SM1	SM2	REN	TB8	RB8	TI	RI

图 6－6　串行口控制寄存器 SCON

（1）SM0、SM1：串行口工作方式选择位。其状态组合所对应的工作方式如表 6－1 所示。

表 6－1　串行口工作方式

SM0	SM1	工作方式	功 能 说 明
0	0	Mode 0	同步移位寄存器输入/输出，波特率固定为 $f_{osc}/12$
0	1	Mode 1	10 位异步收发，波特率可变（TI 溢出率/n，$n=32$ 或 16）
1	0	Mode 2	11 位异步收发，波特率固定为 f_{osc}/n，$n=64$ 或 32）
1	1	Mode 3	11 位异步收发，波特率可变（TI 溢出率/n，$n=32$ 或 16）

（2）SM2：多机通信控制器位。在 Mode 0 中，SM2 必须设成“0”。在 Mode 1 中，当处于接收状态时，若 SM2＝1，则只有接收到有效的停止位“1”时，RI 才能被激活成“1”（产生中断请求）。在 Mode 2 和 Mode 3 中，若 SM2＝0，串行口以单机发送或接收方式工作，TI 和 RI 以正常方式被激活并产生中断请求；若 SM2＝1，RB8＝1 时，RI 被激活并产生中断请求。

（3）REN：串行接收允许控制位。该位由软件置位或复位。当 REN＝1，允许接收；当 REN＝0，禁止接收。

（4）TB8：Mode 2 和 Mode 3 中要发送的第 9 位数据。该位由软件置位或复位。在多机通信中，以 TB8 位的状态表示主机发送的是地址还是数据：TB8＝1 表示地址，TB8＝0 表示数据。TB8 还可用作奇偶校验位。

（5）RB8：接收数据第 9 位。在 Mode 2 和 Mode 3 时，RB8 存放接收到的第 9 位数据。RB8 也可用作奇偶校验位。在 Mode 1 中，若 SM2＝0，则 RB8 是接收到的停止位。在 moed 0 中，该位未用。

（6）TI：发送中断标志位。TI＝1，表示已结束一帧数据的发送，可由软件查询 TI 位标志，也可以向 CPU 申请中断。

（7）RI：接收中断标志位。RI = 1，表示一帧数据接收结束。可由软件查询 RI 位标志，也可以向 CPU 申请中断。

注意：

- TI 和 RI 在任何工作方式下都必须由软件清零。
- 在 AT89C51 中，串行发送中断 TI 和接收中断 RI 的中断入口地址同是 0023H，因此在中断程序中，必须由软件查询 TI 和 RI 的状态才能确定该程序究竟是接收中断还是发送中断，进而作出相应的处理。
- 单片机复位时，SCON 所有位均清零。

（三）电源控制寄存器（PCON）

PCON 是用于控制电源的专用寄存器，但是它的最高位 SMOD 与串行通信的波特率相关。如图 6－7 所示是它的格式。

PCON	D7	D6	D5	D4	D3	D2	D1	D0
位名称	SMOD	–	–	–	GF1	GF0	PD	IDL

图 6－7　电源控制寄存器 PCON 的格式

SMOD：串行口波特率倍增位。在 Mode1 ～3 中，若 SMOD =1，则串行口波特率增加一倍；若 SMOD =0，波特率不加倍。系统复位时，SMOD =0。

（四）串行口工作方式

AT89C51 串行通信共有 4 种工作方式，它们分别是 Mode0、Mode1、Mode2 和 Mode3，由串行控制寄存器 SCON 中的 SM0、SM1 决定，如表 6－1 所示。

1. Mode 0

在 Mode 0 下，串行口作为同步移位寄存器使用，接收和发送数据示意图如图 6－8 所示。Mode 0 波特率为 $f_{osc}/12$，即一个机器周期发送或接收一位数据。它的主要用途是外接同步移位寄存器，以扩展并行 I/O 端口。

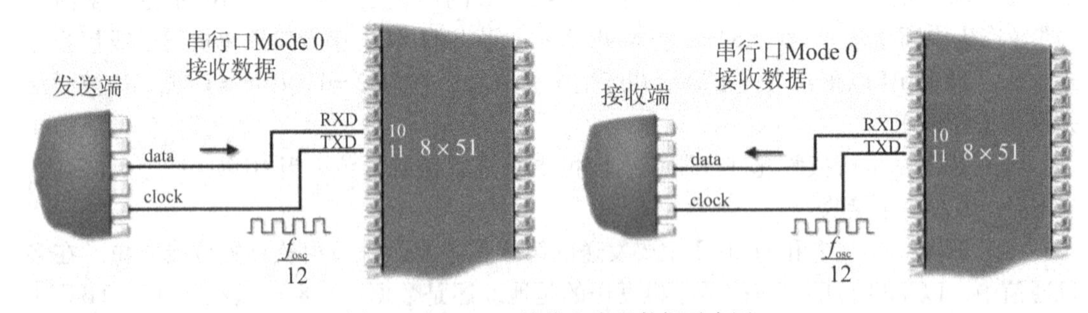

图 6－8　Mode 0 接收和发送数据示意图

2. Mode 1

Mode 1 是最常用的一种通信方式，它是一帧 10 位的异步串行通信方式，包括一个起始位（0），8 个数据位和一个停止位（1），其帧格式如图 6－9 所示。

起始位 0	D0	D1	D2	D3	D4	D5	D6	D7	停止位 1

图 6-9　Mode1 数据帧格式

（1）数据发送。

发送数据前，先要将 TI 清零，然后只要将需要发送的数据赋值给 SBUF 即可，硬件会自动加入起始位和停止位，构成一帧数据，然后由 TXD 端串行输出。发送完后，TXD 输出线维持在“1”状态下，并将 SCON 中的 TI 置“1”，表示一帧数据发送完毕。

例如要将 0xf7 通过串口发送出去，具体指令如下：

```
TI =0;
SBUF =0xf7;
while(!TI);             //等待发送完毕，如果发送完毕，硬件会置位 TI
TI =0;                  //TI 需要软件清零
```

（2）数据接收。

当 RI =0，REN =1 时，接收电路以波特率的 16 倍速度采样 RXD 引脚，如出现由“1”变“0”跳变，则认为有数据正在发送。在接收到第 9 位数据（即停止位）时，必须同时满足 RI =0 和 SM2 =0 或接收到的停止位为“1”，才把接收到的数据存入 SBUF 中，停止位送入 RB8，同时置位 RI。若上述条件不满足，则接收到的数据不装入 SBUF，而被舍弃。在 Mode 1 下，SM2 应设定为“0”。

例如要将从串口接收到的一个数据放到变量 x 中，具体指令如下：

```
if(RI ==1) x =SBUF;     //当硬件接收完一个数据时，硬件会置位 RI
RI =0;                  //RI 需要软件清零
```

（3）波特率。

$$\text{Mode 1 波特率} = \frac{2^{\text{SMOD}}}{32} \times \text{T1 溢出率}$$

$$\text{T1 溢出率} = \frac{1}{\text{T1 定时时间}}$$

3. Mode 2 和 Mode 3

Mode 2 和 Mode 3 都是 11 位异步收发串行通信方式，其帧格式如图 6-10 所示。

起始位 0	D0	D1	D2	D3	D4	D5	D6	D7	TB8/RB8	停止位 1

图 6-10　Mode 2 和 Mode 3 的数据帧格式

在 Mode 2 或 Mode 3 条件下，可实现一台主机和多台从机之间的通信，其连接电路如图 6-11 所示。

Mode 2 和 Mode 3 的差异仅在波特率上有所不同。

$$\text{Mode 2 波特率} = \frac{2^{\text{SMOD}}}{64} \times f_{osc}$$

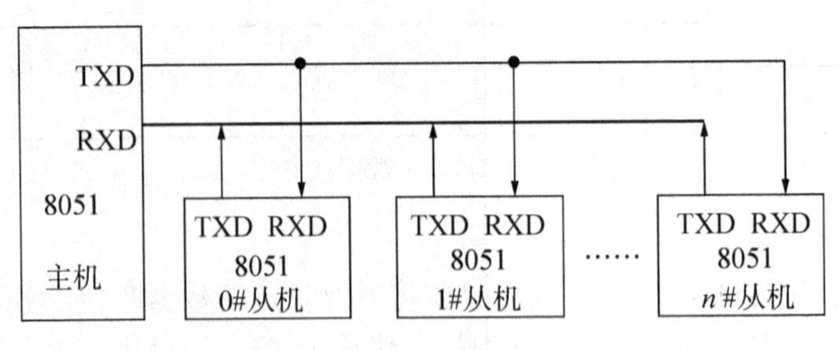

图6－11　多机通信连接图

其中，f_{osc}为单片机系统的晶振频率。

$$\text{Mode 3 波特率} = \frac{2^{SMOD}}{32} \times \text{T1 溢出率}$$

Mode 3 和 Mode 1 的波特率计算方法完全一样。

对波特率需要说明的是，当串行口工作在 Mode 1 或 Mode 3，且要求波特率按规范取 1 200bps、2 400bps、4 800bps、9 600bps……时，若采用晶振 12MHz 和 6MHz，按上述公式算出的 T1 定时初值将不是一个整数，因此会产生波特率误差而影响串行通信的同步性能。解决的方法只有调整单片机的晶振频率f_{osc}，为此有一种频率为 11.0592MHz 的晶振，这样可使计算出的 T1 初值为整数。表6－2 列出了 Mode 1 或 Mode 3 在不同晶振时的常用波特率和误差。

表6－2　不同晶振时的常用波特率和误差

晶振频率（MHz）	波特率（bps）	SMOD	T1 Mode 2 定时初值	实际波特率（bps）	误差（%）
12	9 600	1	F9H	8 923	7
12	4 800	0	F9H	4 460	7
12	2 400	0	F3H	2 404	0.16
12	1 200	0	E6H	1 202	0.16
11.0592	19 200	1	FDH	19 200	0
11.0592	9 600	0	FDH	9 600	0
11.0592	4 800	0	EAH	4 800	0
11.0592	2 400	0	F4H	2 400	0
11.0592	1 200	0	E8H	1 200	0

三、PC 机与单片机间的串行通信

近年来，在智能仪器仪表、数据采集、嵌入式自动控制等场合，应用单片机作核心控制部件越来越普遍。但当需要处理较复杂的数据或要对多个数据进行综合处理以及需要进行集散控制时，单片机的算术运算和逻辑运算能力都显得不足，这时往往需要借助计算机系统。将单片机采集的数据通过串行口传送给 PC 机，由 PC 机高级语言或数据库语言对数据进行处理，或者实现 PC 机对远端单片机进行控制。因此，实现单片机与 PC 机之间的远程通信更具有实际意义。

单片机中的数据信号电平都是 TTL 电平，这种电平采用正逻辑标准，即约定大于 3.3V 表示逻辑“1”，而小于 0.5V 表示逻辑“0”，这种信号只适用于通信距离很短的场合，若用于远距离传输必然会使信号衰减和畸变。因此，在实现 PC 机与单片机之间通信或单片机与单片机之间远距离通信时，通常采用标准串行总线通信接口，比如 RS-232C、RS-422、RS-423、RS-485 等。其中 RS-232C 原本是美国电子工业协会（Electronic Industry Association，简称 EIA）的推荐标准，现已在全世界范围内广泛采用，RS-232C 是在异步串行通信中应用最广的总线标准，它适用于短距离或带调制解调器的通信场合。

（一）RS-232C 接口规范

由于 RS-232C 并未定义连接器的物理特性，因此出现了 25 针、15 针和 9 针等类型的连接器，其引脚的定义也各不相同。其中 9 针在单片机中是最常用的，如图 6-12a 所示是 9 针 RS-232C 串口通信线实物图，一个为母头，一个为公头；图 6-12b 为各引脚信号的定义。

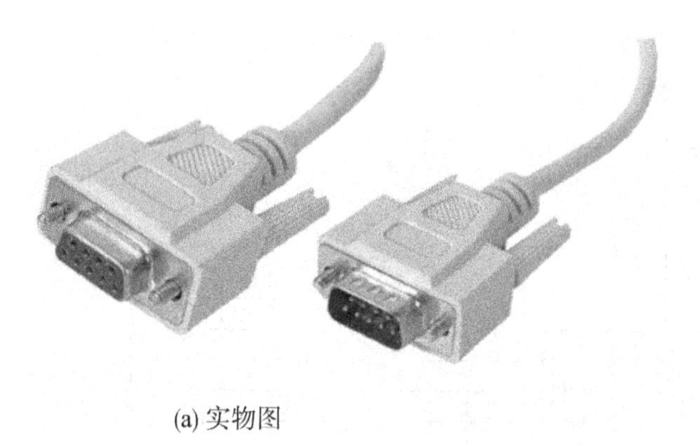

(a) 实物图

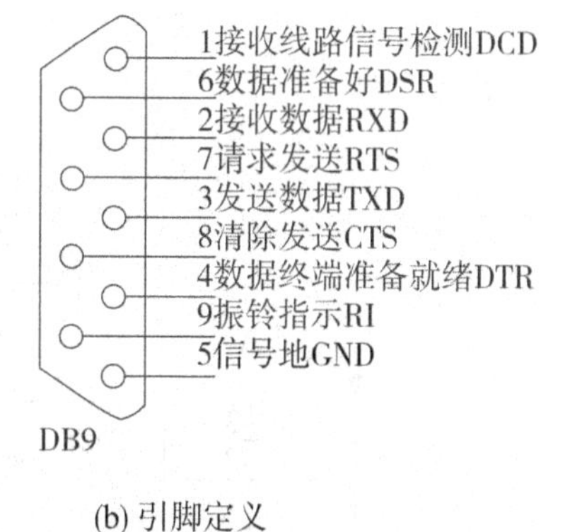

(b) 引脚定义

图 6-12　RS-232C DB9 串口线

除信号定义外，RS-232C 标准还规定了它是一种电压型总线标准，采用负逻辑标准：+3V ~ +25V 表示逻辑“0”；-3V ~ -25V 表示逻辑“1”。

（二）RS-232C 接口电路

由于 RS-232C 信号电平与单片机信号电平（TTL）不一致，因此，必须进行信号电平转换。实现这种电平转换的电路称为 RS-232C 接口电路。一般有两种形式：一种是采用运算放大器、晶体管、光电隔离器等器件组成的电路来实现；另一种是采用专门集成芯片（如 MC1488、MC1489、MAX232 等）来实现。下面介绍由专门集成芯片 MAX232 构成的接口电路。

MAX232 芯片是 Maxim 公司生产的具有两路接收器和驱动器的 IC 芯片，其内部有一个电源电压变换器，可以将输入的 +5V 电压变换成 RS-232C 输出电平所需的 ±12V 电压。所以采用这种芯片来实现接口电路特别方便，只需单一的 +5V 电源即可。

MAX232 芯片的引脚结构如图 6-13 所示。其中管脚 1 ~ 6（C1+、V+、C1-、C2+、C2-、V-）用于电源电压转换，只要在外部接入相应的电解电容即可；管脚 7 ~ 10 和管脚 11 ~ 14 构成两组 TTL 信号电平与 RS-232C 信号电平的转换电路，对应管脚可直接与单片机串行口的 TTL 电平引脚和 PC 机的 RS-232C 电平引脚相连。

用 MAX232 芯片实现 PC 机与 AT89C51 单片机串行通信的典型电路如图 6－14 所示。图中外接电解电容 C_1、C_2、C_3、C_4 用于电源电压变换，可提高抗干扰能力，它们可取相同容量的电容，一般取 1.0μF/16V。电容 C_5 的作用是对 +5V 电源的噪声干扰进行滤波，一般取 0.1μF。选用两组中的任意一组电平转换电路实现串行通信，图 6－14 中选 T2 IN、R2 OUT 分别与 AT89C51 的 P3.1（TXD）、P3.0（RXD）相连，T2 OUT、R2 IN 分别与 PC 机中 R232 接口的 2 脚 RXD、3 脚 TXD 相连。这种发送与接收的对应关系不能接错，否则单片机将不能正常工作。

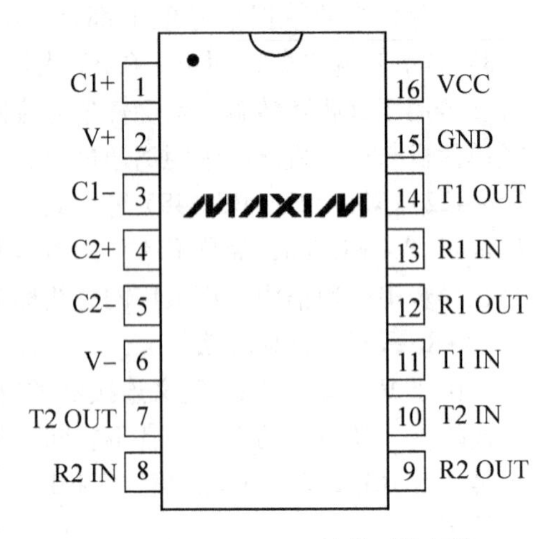

图 6－13　MAX232 芯片的引脚结构

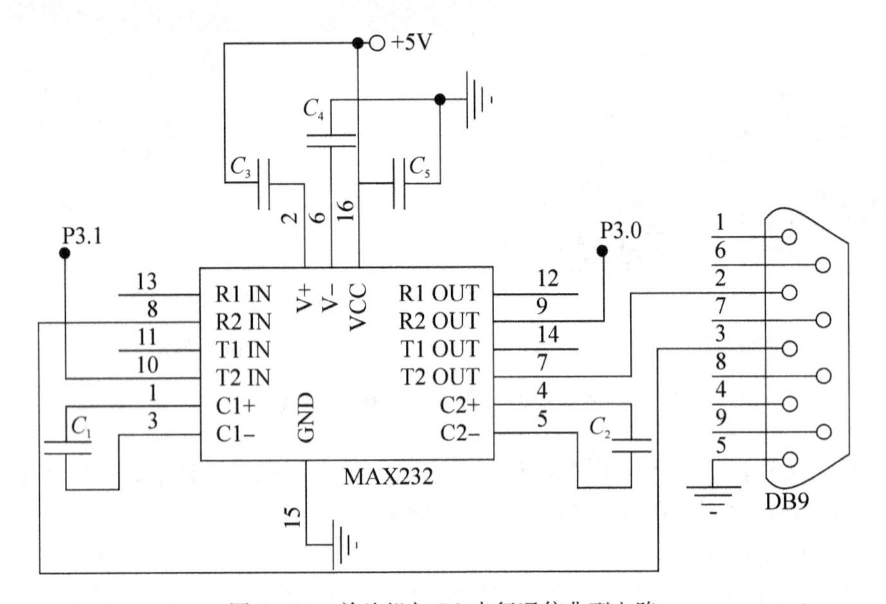

图 6－14　单片机与 PC 串行通信典型电路

注意：

强烈建议不要带电插拔串口，插拔时至少有一端是断电的，否则串口易损坏。

（三）串口调试助手使用

串口调试助手是串口调试相关工具，在进行串口调试的过程中非常实用，它的版本非常多，如 STC－ISP 程序下载软件就自带了串口调试助手。一般串口助手支持 9 600bps、19 200bps 等各种常用波特率及自定义波特率，可以自动识别串口，能设置校验、数据位和停止位，能以 ASCII 码或十六进制接收或发送任何数据或字符，可以任意设定自动发送周期，并能将接收数据保存成文本文件，能发送任意大小的文本文件。在硬件连接方面，传统台式 PC 机支持标准 RS－232C 接口，但是带有串口的笔记本很少见，所以需要使用

USB/232 转换接口，并且安装相应驱动程序。

注意：

串口调试时，准备一个好用的调试工具，如串口调试助手，有事半功倍的效果。

线路焊接要牢固，以免因为接线问题误事，特别是串口线有交叉串口线、直连串口线时，更应认真焊接。

1. 调试串口硬件准备

最为简单且常用的是三线制接法，即地、接收数据和发送数据三脚相连，如图 6－15 所示是两块单片机板之间通过三线串口连接。

图 6－15　三线串口连接

2. 打开串口助手

如图 6－16 所示是 STC－ISP 程序下载软件自带的串口调试助手界面。

3. 设置串口参数

十六进制形式和字符格式切换：串口助手可以发送单字符串、多字符串。有两种发送数据格式，一种是普通的字符串，另外一种是十六进制数据，

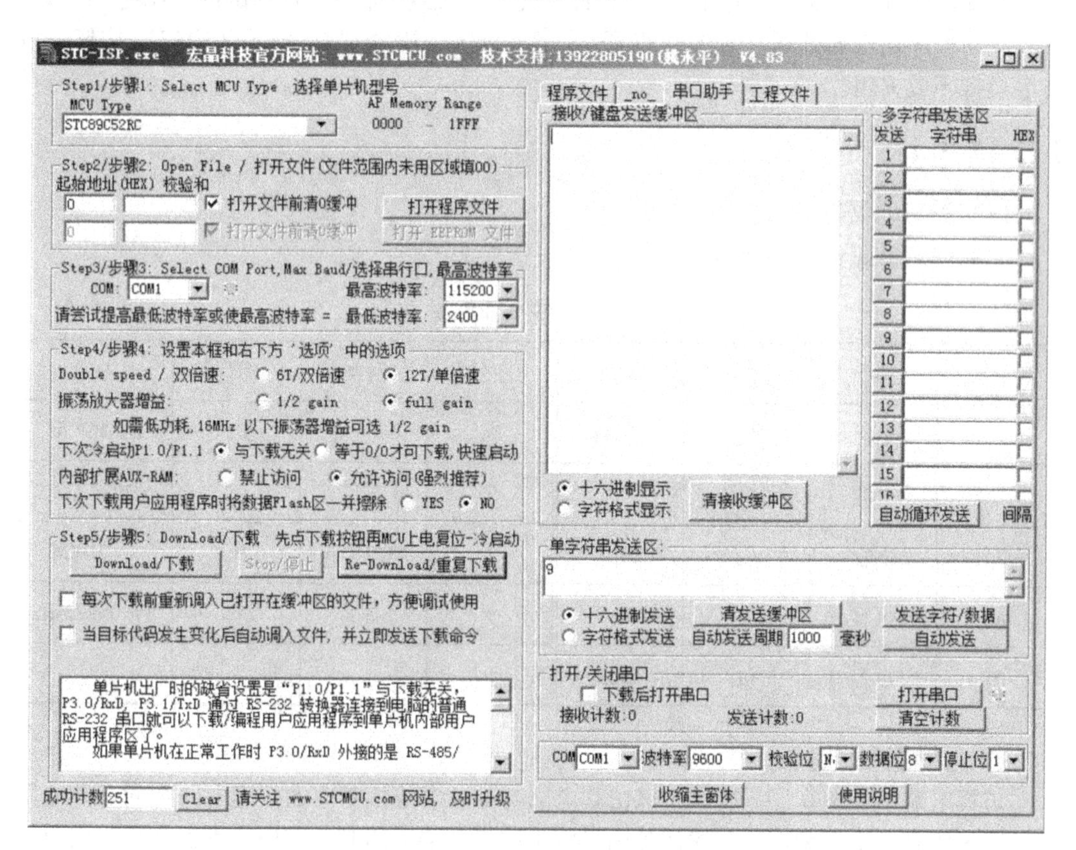

图 6－16　串口调试助手界面

即 Hex 格式数据。发送 Hex 格式数据时要在字符串输入区中输入 Hex 格式字符串，并且要将相应区内的“十六进制发送”选项选中。若用字符格式显示则选中“字符格式显示”。

多字符串（字符串序列）发送区：在多字符串发送区可以发送一个字符串，或者自动地依次发送所有的字符串。把鼠标移到“接收区/键盘发送区”和“多字符串发送区”之间，当鼠标形状发生变化时，按下鼠标器的左键不松开，然后移动鼠标，将“多字符串发送区”的宽度调宽一些，让“间隔时间”显露出来，即可以设置间隔时间。

自动发送，自动发送周期：此项功能可以每隔一段时间反复地自动发送输入框中的数据，点击自动发送按钮后即启动自动发送功能。自动发送周期最大为 65 535ms。

串口号：根据实际的串口选择，可选范围 COM1 ～ COM16。

波特率：可选范围 2 400 ～ 115 200bps，通常选用 9 600bps，同时需要将电脑外的另一端的波特率设为 9 600bps。

校验位：有 3 个可选项，即“even”“odd”“none”，通常选“none”。

数据位：通常选择“8”。

停止位：通常选择“1”。

4. 打开/关闭串口区

下载后打开串口选项：选中这选项后，每次下载后会自动打开调试助手指定的串口，接收应用程序发送的数据。点击“打开/关闭串口区”中的“打开/关闭串口”按钮，可将串口打开或关闭。

【任务实施】

（1）准备元器件。

元器件清单如表 6 – 3 所示。

表 6 – 3　元器件清单

序号	种类	标号	参数	序号	种类	标号	参数
1	电阻	R_1	10kΩ	6	单片机	U1	STC89C51
2	电容	$C_1 \sim C_5$	1μF	7	芯片	U2	MAX232
3	电容	C_6	22pF	8	串口接头	P1	COMPIM
4	电容	C_7	30pF	9	晶振	X_1	11. 0592MHz
5	电容	C_8	10μF				

（2）搭建硬件电路。

仿真电路图如图 6 – 17 所示，该仿真电路与配套实验板对应的按键电路相同。该电路图可用于仿真和手工制作，前述任务已经将本次任务的电路制作完毕，本次任务无需再制作。如图 6 – 18 所示是本书配套实验板的串口通信电路原理图。

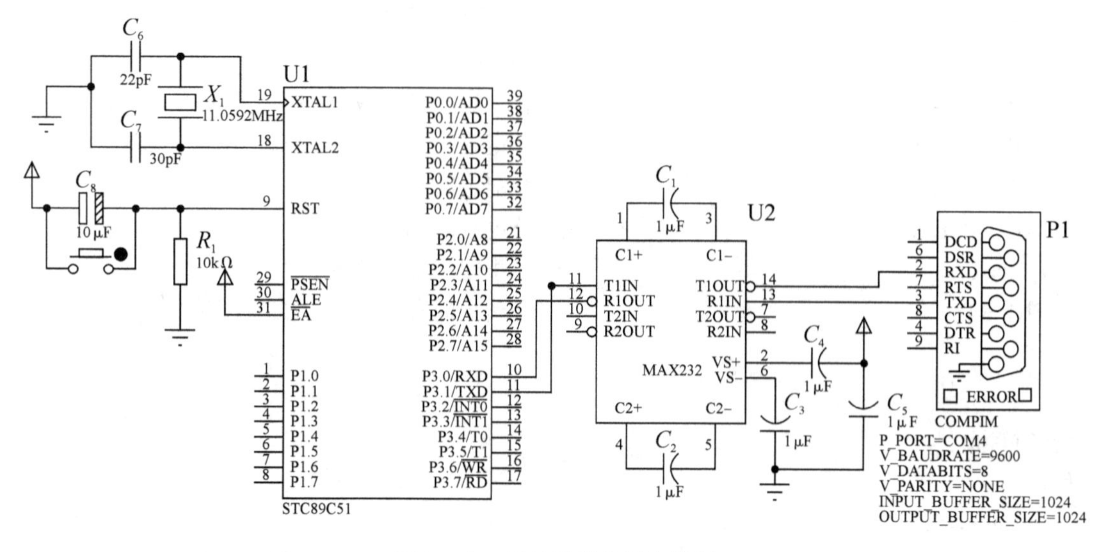

图 6－17　串口通信仿真电路图

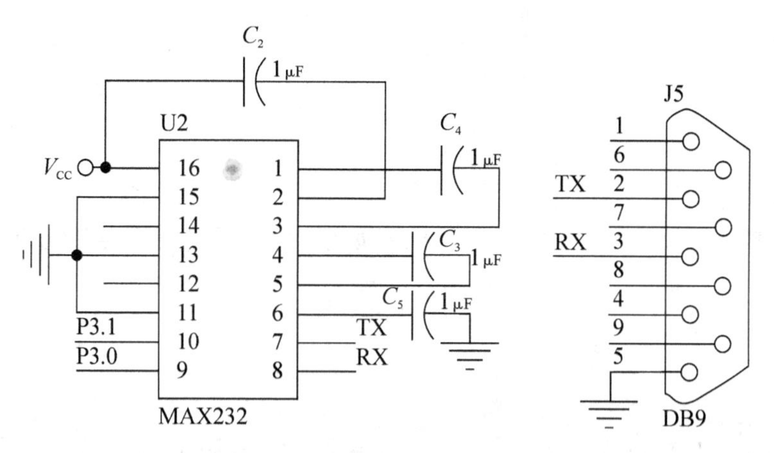

图 6－18　配套实验板串口电路图

（3）程序设计。

程序流程图如图 6－19 所示。

程序清单如下：

```
/＊＊ 任务 12　通过串口发送一串字符至电脑 ＊＊/
#include <stc.h>
#include <intrins.h>
#define uchar unsigned char
#define uint unsigned int

void Com_Init(void)                    //串口初始化子程序
{
```

```
    PCON & =0x7f;                              //波特率不倍速
    SCON =0x50;                                //8 位数据，可变波特率
    TMOD & =0x0f;                              //清除定时器 1 模式位
    TMOD |=0x20;                               //设定定时器 1 为 8 位自动重装方式
    TL1 =0xFD;                                 //设定定时初值
    TH1 =0xFD;                                 //设定定时器重装值
    ET1 =0;                                    //禁止定时器 1 中断
    TR1 =1;                                    //启动定时器 1
}

void Main()
{
    uchar i =0;
    uchar code Buffer[ ] = "Welcome to study 51. \ r\ n";     //所要发送的数据
    uchar  * p;
    Com_Init();
    p = Buffer;
    while(1)
    {
        SBUF = * p;
        while( ! TI)                           //如果发送完毕，硬件会置位 TI
        {
            _nop_();
        }
        p ++;
        if( * p == '\ 0') break;               //在每个字符串的最后，会有一个'\ 0'
        TI =0;                                 //TI 清零
    }
    while(1);
}
```

写出程序后，在 Keil uVision2 中编译和生成 Hex 文件“任务 12. hex”。

（4）使用 Proteus 仿真。

将“任务 12. hex”加载（相同于实际单片机程序的下载）到仿真电路图的单片机中，在仿真中将看到虚拟终端显示单片机发送的字符串“Welcome to study 51.”，如图 6－20 所示。

（5）使用实验板调试所编写的程序。

将“任务 12. hex”程序下载到单片机中，打开电脑端的串口助手，设置好波特率等参数，给实验板上电后，将看到单片机给电脑发送的字符串“Welcome to study 51.”。每

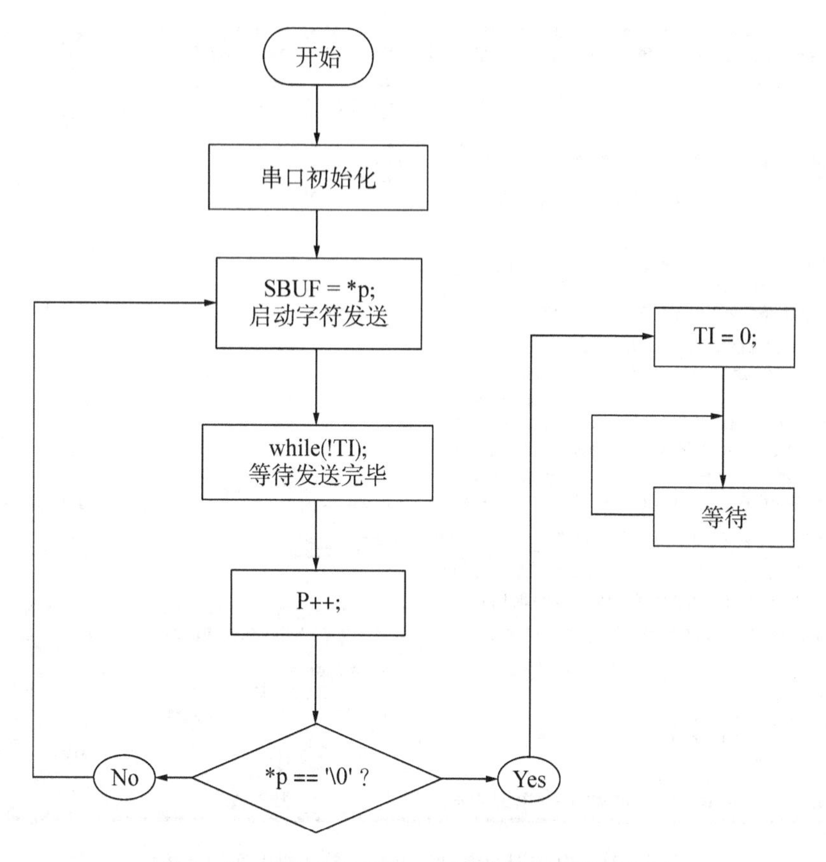

图 6-19　通过串口发送一串字符至电脑程序流程

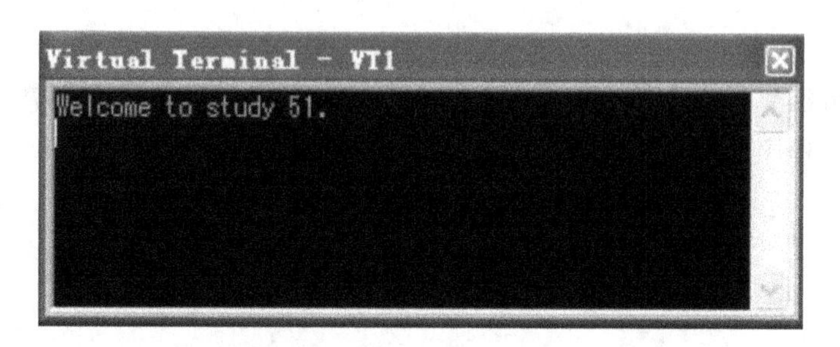

图 6-20　虚拟终端显示单片机发送的字符串

按一次复位键，就能在下面一行出现一串“Welcome to study 51.”，如图 6-21 所示，按了 5 次复位键，显示框中则会出现 5 行字符串。

【任务小结】

通过单片机发送字符串至电脑端的实验，让读者了解串口通信的基本知识，掌握单片机串口通信的结构和原理，以及单片机串口通信编程的具体方法。

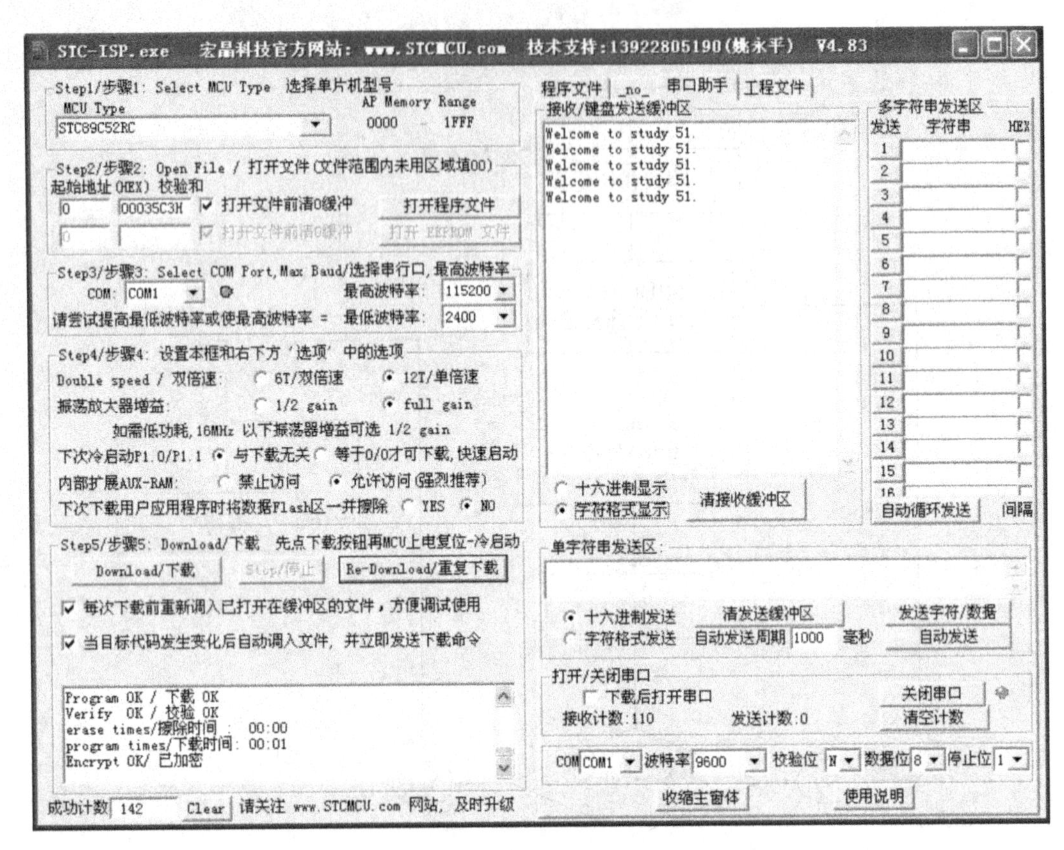

图 6-21 电脑端的串口助手显示单片机发送的字符串

【习题】

在本任务里每复位一次单片机会发送一串字符，若希望设置一个按键，每按键一次就发送一串字符，程序应如何更改？

任务13 甲单片机板通过串口控制乙单片机板上的LED灯闪烁

【任务要求】

实现两块单片机学习板之间的相互通信，当按下甲单片机板上的按键时，甲单片机板通过串口发送信息至乙单片机板，以同时控制甲和乙两块单片机板上的LED灯按一定规律闪烁。

【学习目标】

（1）加深对串行通信的认识；

（2）复习定时器的功能和编程使用；

（3）熟悉51单片机的串行通信接口；

（4）熟悉51单片机串口发送和接收数据的编程方法。

【知识链接】

初学单片机串口编程时，大多数高职学生对于串口初始化编程感到有一点困难，这里推荐一个串口初始化编程工具——波特率计算器，它由宏晶科技STC公司免费提供，读者可以在该公司官网下载该工具。打开该工具后的界面如图6-22所示。

当选择晶振频率为11.0592MHz，波特率为9600bps，8位数据位，波特率不倍速，定时器1作为波特率发生器以及定时器时钟为12T后，点击生成C语言代码，则得到的代码如下：

```
void UartInit(void)          //9600bps@11.0592MHz
{
    PCON &=0x7f;             //波特率不倍速
    SCON =0x50;              //8位数据，可变波特率
    AUXR &=0xbf;             //定时器1时钟为fosc/12，即12T
    AUXR &=0xfe;             //串口1选择定时器1为波特率发生器
    TMOD &=0x0f;             //清除定时器1模式位
    TMOD |=0x20;             //设定定时器1为8位自动重装方式
    TL1 =0xFD;               //设定定时初值
    TH1 =0xFD;               //设定定时器重装值
    ET1 =0;                  //禁止定时器1中断
    TR1 =1;                  //启动定时器1
}
```

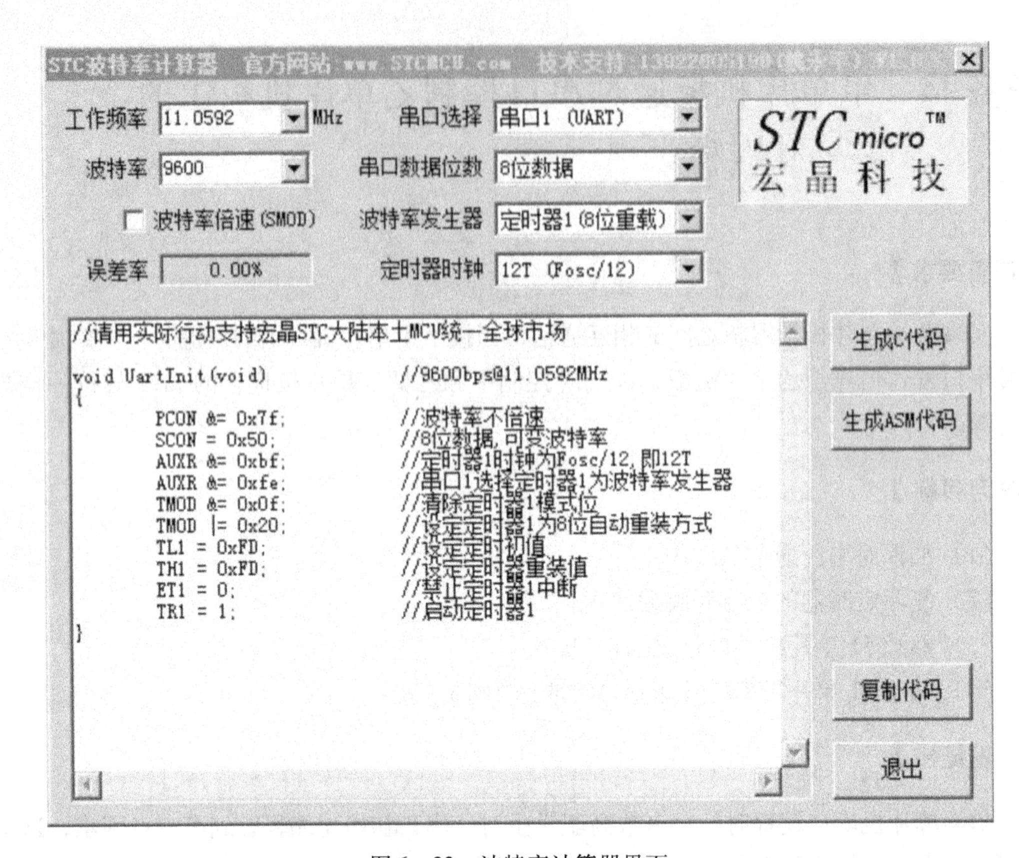

图 6－22　波特率计算器界面

可将此代码直接复制到程序当中，作为一个子程序。在主程序开始处调用一次该子程序，就可以按上述的要求将串口初始化了。

【任务实施】

（1）准备元器件。

元器件清单如表 6－4 所示。

表 6－4　元器件清单

序号	种类	标号	参数	序号	种类	标号	参数
1	电阻	$R_1 \sim R_4$	220Ω	8	单片机	U2	80C51（甲）
2	电阻	R_5，R_6	10kΩ	9	单片机	U4	80C51（乙）
3	电容	$C_1 \sim C_4$	1μF	10	发光二极管	D1，D4	红
4	电容	$C_5 \sim C_8$	1nF	11	发光二极管	D2，D3	绿
5	电容	$C_9 \sim C_{12}$	30pF	12	按键	K1	非自锁
6	电容	C_{13}，C_{14}	10μF	13	晶振	X_1，X_2	11.0592MHz
7	芯片	U1，U3	MAX232				

（2）搭建硬件电路。

仿真电路图如图 6－23 所示，该仿真电路只用作仿真。前述任务已经将本次任务的电路制作完毕，本次任务无需再制作。用实验板操作时需要同时用到两块 51 单片机学习板，一块作甲机，另一块作乙机，两块 51 单片机学习板的实际连接如图 6－15 所示。

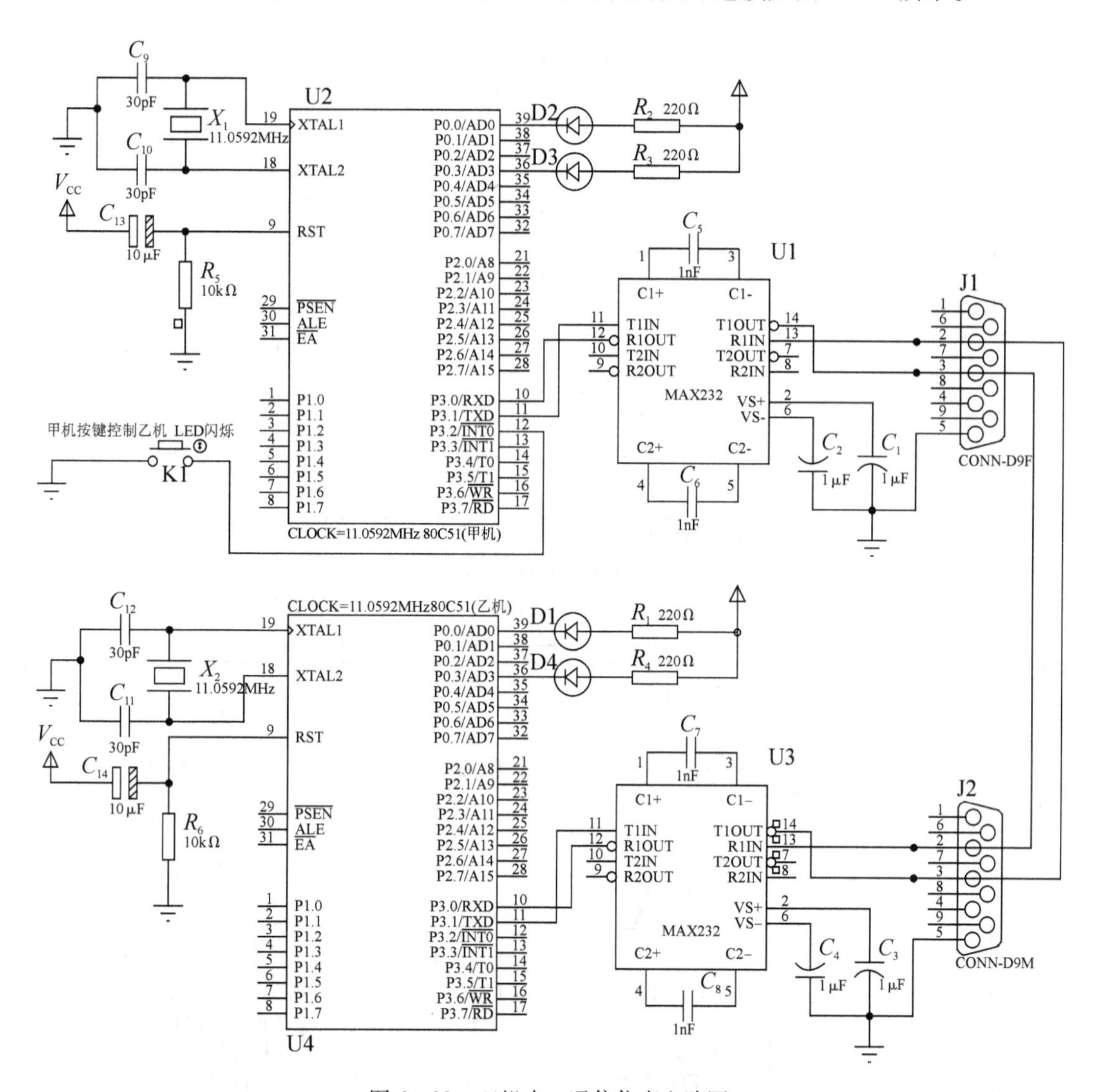

图 6－23　双机串口通信仿真电路图

（3）程序设计。

甲单片机程序流程图如图6-24所示。

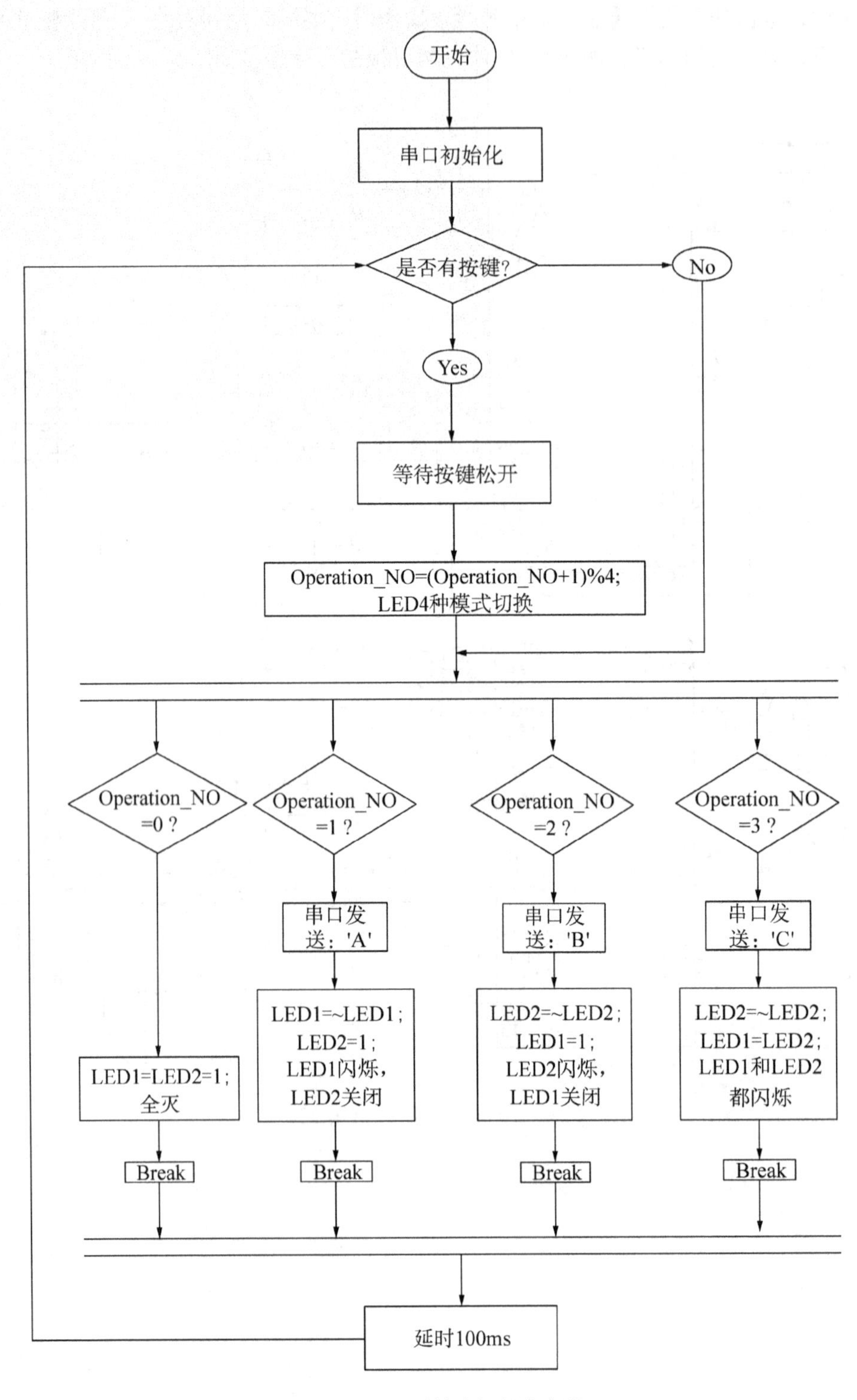

图6-24　甲单片机程序流程

甲单片机程序清单如下：

```
/ * *  任务13   甲单片机板通过串口控制乙单片机板上的LED灯闪烁之甲机程序 * * /
#include  <stc. h>
#define uint unsigned int
#define uchar unsigned char
sbit LED1 = P0^0;
sbit LED2 = P0^3;
sbit K1 = P3^2;

void Delay( uint x)
{
   uchar i;
   while( x --)
   {
      for( i =0; i <120; i ++);
   }
}

void UartInit( void)          //9600bps@11.0592MHz
{
   PCON & =0x7f;              //波特率不倍速
   SCON =0x50;                //8 位数据，可变波特率
   AUXR & =0xbf;              //定时器 1 时钟为fosc/12，即 12T
   AUXR & =0xfe;              //串口 1 选择定时器 1 为波特率发生器
   TMOD & =0x0f;              //清除定时器 1 模式位
   TMOD |=0x20;               //设定定时器 1 为 8 位自动重装方式
   TL1 =0xFD;                 //设定定时初值
   TH1 =0xFD;                 //设定定时器重装值
   ET1 =0;                    //禁止定时器 1 中断
   TR1 =1;                    //启动定时器 1
}

void putc_to_SerialPort( uchar c)
{
   SBUF = c;
   while( TI ==0);
   TI =0;
}
```

```
void main()
{
  uchar Operation_NO =0;
  UartInit();                              //串口初始化：9600bps@11.0592MHz
  while(1)
  {
    if(K1 ==0)
    {
      Delay(8);
      if(K1 ==0)
      {
        while(K1 ==0);
        Operation_NO =(Operation_NO +1)%4;
      }
    }
   switch(Operation_NO)
   {
     case 0:
              LED1 = LED2 = 1; break;
     case 1:
              putc_to_SerialPort('A');
              LED1 =～LED1; LED2 =1; break;
     case 2:
              putc_to_SerialPort('B');
              LED2 =～LED2; LED1 =1; break;
     case 3:
              putc_to_SerialPort('C');
              LED1 =～LED1; LED2 =LED1; break;
     }
     Delay(100);
  }
}
```

乙单片机程序流程图如图6－25所示。

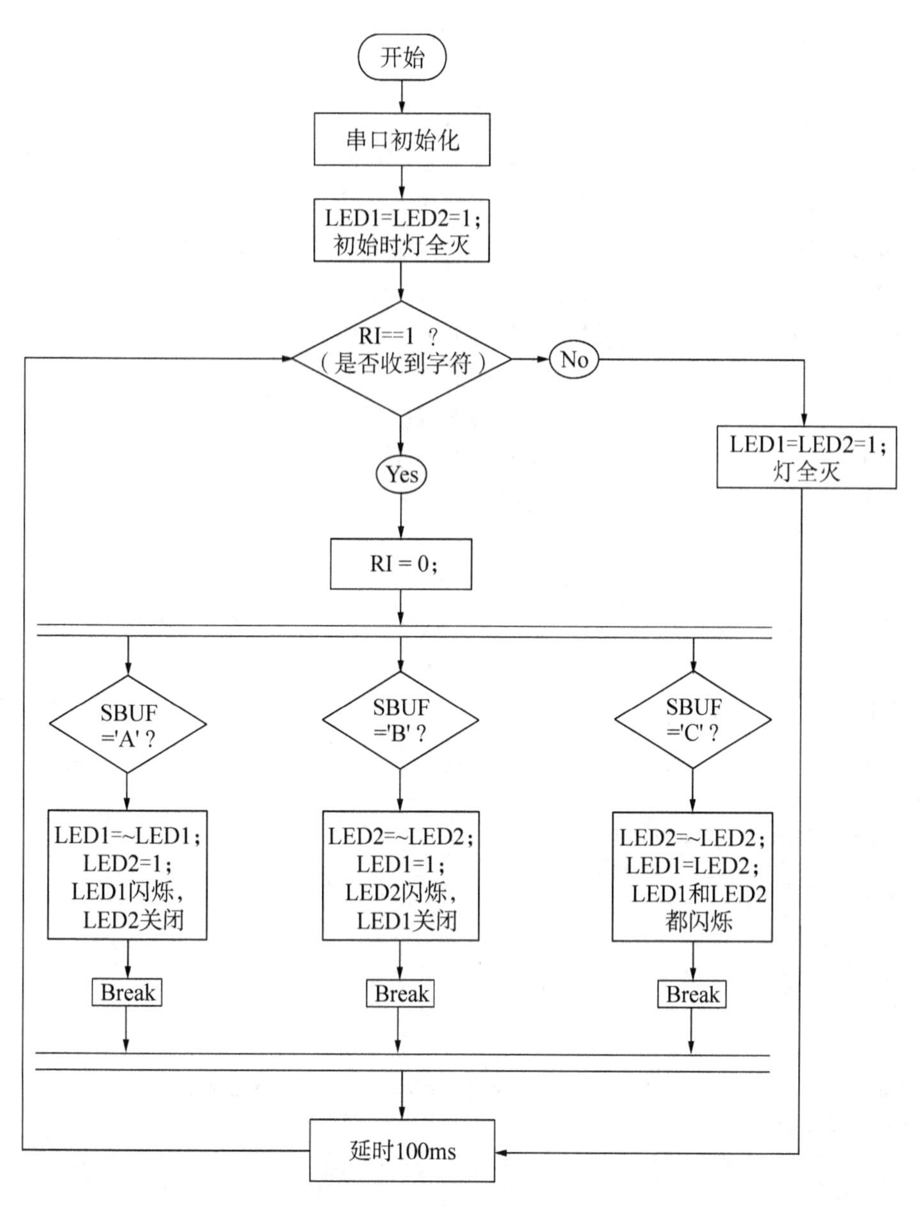

图 6-25　乙单片机程序流程

乙单片机程序清单如下：

```
/** 任务13　甲单片机板通过串口控制乙单片机板上的LED灯闪烁之乙机程序 **/
#include <stc.h>
#define uint unsigned int
#define uchar unsigned char
sbit LED1 = P0^0;
sbit LED2 = P0^3;
```

```
void UartInit(void)          //9600bps@11.0592MHz
{
  PCON &=0x7f;               //波特率不倍速
  SCON =0x50;                //8 位数据，可变波特率
  AUXR &=0xbf;               //定时器 1 时钟为 fosc/12，即 12T
  AUXR &=0xfe;               //串口 1 选择定时器 1 为波特率发生器
  TMOD &=0x0f;               //清除定时器 1 模式位
  TMOD |=0x20;               //设定定时器 1 为 8 位自动重装方式
  TL1 =0xFD;                 //设定定时初值
  TH1 =0xFD;                 //设定定时器重装值
  ET1 =0;                    //禁止定时器 1 中断
  TR1 =1;                    //启动定时器 1
}

void Delay(uint x)
{
  uchar i;
  while(x--)
  {
    for(i=0;i<120;i++);
  }
}

void main()
{
  UartInit();                //串口初始化：9600bps@11.0592MHz
  LED1 =LED2 =1;
  while(1)
  {
    if(RI)
    {
      RI =0;
      switch(SBUF)
      {
        case 'A': LED1 =~LED1; LED2 =1; break;
        case 'B': LED2 =~LED2; LED1 =1; break;
        case 'C': LED1 =~LED1; LED2 =LED1;
      }
```

```
    }
    else
      LED1 = LED2 = 1;
    Delay(100);
  }
}
```

写出程序后，在 Keil uVision2 中分别编译和生成甲、乙两机的 Hex 文件“甲机程序.hex”和“乙机程序.hex”。

（4）使用 Proteus 仿真。

将“甲机程序.hex”和“乙机程序.hex”分别加载（相同于实际单片机程序的下载）到仿真电路图的甲、乙两个单片机中，在仿真运行中将看到：当按下按键 K1，甲、乙两机的 LED 灯将按相同的规律变化。第一次按下 K1 时，甲、乙两机 P0.0 对应的 LED 灯同时闪烁；第二次按下 K1 时，甲、乙两机 P0.3 对应的 LED 灯同时闪烁；第三次按下 K1 时，甲、乙两机 P0.0 和 P0.3 对应的 LED 灯都同时闪烁；第四次按下 K1 时，甲、乙两机所有的 LED 灯都同时熄灭。这些现象说明甲、乙之间能够进行数据的通信。

（5）使用实验板调试所编写的程序。

将“甲机程序.hex”和“乙机程序.hex”分别下载到甲、乙两机中，按图 6-15 所示的方法连接，通电后将看到与仿真完全一样的现象，如图 6-26 所示。

图 6-26　甲、乙两机相互通信

【任务小结】

从本任务的电路连接上可看到，甲、乙双方只连接了 3 根线，1 根用于接收，1 根用于发送，第三根为共地线。其中 RXD 为单片机系统的接收数据端，TXD 为发送数据端。显然，单片机内部的数据向外传送（例如从甲机传送给乙机）时，不可能 8 位数据同时

进行，在一个时刻只可能传送一位数据（例如，从甲机的发送端 TXD 传送一位数据到乙机的接收端 RXD)，8 位数据依次在一根数据线上传送，这种通信方式称为串行通信。它与前面几个模块所介绍的数据传送不同，例如通过 P0 端口传送数据时，就是 8 位数据同时进行的，这种通信方式称为并行通信。

通过分析程序可以看出，通信双方都有对单片机定时器的编程，而且双方对定时器的编程完全相同。这说明，MCS－51 单片机在进行串行通信时，是与定时器的工作有关的。定时器用来设定串行通信数据的传输速度。在串行通信中，传输速度是用波特率来表征的。

通过单片机双机通信实验，让读者进一步了解串口通信的知识，掌握单片机串口通信的结构和原理、串口通信初始化工具——波特率计算器的使用，以及单片机串口通信接收和发送编程的具体方法。

【习题】

1．在收发程序中都用到了 SCON、SBUF，这两个寄存器的地址是什么？其作用如何？

2．在本任务里每按一次键 K1，甲、乙两机的 LED 灯会对应闪亮，若想将 LED 灯的闪亮改为七段数码管的数字变化，程序应如何更改？

3．对甲、乙机编程，完成甲机 4＊4 键盘扫描，通过串行口将键号送给乙机，并在乙机最右边的 LED 七段数码管中显示键号。

模块七 单片机系统综合应用

任务 14 红外解码并用数码管显示解码值

【任务要求】

制作一个单片机系统电路板，使之能接收电视机、DVD、空调等遥控器的遥控信号，并将接收到的遥控代码用七段数码管显示出来。

【学习目标】

（1）了解红外遥控的优点和缺点；
（2）熟悉红外传输的一般过程；
（3）熟悉常用的红外传输协议；
（4）掌握红外接收电路的设计方法；
（5）掌握红外发射及接收的编程方法。

【知识链接】

一、红外遥控简介

20 世纪 70 年代末，随着大规模集成电路和计算机技术的发展，遥控技术得到快速的发展。遥控方式大体经历了从有线到无线、从振动子到红外线，再到使用总线的微机红外遥控等阶段。无论采用何种方式，准确无误传输信号、最终达到满意的控制效果是非常重要的。最初的无线遥控装置采用的是电磁波传输信号，由于电磁波容易产生干扰，也易受干扰，因此逐渐采用超声波和红外线媒介来传输信号。与红外线相比，超声传感器频带窄，所能携带的信息量少，易受干扰而引起误动作。较为理想的信号传输方式是光控方式，采用红外线的遥控方式因抗干扰性强而逐渐取代了超声波遥控方式，红外线多功能遥控器已成为当今时代的主流。

由于红外线在频谱上居于可见光之外，因此其抗干扰性强，具有光波的直线传播特性，不易产生相互间的干扰，是很好的信息传输媒体。信息可以直接通过对红外光进行调制传输，例如，信息直接调制红外光的强弱进行传输，也可以用红外线产生一定频率的载波，再用信息对载波进行调制，接收端再去掉载波，收到信息。从信息的可靠传输来说，后一种方法更好，这就是今天大多数红外遥控器所采用的方法。由于红外线的波长远小于无线电波的波长，因此在采用红外遥控方式时，不会干扰其他电器的正常工作，也不会影响临近的无线电设备。同时，由于红外线遥控器件工作电压低、功耗小，外围电路简单，因此它在日常工作生活中的应用越来越广泛。

由于各生产厂家生产了大量红外遥控专用集成电路，需要时按图索骥即可。红外遥控技术在近年来得到了迅猛发展，尤其在家电领域，如彩电、DVD、空调、音响设备、电风扇等，在其他电子领域也得到广泛应用。随着人们生活水平的提高，对产品的追求是使用更方便、更具智能化，红外遥控技术正是一个符合人们需求的重点发展方向。

红外遥控技术是一种利用红外线进行点对点通信的技术，其相应的软件和硬件技术都已比较成熟。它是把红外线作为载体的遥控方式。红外遥控是利用波长为 0.76 ~ 1.5μm 的近红外线来传递控制信号的。

红外遥控具有以下特点：

（1）由于红外线为不可见光，因此其对环境的影响很小。

（2）红外线为不可见光，具有很强的隐蔽性和保密性，因此在防盗、警戒等安全保卫装置中也得到了广泛的应用。

（3）红外线遥控的遥控距离一般为几米至几十米或更远一点。

（4）红外线遥控具有结构简单、制作方便、成本低廉、抗干扰能力强、工作可靠性高等优点，是室内遥控的优先遥控方式。

红外遥控在技术上主要具有以下优点：

（1）无需专门申请特定频率的使用执照；

（2）具有移动通信设备所必需的体积小、功率低的特点；

（3）传输速率适合于家庭和办公室使用的网络；

（4）信号无干扰，传输准确度高。

红外遥控的缺点是：由于它是一种视距传输技术，采用点到点的连接，具有方向性，两个设备之间如果传输数据，中间就不能有阻挡物，而且通信距离较短。此外，红外 LED 灯的耐用性有待提高。

二、红外信号传输过程

如图 7 - 1 所示是红外信号发射和接收过程图，通常红外遥控系统分为发射和接收两部分。首先，发送端将基带送来的二进制信号调制为一系列脉冲串信号，通过红外发射管发射红外信号。然后，接收端将接收到的载波信号解调。最后将解调出来的信号送接收端处理器进行数据处理。

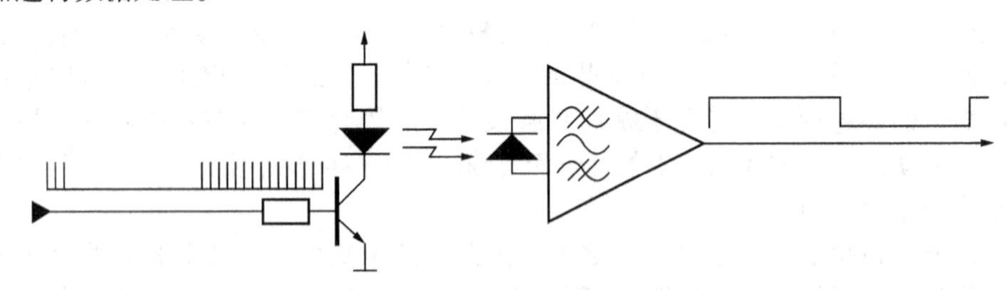

图 7 - 1　红外信号传输过程

常用的调制方法有两种：通过脉冲宽度来实现信号调制的脉宽调制（PWM）和通过脉冲串之间的时间间隔来实现信号调制的脉时调制（PPM）。红外遥控常用的载波频率为 38kHz，这是由发射端编码芯片所使用的 455kHz 晶振决定的。在发射端要对晶振进行整数分频，分频系数一般取 12，即 455kHz ÷ 12 ≈ 38kHz。也有一些遥控系统采用 36kHz、40kHz、56kHz 等。

发射部分的发射元件为红外发光二极管，它发出的是红外线而不是可见光。常用的红外发光二极管发出的红外线波长为 940nm 左右，外形与普通的 ϕ5mm 发光二极管相同，只是颜色不同。一般有透明、黑色和深蓝等 3 种。判断红外发光二极管好坏的方法与判断普通二极管的一样。单只红外发光二极管的发射功率约 100mW。红外发光二极管的发光效率需用专用仪器测定，在业余条件下，只能凭经验用拉距法进行粗略判定。

接收电路的红外接收管是一种光敏二极管，使用时要给红外接收二极管加反向偏压，它才能正常工作而获得高的灵敏度。红外接收二极管一般有圆形和方形两种。由于红外发光二极管的发射功率较小，红外接收二极管收到的信号较弱，因此接收端就要增加高增益放大电路。现在不论是业余制作或正式的产品，大都采用成品的一体化接收头。红外线一体化接收头是集红外接收、放大、滤波和比较器输出等模块于一体，性能稳定、可靠。成品红外接收头的封装大致有两种：一种采用铁皮屏蔽；一种是塑料封装。两者均有三只引脚，即电源正（VDD）、电源负（GND）和数据输出（VO 或 OUT）。红外接收头的引脚排列因型号不同而不尽相同，可参考厂家的使用说明。成品红外接收头的优点是不需要复杂的调试和外壳屏蔽，使用起来如同一只三极管，非常方便。有了一体化接收头，人们不需再制作接收放大电路，这样红外接收电路不仅制作简单而且可靠性大大提高。但是，在使用时应注意成品红外接收头的载波频率。

三、红外传输协议

鉴于家用电器的品种多样化和用户的使用特点，生产厂家对红外遥控器进行了严格的规范编码，这些编码各不相同，从而形成不同的编码方式，统一称为红外遥控器编码传输协议。了解这些编码协议的原理，对学习和应用红外遥控器是必备的。

到目前为止，笔者收集到的红外遥控协议已多达十种，如：NEC、Philips RC5、SIRCS、Sony、RECS80、Denon、Motorola、Japanese、SAMSNWG 和 Daewoo 等。比较常用的红外线信号传输协议有 NEC、Philips RC5、Philips RC6、Philips RECS80、ITT、Nokia NRC、Sharp 以及 SONY SIRC 协议等。我国家用电器的红外遥控器生产厂家，其编码方式多数是按上述的各种协议进行编码的，但最常用的红外遥控编码主要是 NEC 协议标准和 Philips RC5 协议标准，其他的都是这两类的变种。

（一）NEC 协议标准

1. 支持 NEC 协议的编码芯片

支持 NEC 协议的编码芯片有 PT2221/PT2222、HT6221/HT6222 等。

2. “1” 和 “0” 的定义

采用脉冲位置调制方式（PPM），如图 7－2 所示是逻辑 “1” 与逻辑 “0” 的具体表

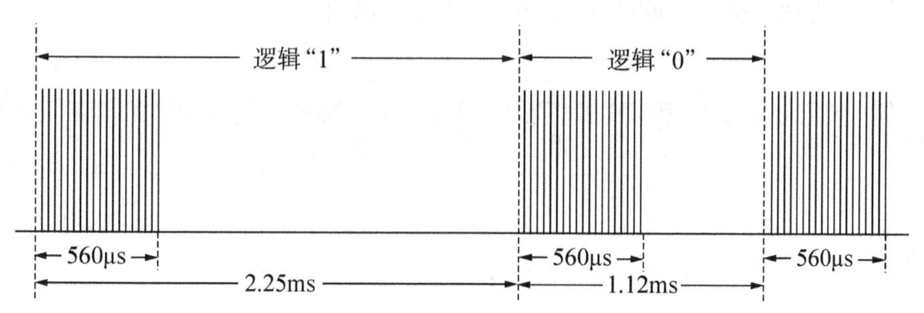

图 7－2　NEC 协议中逻辑 “1” 与逻辑 “0” 的表示

示方法。逻辑“1”为 2.25ms，脉冲时间 560μs；逻辑“0”为 1.12ms，脉冲时间 560μs。所以可以根据脉冲时间长短来解码。每一个脉冲长度为 560μs，它由 38kHz 载波脉冲构成，占空比为 1/4 或 1/3，约 21 个周期。

3. NEC 协议一帧数据的格式

如图 7－3 所示，此标准下的发射端所发射的一帧码含有 1 个引导码、8 位用户码、8 位用户反码，8 位键数据码和 8 位键数据反码。引导码由 9ms 的高电平和 4.5ms 的低电平组成，其中，9ms 的高电平在早期的 IR 红外接收器中是用来设置增益的。

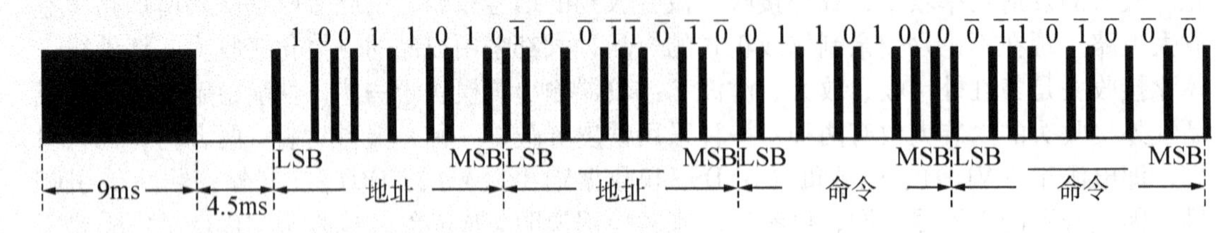

图 7－3　NEC 协议一帧数据的格式

4. 持续按键处理

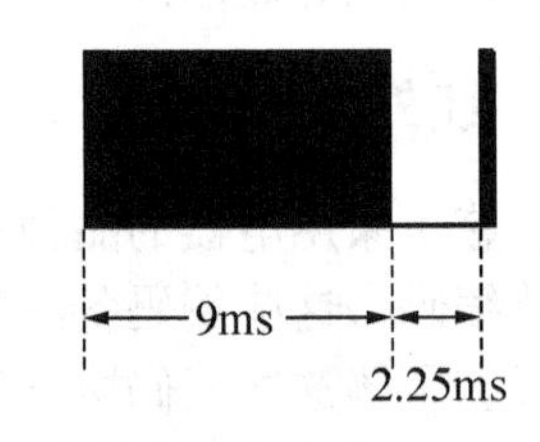

图 7－4　NEC 协议重复码格式

当一直按着某个键，按下持续时间超过 108ms 时，则发送重复码，重复码由“9ms 高电平＋2.25ms 低电平＋560μs 高电平”组成，如图 7－4 所示。重复码能告之接收端是某一个按键一直在按着，像电视的音量和频道切换键都有此功能，重复码与重复码之间相隔 108ms。如图 7－5 所示是某个键一直被按着时的发射波形图，从中可以看出，发了一次命令码之后，不会再发送命令码，而是每隔 110ms 时间，发送一段重复码。

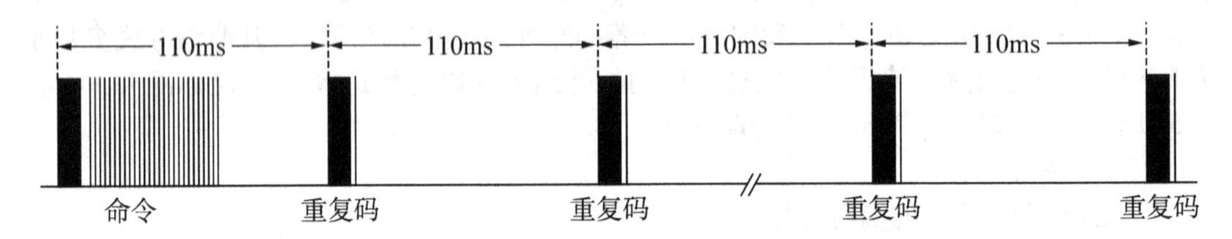

图 7－5　NEC 协议持续按键发送波形

红外一体接收头为了提高接收灵敏度，其输入的是高电平，而其输出的是相反的低电平。如图 7－6 所示是整个调制解调过程中的波形变化图。

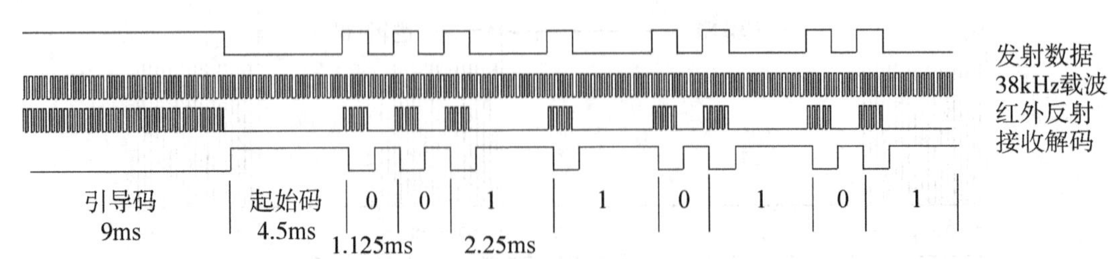

图 7－6　调制解调过程中的波形变化图

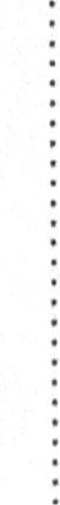

注意：

- 地址和命令都传送两次，第二次的地址和命令是反码，可以用来校验接收到的信息。
- 总的传输时间是固定的，因为每一位都有反码传送。
- 一个命令只发送一次，若遥控器上的按键一直按着，后面只会每 110ms 发送一次重复码。
- NEC 协议的载波频率为 38kHz。
- 每一位的时间为 1.12ms 或 2.25ms。

（二）Philips 的 RC5 编码标准

1. 支持 Philips 协议的编码芯片

支持 Philips 协议的编码芯片有：SAA3010、PT2210/PT2211/PT1215、HT6230 等。

2. "0" 和 "1" 的定义

Philips 协议使用双相位调制（或者是所谓的曼彻斯特译码）一个 36kHz 的红外载波频率。在这个协议里所有位是平等的，长度都等于 1.778ms，位时间的一半填满一个脉冲是 36kHz 的载波，另外一半被闲置。逻辑 "0" 代表一个脉冲位时间的前半时。逻辑 "1" 代表后半时。36kHz 载波的占空比是 1/3 或是 1/4，可以减少能量消耗。如图 7-7 所示是 Philips 协议中逻辑 "1" 与逻辑 "0" 的表示方法。

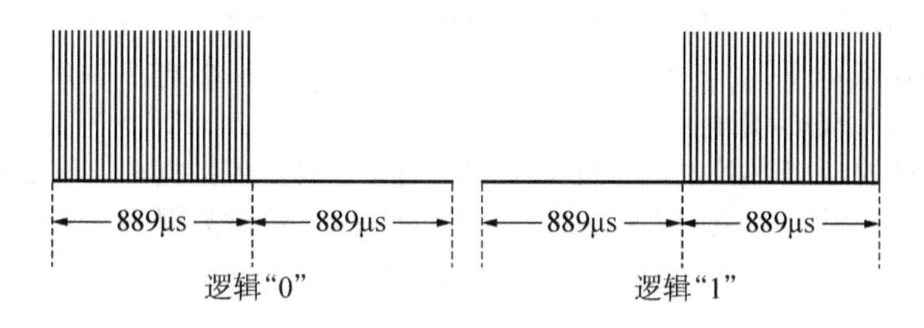

图 7-7　Philips 协议中逻辑 "1" 与逻辑 "0" 的表示

3. RC5 编码标准的一帧数据格式

如图 7-8 所示，载波频率为 36kHz，载频占空比为 1/3 或 1/4。由以下几部分组成：

（1）起始码部分，两个逻辑 "1"；

（2）控制码部分，1 位；

（3）系统码部分，5 位；

（4）指令码部分，6 位。

前 2 位是开始脉冲，都是逻辑 "1"。部分的 RC5 仅仅使用一个开始位，而 S2 位被转换成第 7 个指令位，使原有的 6 个命令位像是变成了 7 个命令位。S2 的值必须被反向后再给第 7 个指令位。

第 3 位是一个触发位，它在一个键被释放后又被重新按下时总是反向的。即：每次按键放开，再一次按下后，此位翻转，若松开后按下其他的键则此位保持 "0" 或 "1" 不变。这让接收器可以区别按键是否被重复按下。

接下来的 5 位代表红外设备地址即 "地址"，它首先发送最高有效位，然后发送低位。

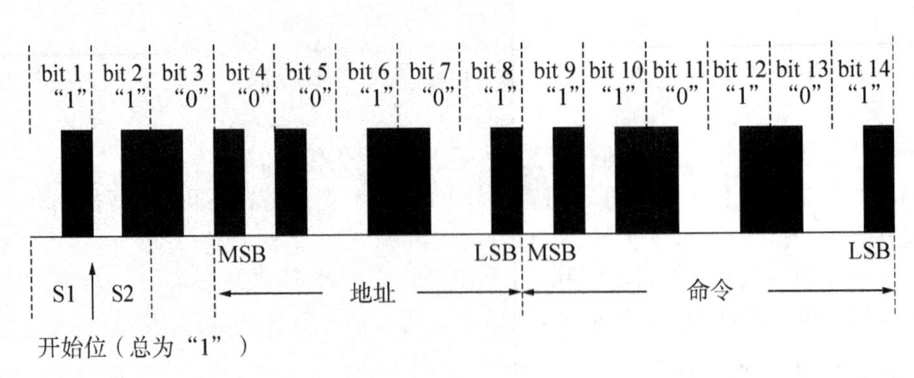

图 7－8　Philips 协议一帧数据的格式

最后面的 6 位为指令位即"命令"，同样是高位在前，低位在后。

一个数据帧包含 14 位，总的持续时间为 25ms。有时出现短缺，因为开始位 S1 上半时保持短缺。如果信息最后位是逻辑"0"，则信息的最后半位也是空闲的。

4. 持续按键处理

编码每隔 113.792ms 重复一次，一帧数据为 24.889ms。连续发射时，重复波形与第一次发射波形相同，但是控制码位在前后再次按键中交替改变。

（三）其他变种红外传输协议

TC9028、PT2212、PT2213 等芯片的码型与 NEC 标准类似，只是引导码变为"4.5ms 高电平＋4.5ms 低电平"，简码为"4.5ms 高电平＋4.5ms 低电平＋0.56ms 高电平＋1.68ms 低电平＋1.56ms 高电平"。

PT2461、LC7461 等芯片的码型也是与 NEC 标准类似，但数据帧长度变长了，一帧数据的格式为"引导码＋13 位用户码＋13 位用户反码＋8 位键数据码＋8 位键数据反码"。简码为"9ms 高电平＋4.5ms 低电平＋0.56ms 高电平"。

【任务实施】

（1）准备元器件。

元器件清单如表 7－1 所示，该清单对应的实验需采用实际的遥控器来发射红外信号，清单中数码管显示部分对应图 2－50，图 7－9 中的数码管显示部分只能用于仿真。若需要单片机板模拟发射红外信号，则需要准备两块单片机板，一块用作发射，另一块用作接收和解码显示。

表 7－1　元器件清单

序号	种类	标号	参数	序号	种类	标号	参数
1	电阻	R_1	10kΩ	6	三极管	Q1 ～ Q4	S8550
2	电阻	R_{10}～R_{21}	1kΩ	7	4 位数码管	SM1	3461BS
3	电容	C_1，C_2	30pF	8	晶振	X_1	11.0592MHz
4	电容	C_3	10μF	9	红外接收头	U3	7408
5	单片机	U_1	STC89C52	10	遥控器		NEC 协议

（2）搭建硬件电路。

本任务对应的仿真电路图如图 7－9 所示，因 Proteus 仿真软件中没有红外遥控器组件，所以本次仿真是用一个单片机模拟红外遥控器发射，另一块单片机用作红外接收。该图仅用作仿真，实际验证中可以用支持 NEC 协议的电视机、DVD、空调的遥控器直接代替发射部分。当然，实际验证也像仿真电路一样，可以用一块单片机学习板作红外发射，另一块单片机学习板作红外接收。

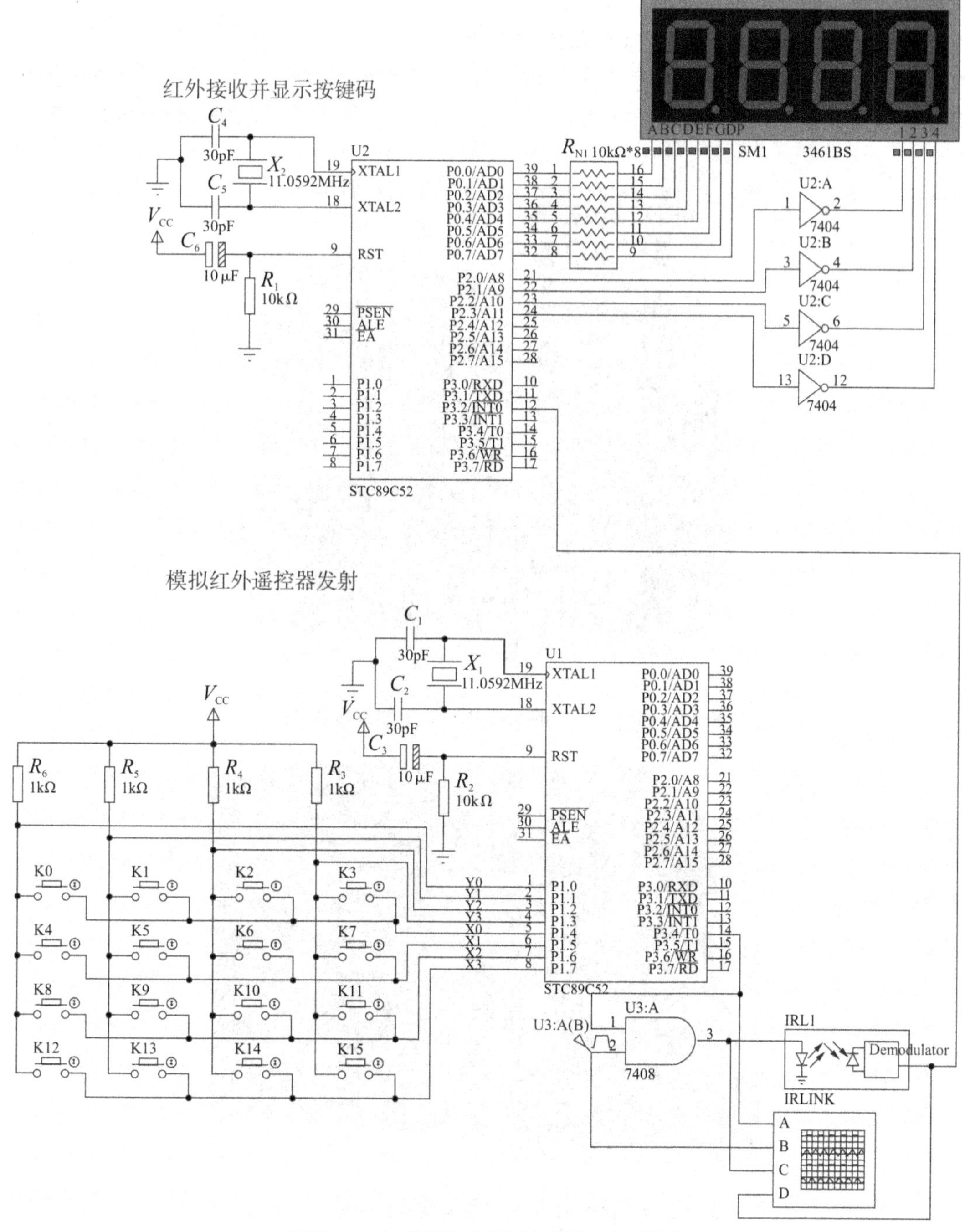

图 7－9　红外遥控发射及解码仿真电路图

对应的配套实验板红外接收部分的电路原理图如图7－10所示，图中单片机P3.2与红外一体化接收头进行数据通信。100Ω的电阻R_{25}为限流电阻，用来保护LED灯。该电阻不能去掉，去掉后将会造成电流过大，有可能直接烧毁LED灯，或影响LED灯的寿命。红外接收头内部放大器的增益很大，很容易引起干扰，因此在接收头的供电脚必须加上滤波电容C_9。

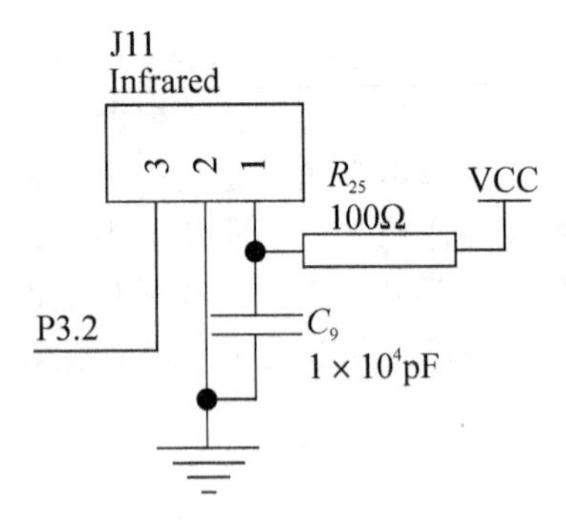

图7－10　任务14对应的配套实验板红外接收部分的电路原理图

配套实验板所对应的任务14的电路制作实物照片如图7－11所示，用万能板制作的任务14的正反面电路实物照片如图7－12和图7－13所示。

图7－11　任务14的双面PCB板电路制作实物照片

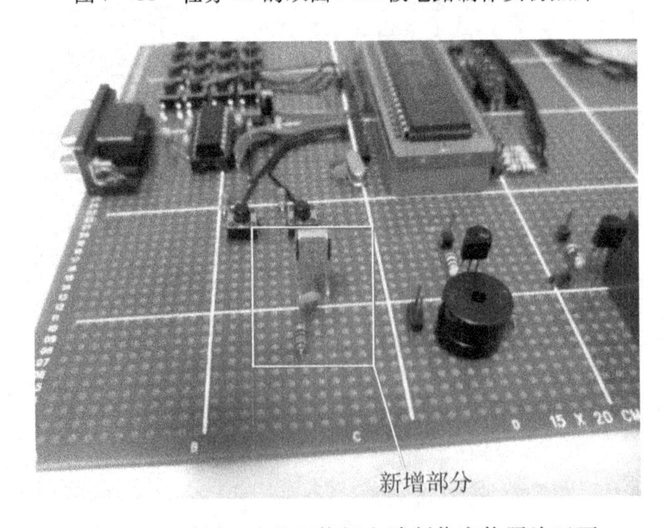

图7－12　任务14的万能板电路制作实物照片正面

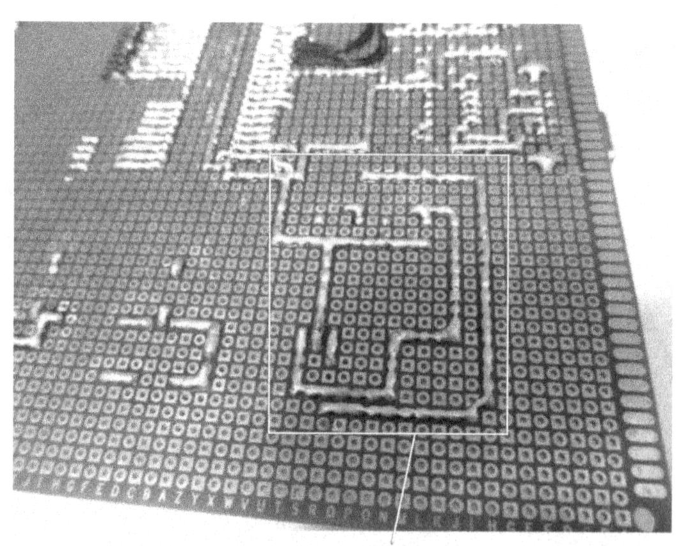

图 7－13 任务 14 的万能板电路制作实物照片反面

（3）程序设计。

程序清单如下：

```
/* * 任务 14  红外解码并用数码管显示解码值之红外接收部分 * */
#include <stc.h>
#define uchar unsigned char
#define uint unsigned int
#define ms15 15000
//15ms 是晶振为 12MHz 时的取值，如用其他频率的晶振时，要改变相应的取值
#define ms7 7000                                              // 7ms
#define ms1_5 1500                                            // 1.5ms
#define ms_7 700                                              // 0.7ms
#define ms3 3000                                              // 3ms
sbit P2_2 = P2^2;
sbit P2_3 = P2^3;
unsigned char code TAB[16] = {0xc0, 0xf9, 0xa4, 0xb0,         // "0～3" 对应的段码
                              0x99, 0x92, 0x82, 0xf8,         // "4～7" 对应的段码
                              0x80, 0x90, 0xa0, 0x83,         // "8～b" 对应的段码
                              0xa7, 0xa1, 0x84, 0x8e};        // "c～f" 对应的段码
uchar f;
uchar Im[4] = {0x00, 0x00, 0x00, 0x00};
uchar show[2] = {0x00, 0x00};
uint Tc;
```

```
uchar m, IrOK;
void delay( unsigned int T)
{
  unsigned int CON;
  unsigned int i;
  for( i =0; i < T; i ++)
    for( CON =0; CON <120; CON ++);
}
void display()
{
  P0 =0xff;
  P2_2 =0; P2_3 =1;
  P0 = TAB[ show[0]];
  delay(1);
  P0 =0xff;
  P2_2 =1; P2_3 =0;
  P0 = TAB[ show[1]];
  delay(1);
}

void intersvr0(void) interrupt 0                //外部中断解码程序
{
  Tc = TH0 * 256 + TL0;                         //提取中断时间间隔时长
  TH0 =0;
  TL0 =0;                                       //定时中断重新置零
  if(( Tc > ms7) &&( Tc < ms15))                //找到起始码
  {
    m =0;
    f =1;
    return;
  }
  if( f ==1)
  {
    if( Tc > ms1_5&&Tc < ms3)
    {
      Im[ m/8] = Im[ m/8] >>1 | 0x80; m ++;
    }
    if( Tc > ms_7&&Tc < ms1_5)
```

```
        {
          Im[m/8] = Im[m/8] >>1; m++;                //取码
        }
        if(m==32)
        {
          m=0;
          f=0;
          if(Im[2]==~Im[3])
          {
            IrOK=1;
          }
          else IrOK=0;                               //取码完成后判断读码是否正确
        }                                            //准备读下一码
    }
}

void main(void)
{
  m=0;
  f=0;
  EA=1;
  IT0=1;
  EX0=1;
  TMOD=0x11;
  TH0=0; TL0=0;
  TR0=1;
  while(1)
  {
    if(IrOK==1)
    {
      show[1] = Im[2] & 0x0F;                        //取键码的低4位
      show[0] = Im[2] >> 4;
      IrOK=0;
    }
    display();
  }
}
```

```
/** 任务14  红外解码并用数码管显示解码值之模拟红外发射部分 **/
#include <stc.h>
#define KEYP P1
#define SEG7P P0
static unsigned int count;                    //延时计数器
static unsigned int endcount;                 //终止延时计数
char iraddr1;                                 //16位地址的第一个字节
char iraddr2;                                 //16位地址的第二个字节
void SendIRdata(char p_irdata);
void getkey();

void main(void)
{
  EA = 1;                                     //允许CPU中断
  TMOD = 0x11;                                //设定时器0和1为16位模式1
  ET0 = 1;                                    //定时器0中断允许
  TH0 = 0xFF;
  TL0 = 0xE6;                                 //设定时值0为38kHz，即每隔26μs中断一次
  TR0 = 1;                                    //开始计数
  iraddr1 = 0xff;
  iraddr2 = 0xff;
  while(1)
  {
    getkey();
  }
}
//定时器0中断处理
void timeint(void) interrupt 1
{
  TH0 = 0xFF;
  TL0 = 0xE6;                                 //设定时值为38kHz，即每隔26μs中断一次
  count ++;
}
void SendIRdata(char p_irdata)
{
  int i;
  char irdata;
  endcount = 223;                             //发送9ms的起始码
```

```
count = 0;
P3_4 = 1;
while( count < endcount) ;
endcount = 117;                         //发送 4.5ms 的结果码
count = 0;
P3_4 = 0;
while( count < endcount) ;
irdata = iraddr1;
for( i = 0; i < 8; i ++)                //发送 16 位地址的前 8 位
{
  //先发送 0.56ms 的 38kHz 红外波（即编码中 0.56ms 的低电平）
  endcount = 13;
  count = 0;
  P3_4 = 1;
  while( count < endcount) ;
  //停止发送红外信号（即编码中的高电平）
  if( irdata%2)                         //判断二进制数个位为“1”还是“0”
  {
    endcount = 39;                      //“1”为宽的高电平
  }
  else
  {
    endcount = 13;                      //“0”为窄的高电平
  }
  count = 0;
  P3_4 = 0;
  while( count < endcount) ;
  irdata = irdata >> 1;
}
irdata = iraddr2;
for( i = 0; i < 8; i ++)                //发送 16 位地址的后 8 位
{
  //先发送 0.56ms 的 38kHz 红外波（即编码中 0.56ms 的低电平）
  endcount = 13;
  count = 0;
  P3_4 = 1;
  while( count < endcount) ;
  //停止发送红外信号（即编码中的高电平）
```

```
    if(irdata%2)                              //判断二进制数个位为“1”还是“0”
    {
      endcount=39;                            //“1”为宽的高电平
    }
    else
    {
      endcount=13;                            //“0”为窄的高电平
    }
    count=0;
    P3_4=0;
    while(count<endcount);
    irdata=irdata>>1;
  }
  irdata=p_irdata;
  for(i=0;i<8;i++)                            //发送8位数据
  {
    //先发送0.56ms的38kHz红外波（即编码中0.56ms的低电平）
    endcount=13;
    count=0;
    P3_4=1;
    while(count<endcount);
    //停止发送红外信号（即编码中的高电平）
    if(irdata%2)                              //判断二进制数个位为“1”还是“0”
    {
      endcount=39;                            //“1”为宽的高电平
    }
    else
    {
      endcount=13;                            //“0”为窄的高电平
    }
    count=0;
    P3_4=0;
    while(count<endcount);
    irdata=irdata>>1;
  }
  irdata=~p_irdata;
  for(i=0;i<8;i++)                            //发送8位数据的反码
  {
```

```
    //先发送 0.56ms 的 38kHz 红外波（即编码中 0.56ms 的低电平）
    endcount = 13;
    count = 0;
    P3_4 = 1;
    while(count < endcount);
    //停止发送红外信号（即编码中的高电平）
    if(irdata%2)                          //判断二进制数个位为“1”还是“0”
    {
      endcount = 39;                      //“1”为宽的高电平
    }
    else
    {
      endcount = 13;                      //“0”为窄的高电平
    }
    count = 0;
    P3_4 = 0;
    while(count < endcount);
    irdata = irdata >> 1;
  }
  endcount = 50;
  count = 0;
  P3_4 = 1;
  while(count < endcount);
  P3_4 = 0;
}
void getkey()
{
  unsigned char row, col;                 //row：行；col：列
  unsigned char colkey, kcode;            //colkey：列键值；kcode：按键码
  unsigned char scan[4] = {0xef, 0xdf, 0xbf, 0x7f};
//高 4 位为扫描码低 4 位设置为输入
  for(row = 0; row < 4; row ++)           //第 row 次循环，扫描第 row 行
  {
    KEYP = scan[row];                     //高 4 位输出扫描信号，低 4 位输入行值
    colkey = ~ KEYP&0x0f;                 //读入 KEYP 低 4 位（反相后清除高 4 位）
    if(colkey! = 0)                       //若有按键按下
    {
      if(colkey == 0x01) col = 0;         //若第 0 列被按下
```

```
        else if( colkey = =0x02)  col =1;               //若第 1 列被按下
        else if( colkey = =0x04)  col =2;               //若第 2 列被按下
        else if( colkey = =0x08)  col =3;               //若第 3 列被按下
        kcode =4 * row + col;                           //算出按键号码
        while( colkey! =0)                              //当按钮未松开一直等
        {    colkey =～ KEYP&0x0f; }
        SendIRdata( kcode) ;
      }
    }
}
```

单片机采用外部中断 INT0 管脚和红外接收头的信号线相连，中断方式为边沿触发方式，并用定时器 0 计算中断的间隔时间，以区分前导码、二进制的“1”“0”，并将 8 位操作码提取出来在数码管上显示。解码值存放在 Im[2]中，当 IrOK 为“1”时解码有效。用遥控器对准红外接收头，按下遥控器按键，在数码管的两位上就会显示对应按键的编码。

写出红外发射和红外接收程序后，在 Keil uVision2 中分别编译和生成 Hex 文件“任务 14 红外发射 . hex”和“任务 14 红外接收 . hex”。

(4) 使用 Proteus 仿真。

将“任务 14 红外发射 . hex”和“任务 14 红外接收 . hex”分别加载（相同于实际单片机程序的下载）到仿真电路图的单片机 U1 和 U2 中，点击仿真开始，分别按下模拟发射单片机模块中的 4 * 4 矩阵按键 16 个按键，在红外接收单片机模块中的 4 位七段数码管中的右边两位将会分别显示“00”“01”“02”……“0c”“0d”“0e”“0f”。并且，在示波器中将看到如图 7 - 14 所示的波形，其中第一个波形为单片机 U1 的 P3. 4 发送出来的数据波形，第二个波形为 38kHz 载波，第三个波形为调制后的红外发射信号波形，第四个波形为红外接收滤波后的数据还原波形。可以看出，还原后的数据波形与发射出的数据波形相位刚好反向。这种红外遥控码波形与前述遥控器厂家提供的如图 7 - 6 所示的波形数据完全吻合。

(5) 使用实验板调试所编写的程序。

第一种方案：与仿真一样，将“任务 14 红外发射 . hex”和“任务 14 红外接收 . hex”程序分别下载到两块单片机中，如图 7 - 15 所示将两者连接，其中图 7 - 15b 接收红外遥控信号，解调并用两位数码管来显示接收到的红外编码。图 7 - 15a 为模拟红外遥控发射数据。两部分通过两根线相连，一根是地线，使两块电路板共地；另一根连接图 7 - 15a 的 P3. 4 和图 7 - 15b 的外部中断 INT0。图中显示的是当图 7 - 15a 按下按键“K14”时，图 7 - 15b 显示“14”。

实验结果证明，仿真结果在实物电路板上同样是正确的，说明该仿真电路中的发射模块就等同于一个实际的遥控器。

第二种方案：用实际的遥控器测试，经海信电视 CN - 22601 遥控器、开博尔电视盒遥控器、志高空调 ZH/JT - 06 遥控器等 3 款红外遥控器测试证明：图 7 - 15b 接收、解调并

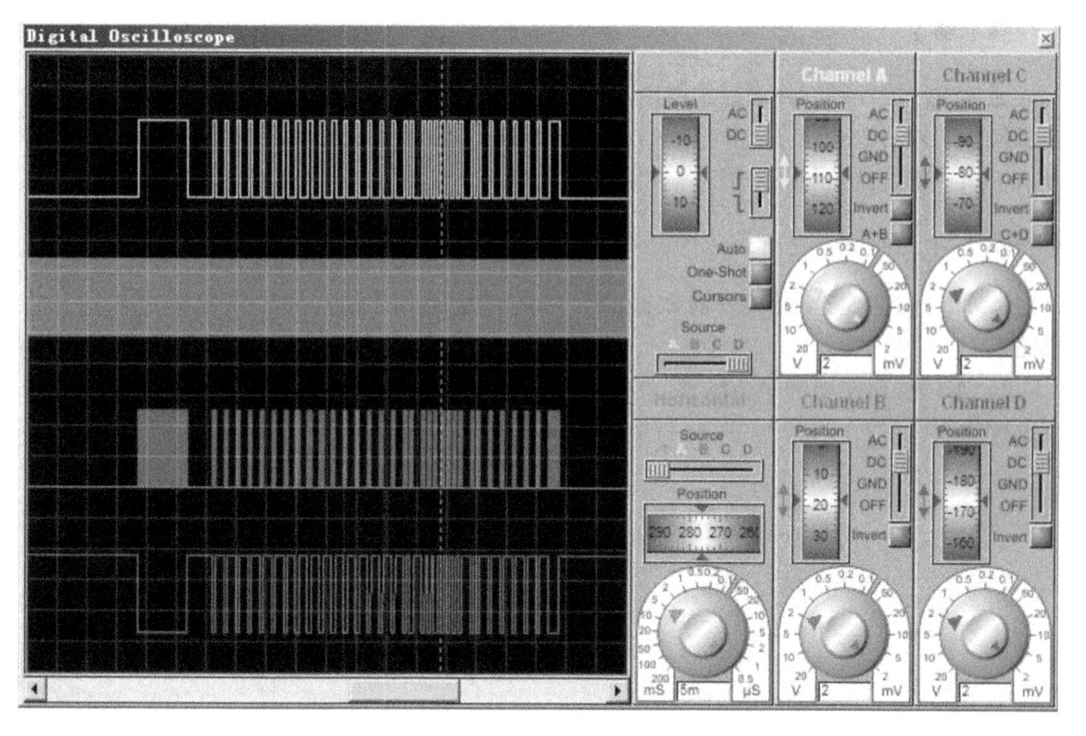

图 7－14　红外传输过程中发射、载波、解调及接收波形

(a) 发射　　(b) 接收

图 7－15　用实物验证模拟红外发射接收

用两位数码管来显示接收到的红外编码完全正确。如按下开博尔电视盒遥控器上的关机键，则两位数码管显示的是“0f”。

【任务小结】

通过单片机控制红外遥控发射以及接收解码显示实验，让读者了解常用的红外信号传输协议，红外信号处理方法和红外信号模拟方法，以及单片机控制红外发射和接收的设计方法，熟悉单片机处理红外信号编程的具体方法。

【习题】

1. NEC 红外通信协议一帧数据的具体格式是什么样的？处理该数据可采用什么思路？

2. 本例程序使用的是 NEC 红外通信协议，若用的是 Philips RC5 协议，硬件和程序应怎样修改？

任务 15　用 DS18B20 测量温度并用数码管显示

【任务要求】

制作一个单片机系统电路板，使用 DS18B20 数字温度传感器，使该板能实时测量 0℃以上的温度值，温度值需精确到 ±1℃，并能将测量到的温度值用 3 位七段数码管分别显示百位、十位和个位。

【学习目标】

（1）熟悉数字温度传感器 DS18B20 的使用；
（2）了解 DS18B20 的测温过程；
（3）掌握 DS18B20 温度测量电路的设计方法；
（4）掌握 DS18B20 单总线通信的单片机编程方法；
（5）加深熟悉单片机系统开发过程。

【知识链接】

一、数字温度传感器 DS18B20 简介

DS18B20 数字温度传感器是 Dallas 公司生产的一种单总线数字温度传感器，与传统的热敏电阻不同的是，它使用集成芯片，采用单总线技术，能够有效地减小外界的干扰，提高测量的精度，具有微型化、低功耗、高性能、抗干扰能力强、易于搭配处理器等优点。同时，它可以直接将被测温度转化成串行数字信号供微机处理，且接口简单，使数据传输和处理简单化。部分功能电路的集成，使 DS18B20 总体硬件设计更简洁，能有效地降低成本，搭建电路和焊接电路时更快，调试也更方便、简单，并缩短了开发的周期，特别适合用于高精度测温系统。DS18B20 单线数字温度传感器，即“单总线器件”，具有独特的优点：

（1）采用单总线的接口方式：仅需要一个口线即可实现微处理器与 DS18B20 的双向通信。单总线具有经济性好、抗干扰能力强、适合于恶劣环境的现场温度测量和使用方便等优点，使用户可轻松地组建传感器网络，为测量系统的构建引入全新概念；

（2）测量温度范围宽、测量精度高：DS18B20 的测量范围为 -55 ～ +125℃，在 -10 ～ +85℃范围内精度为 ±0.5℃，测温分辨率最高可达 0.0625℃；

（3）在使用中不需要任何外围元器件即可实现测温；

（4）温度数字量转换时间为 200ms（典型值），12 位分辨率时，在 750ms 内可把温度值转换为数字；

（5）多点组网功能：多个 DS18B20 可以并联在唯一的三线上，实现多点测温；

（6）可以做到零待机功耗；

（7）供电方式灵活：DS18B20 可以通过内部寄生电路从数据线上获取电源。因此，

当数据线上的时序满足一定的要求时，可以不接外电源，从而使系统结构更趋简单、可靠性更高；

（8）用户自定义的非易失性温度报警设置；

（9）测量参数可配置：DS18B20 的测量分辨率可通过程序设定 9～12 位；

（10）负压特性：电源极性接反时，温度计不会因发热而烧毁，只是不能正常工作；

（11）掉电保护功能：DS18B20 内部含有带电可擦写可编程只读存储器（EEPROM），在系统掉电以后，它仍可保存分辨率及报警温度的设定值。

DS18B20 具有体积小，适用电压宽，可选更小的封装方式、更宽的电压适用范围等优点，适合于构建自己的经济的测温系统，因此一直都受设计者们所青睐。

二、DS18B20 的测温原理

DS18B20 的温度传感器是通过温度对振荡器的频率影响来测量温度的，如图 7－16 所示是 DS18B20 的测温原理图。DS18B20 内部有两个不同温度系数的振荡器：低温度系数振荡器的振荡频率受温度的影响很小，用于产生固定频率的脉冲信号送给减法计数器 1，为计数器提供一个频率稳定的计数脉冲；随温度变化，高温度系数振荡器的振荡频率明显改变，是很敏感的振荡器，所产生的信号作为减法计数器 2 的脉冲输入，为计数器 2 提供一个频率随温度变化的计数脉冲。计数器 1、计数器 2 和温度寄存器均有一个预置的基数值，该基数值与－55℃对应。如果计数器 1 在计数器 2 计数到“0”之前计数到“0”，表示测量的温度高于－55℃，被预置在－55℃的温度寄存器的值就增加 1℃。此时减法计数器 1 的预置值将重新被装入，减法计数器 1 重新开始对低温度系数振荡器产生的脉冲信号进行计数，如此循环，直到减法计数器 2 计数到“0”时，停止温度寄存器值的累加，此时温度寄存器中的数值即为所测温度。同时，为了补偿和修正温度振荡器的非线性，计数器 1 按斜坡累加器所置定的值进行预置。所测温度值以 16 位二进制补码的形式存放在存储器中，温度值由主机发出读存储器命令读出，经过取补和十进制转换，得到实测的温度值。

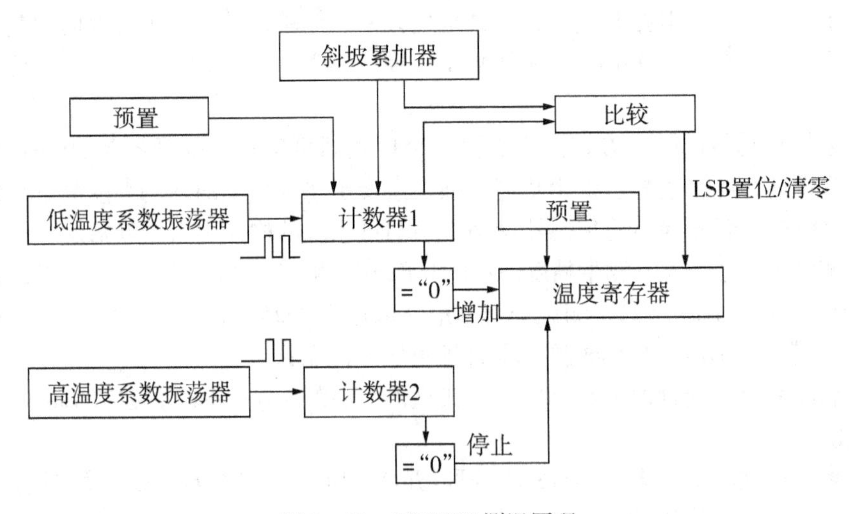

图 7－16　DS18B20 测温原理

三、DS18B20 的内部结构及外部封装

如图 7－17 所示是 DS18B20 的内部结构，其主要由 4 大部分组成：64 位光刻 ROM、温度传感器、非易失性电可擦写温度报警触发器 TH 和 TL 以及非易失性电可擦写配置寄存器。

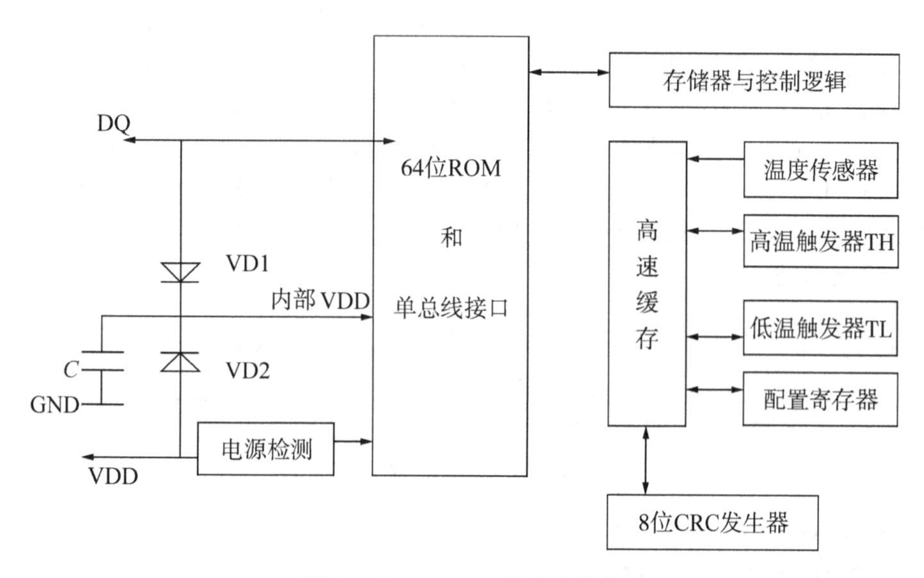

图 7－17　DS18B20 的内部结构

从图 7－17 可以看出 DS18B20 外部一共有 3 个引脚，其中，VDD 为电源输入端，DQ 为数字信号输入/输出端，GND 为电源地。如图 7－18 所示是 DS18B20 实物管脚分布，有 3 种封装形式。尽管 3 种封装的引脚数不同，但器件有效的只有 3 个引脚，其中 VDD 和

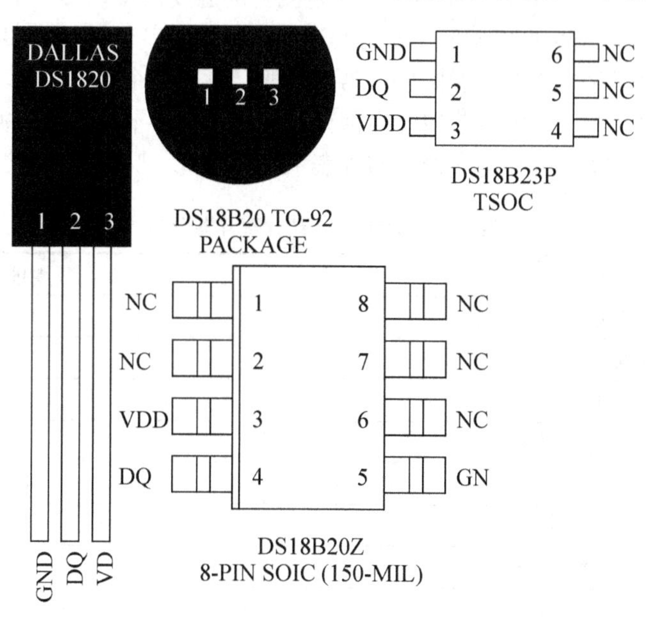

图 7－18　DS18B20 实物管脚分布

GND 为电源引脚，另一根 DQ 线则用作 I/O 总线，因此称为一线式数据总线，与单片机一个 I/O 端口相接，并且在该总线上可挂接多个 DS18B20 器件。

四、DS18B20 温度传感器的存储器

(一) 光刻 ROM

光刻 ROM 中的 64 位序列号是出厂前被光刻好的，它可以看作是该 DS18B20 的地址序列码。64 位光刻 ROM 的排列如图 7－19 所示：开始 8 位（地址：28H）是产品类型标号，为最低 8 位；接着的 48 位是该 DS18B20 自身的序列号，并且每个 DS18B20 的序列号都不相同，因此它可以看作是该 DS18B20 的地址序列码；最后 8 位则是前面 56 位的循环冗余校验码（CRC = X8 + X5 + X4 + 1）。由于每一个 DS18B20 的 ROM 数据都各不相同，因此微控制器就可以通过单总线对多个 DS18B20 进行寻址，从而实现一根总线上挂接多个 DS18B20 的目的。

8位CRC效验码	48位序列号	8位家族码（28H）
MSB　　LSB	MSB　　LSB	MSB　　LSB

图 7－19　64 位光刻 ROM

(二) RAM 和 EEPROM

1. DS18B20 暂存寄存器分布

DS18B20 温度传感器的内部存储器包括一个高速暂存 RAM 和一个非易失性的可电擦除的 EEPROM，后者存放高温度触发器 TH、低温度触发器 TL 和结构寄存器。数据先写入 RAM，经校验后再传给 EEPROM。

RAM 包含了 8 个连续字节，前两个字节是测得的温度信息，第一个字节是温度的低 8 位 TL；第二个字节是温度的高 8 位 TH；第三个和第四个字节是 TH、TL 的易失性拷贝；第五个字节是结构寄存器的易失性拷贝，第三、四、五这 3 个字节的内容在每一次上电复位时被刷新；第六、七、八个字节用于内部计算；第九个字节是冗余检验字节，可用来保证通信正确。DS18B20 的暂存寄存器分布如表 7－2 所示。

表 7－2　DS18B20 暂存寄存器分布

寄存器内容	地址
温度的低 8 位数据	0
温度的高 8 位数据	1
高温阀值	2
低温阀值	3
保留	4
保留	5
计数剩余值	6
每度计数值	7
CRC 校验	8

EEPROM 只有 3 个字节，和 RAM 的第二、三、四字节的内容相对应，它的作用就是存储 RAM 第二、三、四字节的内容，以使这些数据在掉电后不丢失。可通过命令将 RAM 的这 3 个字节内容复制到 EEPROM 或从 EEPROM 中将这 3 个字节内容复制到 RAM 的第二、三、四字节。因为从外部改写报警值和器件的设置都是只对 RAM 进行操作的，要保存这些设置后的数据则还要用相应的命令将 RAM 的数据复制到 EEPROM 中去。

2. 设置 DS18B20 的寄存器

高速闪存的第五个字节为设置寄存器，这个寄存器中的内容被用来确定测试模式和温度的转换精度。寄存器各位的内容如表 7－3 所示。

表 7－3　DS18B20 设置寄存器各位内容

bit7	bit6	bit5	bit4	bit3	bit2	bit1	bit0
TM	R1	R0	1	1	1	1	1

该寄存器的低 5 位都是“1”，TM 是测试模式位，用于设置 DS18B20 在工作模式还是在测试模式。在 DS18B20 出厂时该位被设置为“0”，用户一般不要改动。R1 和 R0 用来设置分辨率，DS18B20 出厂时被设置为 12 位，具体的设置方式如表 7－4 所示。设定的分辨率越高，所需要的温度数据转换时间就越长。因此，在实际应用中要在分辨率和转换时间间权衡考虑。

表 7－4　DS18B20 分辨率设置

R1	R0	分辨率（℃）	有效位数	温度最大转换时间（ms）
0	0	0.5	9 位（bit11 ～ bit3）	93.75
0	1	0.25	10 位（bit11 ～ bit2）	187.5
1	0	0.125	11 位（bit11 ～ bit1）	375
0	0	0.0625	12 位（bit11 ～ bit0）	750

五、DS18B20 的温度转换

温度传感器在测量完成后将测量的结果存储在 DS18B20 的两个 8 位的 RAM 中，单片机可通过单线接口读到该数据，读取时低位在前，高位在后。以 12 位转化为例，数据的存储格式如图 7－20 所示。

2^3	2^2	2^1	2^0	2^{-1}	2^{-2}	2^{-3}	2^{-4}	LSB
MSb				（单位：℃）			LSb	
S	S	S	S	S	2^6	2^5	2^4	MSB

图 7－20　12 位温度数据的存储格式

如表 7－5 所示是 DS18B20 温度采集转换后输出的 12 位二进制数，存储在 DS18B20 的两个 8 位的 RAM 中。高 8 位 MSB 中的最前面 5 位是符号位，如果测量的温度不低于

0℃，那么这5位为“0”，然后只要将得到的二进制数值乘以0.0625就可以得到测量的实际温度；相反，如果温度低于0℃，那么这5位为“1”，然后将得到的数值取反加1再乘以0.0625就可以得到测量的实际温度。例如：当采集到的温度为+125℃，数字量输出为07D0h时，实际温度=07D0h×0.0625=2 000×0.0625=125。+25.0625℃的数字输出为0191h，-25.0625℃的数字输出为FF6Fh，-55℃的数字输出为FC90h。

表7-5　12位转化后得到的12位温度数据

温度（℃）	数字输出（二进制）	数字输出（十六进制）
+125	0000 0111 1101 0000	07D0h
+85	0000 0101 0101 0000	0550h
+25.0625	0000 0001 1001 0001	0191h
+10.125	0000 0000 1010 0010	00A2h
+0.5	0000 0000 0000 1000	0008h
0	0000 0000 0000 0000	0000h
-0.5	1111 1111 1111 1000	FFF8h
-10.125	1111 1111 0101 1110	FF5Eh
-25.0625	1111 1110 0110 1111	FF6Fh
-55	1111 1100 1001 0000	FC90h

DS18B20完成温度转换后，就把测得的温度值（*T*）与TH、TL的值作比较，若*T*大于TH的值或小于TL的值，则将该器件内的告警标志置位，并对主机发出的告警搜索命令作出响应。因此，可用多只DS18B20同时测量温度并进行告警搜索。

六、DS18B20单总线通信协议

（一）单总线网络

如图7-21所示是DS18B20组成的单总线网络。单总线系统包括一个总线控制器和

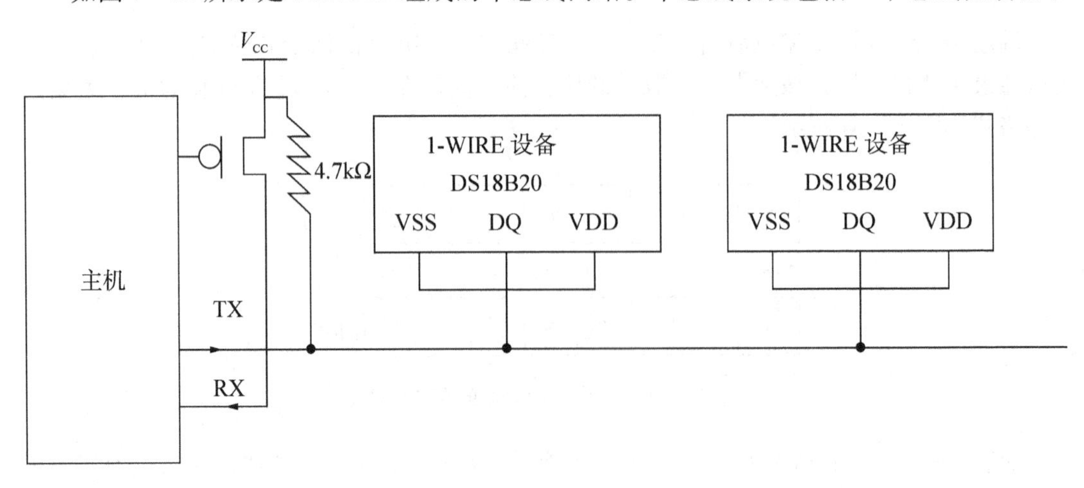

图7-21　DS18B20组成的单总线网络

一个或多个从机。单总线网络具有严谨的控制结构，一般通过双绞线与单总线元件进行数据通信，它们通常被定义为漏极开路端点，主/从式多点结构，而且一般都在主机端接上一个上拉电阻（4.7kΩ）到 +5V 电源。通常为了给单总线设备提供足够的电源，需要一个 MOSFET 管将单总线上拉至 +5V 电源。

（二）单总线传输时序

DS18B20 单总线通信协议是分时定义的，有严格的时序概念。

如图 7－22 所示是单总线协议的复位脉冲时序。总线上所有操作都是从初始化开始的。主机往总线发送一个复位脉冲，要求主 CPU 将数据线下拉 480～960μs，然后释放，单总线经过 4.7kΩ 的上拉电阻被恢复至高电平状态。DS18B20 检测到总线上升沿之后，等待 15～60μs，然后发出 60～240μs 的存在脉冲（拉低），之后 DS18B20 会释放总线，主 CPU 收到此存在脉冲后表示复位成功。

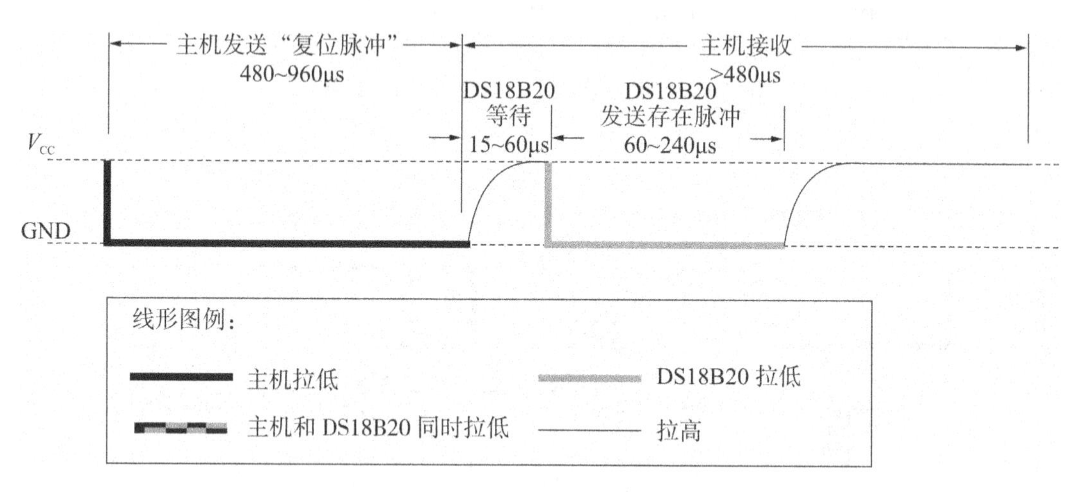

图 7－22　单总线协议的复位脉冲时序

如图 7－23 所示是写“0”和“1”的时序图。主机在与 DS18B20 通信中下传数据和命令时，需要遵照写时序。主机将数据线从高电平拉至低电平，产生写起始信号。主机在 15μs 之内将所需写的位送到数据线上，DS18B20 在第 15～60μs 对数据线进行采样，如果采样为高电平，就写“1”，如果为低电平，就写“0”。在开始另一个写周期前必须有 1μs 以上的高电平恢复时间。

如图 7－24 所示是读“0”和“1”的时序图，如图 7－25 所示是单总线协议读“1”时序细节。当读取 DS18B20 上传的数据时，需要用到读时序。主机将数据线从高电平拉至低电平 1μs 以上，再释放使数据线恢复为高电平，从而产生读起始信号。主机在读时间段下降沿之后的 15μs 内完成读位。每个读周期最短的持续期为 60μs，各个读周期之间也必须有 1μs 以上的高电平恢复时间。

（三）DS18B20 温度转换及读取步骤

DS18B20 单线通信功能是分时完成的，它有严格的时序概念，如果出现序列混乱，单总线器件将不响应主机，因此读写时序很重要。系统对 DS18B20 的各种操作必须按协议进行。根据 DS18B20 的协议规定，微控制器控制 DS18B20 完成一个 RAM 指令（如温度的转换、温度的读取等）必须经过以下 4 个步骤：

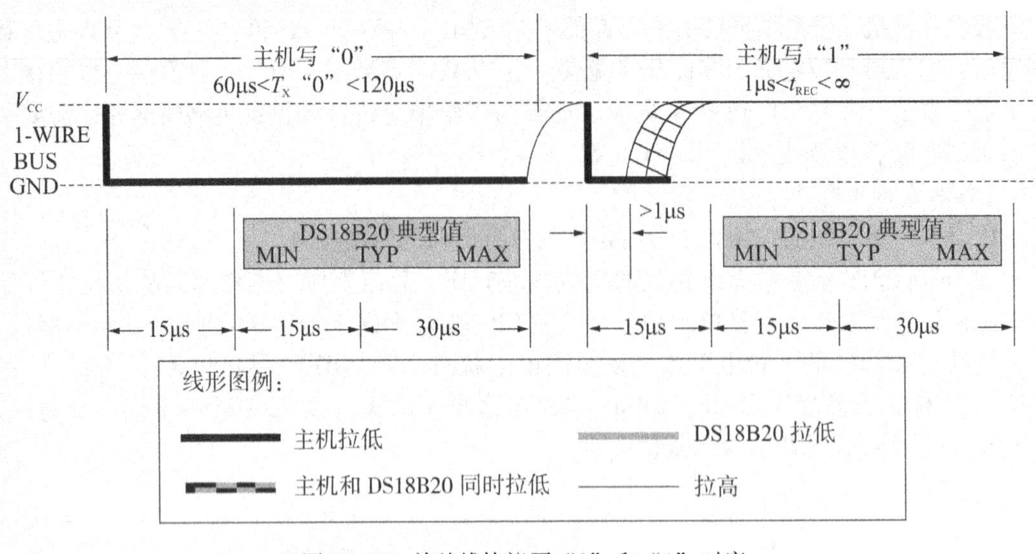

图 7－23　单总线协议写“0”和“1”时序

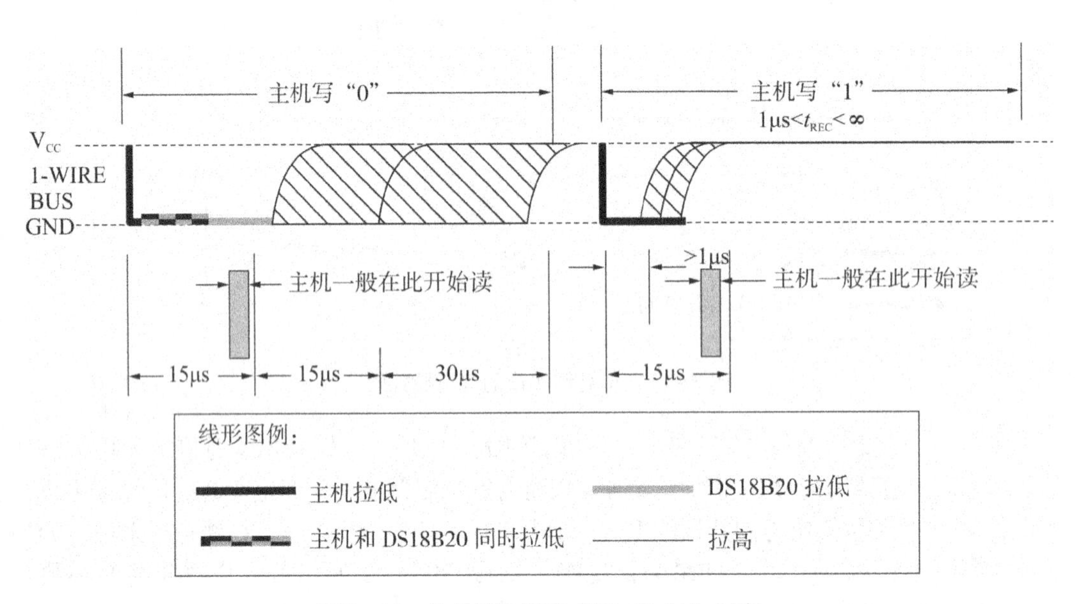

图 7－24　单总线协议读“0”和“1”时序

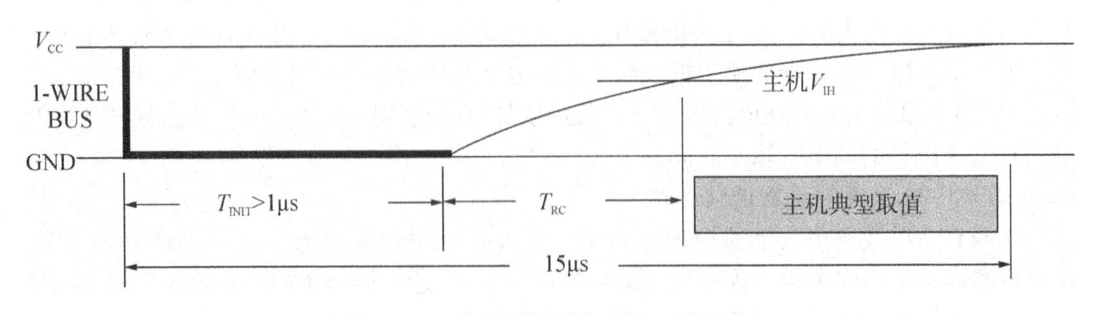

图 7－25　单总线协议读“1”时序细节

（1）每次读写前对 DS18B20 进行复位初始化。复位时序详见图 7－22。

（2）发送一条 ROM 指令，如表 7－6 所示。

表 7－6　DS18B20 的 ROM 指令集

指令	协议	功　能
读 ROM	33H	读 DS18B20 中的编码（即 64 位地址）
符合 ROM	55H	发出此命令后，接着发出 64 位 ROM 编码，访问单总线上与该编码相对应的 DS18B20，使之作出响应，为下一步对该 DS18B20 的读写作准备
搜索 ROM	0F0H	用于确定挂接在同一总线上 DS18B20 的个数和识别 64 位 ROM 地址，为操作各器件做好准备
跳过 ROM	0CCH	忽略 64 位 ROM 地址，直接向 DS18B20 发出温度转换命令，适用于单个 DS18B20 工作
报警搜索命令	0ECH	执行后，只有温度超过阀值上限或下限的片子才做出响应

① 读指令（33H）：通过该命令可以读出 ROM 中 8 位系列产品代码、48 位产品序列号和 8 位 CRC 码。

② 选择定位指令（55H）：多片 DS18B20 在线时，主机发出该命令和一个 64 位数列，DS18B20 内部 ROM 与主机序列一致者，才能响应主机发送的寄存器操作指令，其他的 DS18B20 则等待复位。该指令也可用于单片 DS18B20 的情况。

③ 查询指令（0F0H）：该指令可以使主机查询到总线上有多少片 DS18B20，以及各自的 64 位序列号。

④ 跳过 ROM 检测指令（0CCH）：若系统只用一片 DS18B20，该指令允许主机跳过 ROM 序列号检测而直接对寄存器操作，从而节省了时间。对于多片 DS18B20 测温系统，该指令将引起数据冲突。

⑤ 报警查询指令（0ECH）：该指令的操作过程同查询指令，但是仅当上次温度测量值已置为报警标志时，DS18B20 才响应该指令。

（3）发送存储器指令，如表 7－7 所示。

表 7－7　DS18B20 的 RAM 指令集

指令	协议	功　能
温度转换	44H	启动 DS18B20 进行温度转换，转换时间最长为 500ms（典型为 200ms），结果存入内部 9 字节 RAM 中
读暂存器	BEH	读内部 RAM 中 9 字节的内容
写暂存器	4EH	发出向内部 RAM 的第三、四字节写上、下温度数据命令，执行该温度命令之后，传达两字节的数据
复制暂存器	48H	将 RAM 中第三、四字节内容复制到 EEPROM 中
重调 EEPROM	0B8H	将 EEPROM 中内容恢复到 RAM 中的第三、四字节
读供电方式	0B4H	读 DS18B20 的供电模式，寄生供电时 DS18B20 发送“0”，外部供电时 DS18B20 发送“1”

① 开始转换指令（44H）：DS18B20收到该指令后立即开始温度转换，不需要其他数据。此时DS18B20处于空闲状态，当温度转换正在进行时，主机读总线结果为“0”，转换结束则为“1”。

② 读暂存器指令（BEH）：该指令可以读出寄存器中的内容，从第一字节开始，直到读完第九个字节，如果仅需要读取寄存器中的部分内容，主机可以在合适的时候发出复位指令以结束该过程。

③ 写暂存器指令（4EH）：该指令把数据依次写入高温报警触发器TH、低温报警触发器TL和配置寄存器。命令复位信号发出之前必须把这3个字节写完。

④ 复制命令（48H）：该指令把高速缓存器中第二、三、四字节转存到DS18B20的EEPROM中。命令发出后，主机发出读指令来读总线，如果转存正在进行，则主机读总线结果为“0”，而转存结束则为“1”。

⑤ 回调指令（0B8H）：该指令把EEPROM中的内容回调至寄存器TH、TL和配置寄存器单元中。命令发出后如果主机接着读总线，则读结果为“0”表示忙，为“1”表示回调结束。

⑥ 读电源标志命令（0B4H）：主机发出该指令后读总线，DS18B20将发送电源标志，“0”表示数据线供电，“1”表示外接电源。

（4）进行数据通信。

例如：当系统只用了一片DS18B20时，要实时测量并读取一次温度，应该按如下步骤进行操作：

① 复位；

② ROM指令（0xcc）；

③ RAM指令（0x44）；

④ 数据通信（无）；

⑤ 延时（12位精度需延时大于750ms）；

⑥ 复位；

⑦ ROM指令（0xcc）；

⑧ RAM指令（0xbe）；

⑨ 数据通信（读取暂存器的1～9字节）。

温度转换操作（步骤①～④）总线状态如图7－26所示，温度读取操作（步骤⑥～⑨）总线状态如图7－27所示。

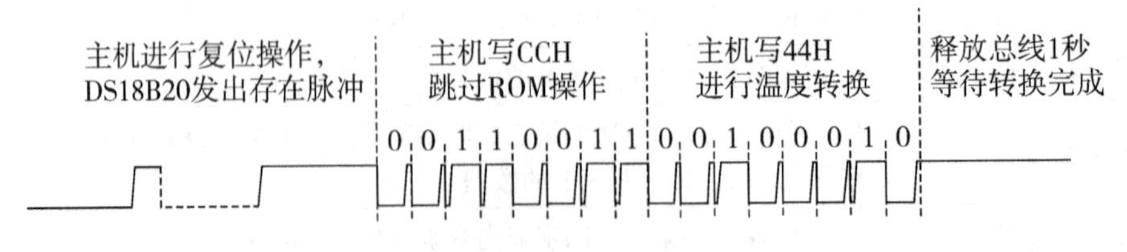

图7－26　温度转换操作总线状态

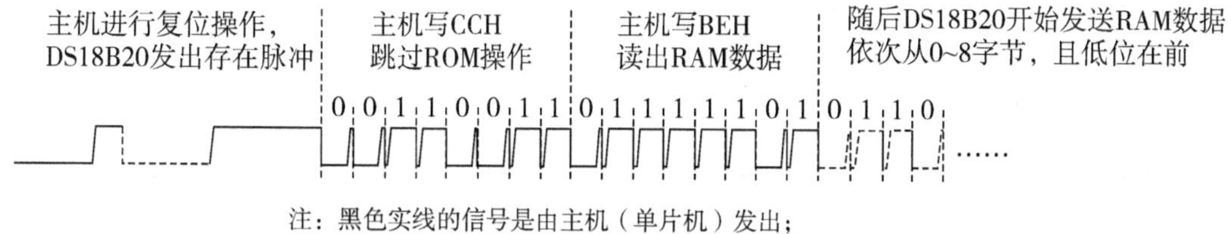

图 7－27 温度读取操作总线状态

（四）DS18B20 的 ROM 和 RAM 响应流程

DS18B20 的 ROM 功能处理流程如图 7－28 所示，DS18B20 的 RAM 功能处理流程如图 7－29、图 7－30 和图 7－31 所示。

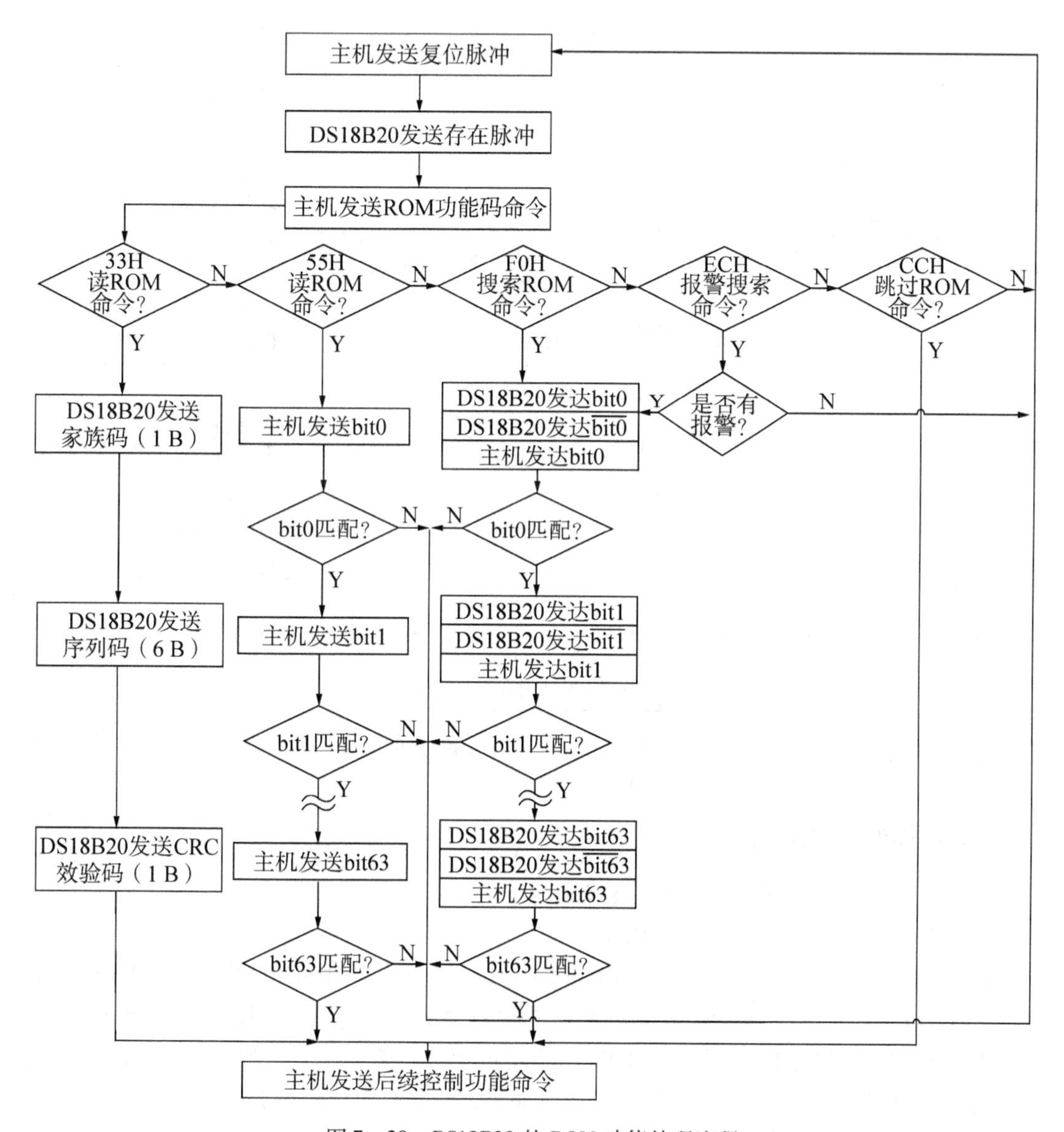

图 7－28 DS18B20 的 ROM 功能处理流程

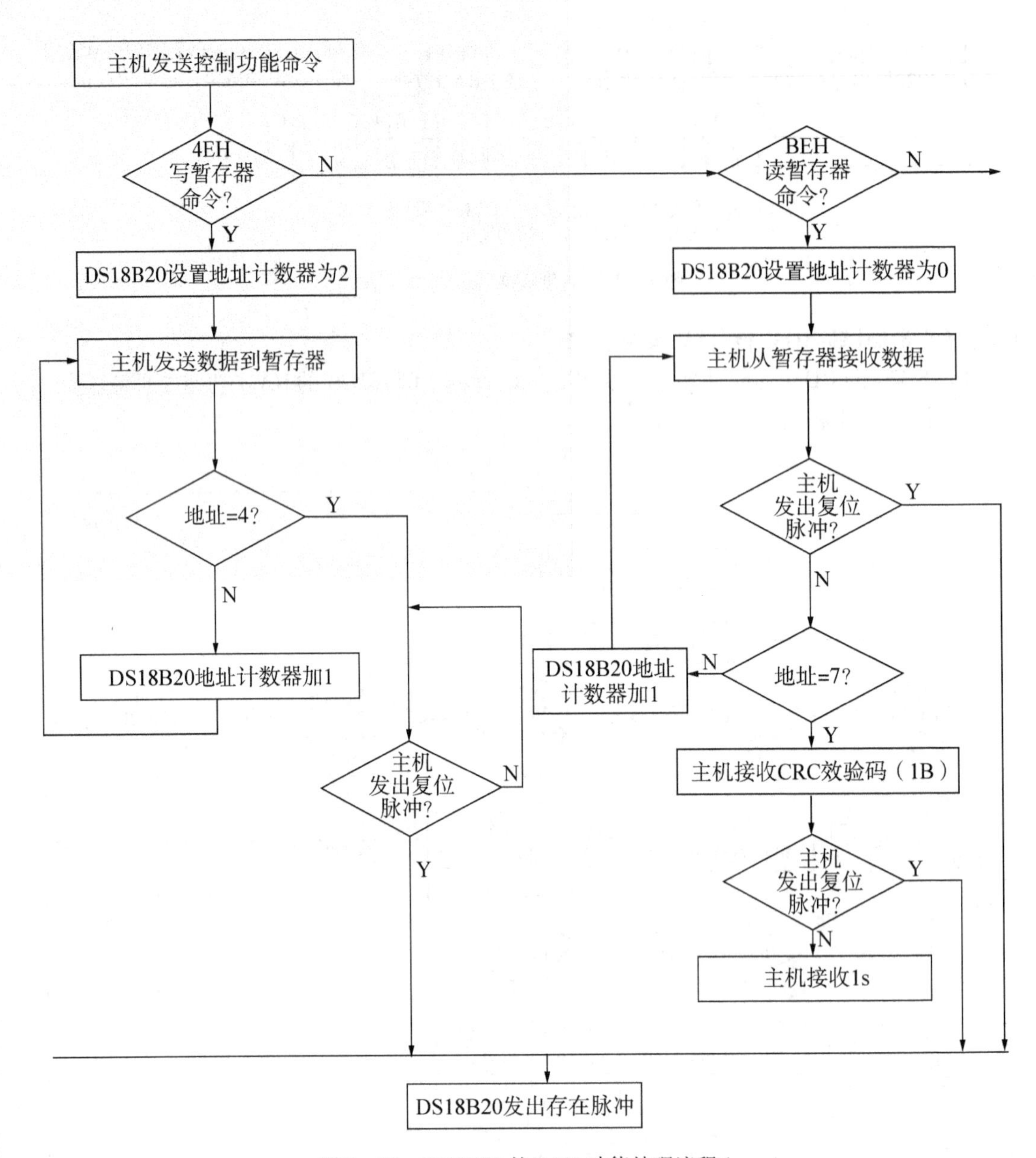

图 7－29　DS18B20 的 RAM 功能处理流程 1

七、DS18B20 的测温过程

使用 DS18B20 测量温度的一般过程如下：

（1）初始化单总线上所有 DS18B20；

（2）如果还没有获得特定 DS18B20 的 ID 号，先只接一个 DS18B20，发送读序列号命令（0X33H），然后读取 DS18BZO 返回的该芯片自身的 ID 号，将读出的多个 DSl8B20 芯片的 ID 号按顺序保存到单片机 EEPROM 的指定位置，当单总线上接多个 DS18B20 时，用各个芯片的 ID 号选中特定的芯片进行操作，如果已经获得 ID 号，则先发送寻求匹配命令（0X55H），再发送 ID 号，选中特定的 DS18B20；

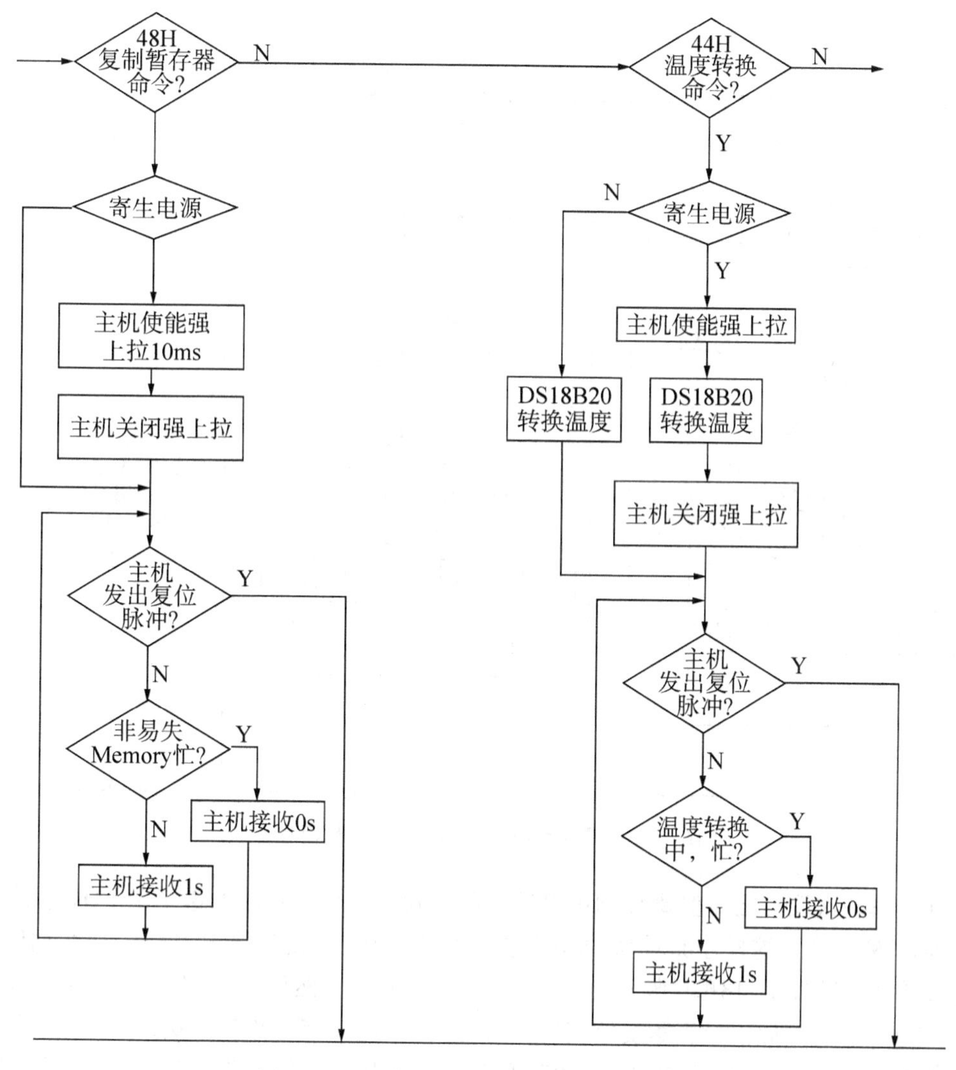

图7－30　DS18B20的RAM功能处理流程2

（3）发送命令设置DS18B20的工作模式，命令字（OX4EH），然后写入3个字节：温度上限、温度下限模式设置字节（R1、R0分别在该字节的第五位和第六位，第七位为“0”，其他位为“1”，此步可以省略，使用DS18B20的默认模式，即最高分辨率模式）；

（4）自动温度转换，命令字（OX44H）；

（5）等待转换结束，分辨率不同时，该等待时间也应不同；

（6）读取转换结果，发送命令字（OXBE），然后读取转换结果，为了保证读出的数据正确，一般情况要读出DS18B20的RAM的9个字节，并校验读出的数据是否正确；

（7）如果校验正确，将读出的前两个字节转换成十进制的温度值，DS18B20为用户提供了5个ROM命令和6个存储器命令，而具体命令信息的传送，则主要通过初始化时序、读时序、写时序3个基本时序单元的组合来实现。

DS18B20虽然具有测温系统简单、测温精度高、连接方便、占用口线少等优点，但在实际应用中也应注意以下几方面的问题：

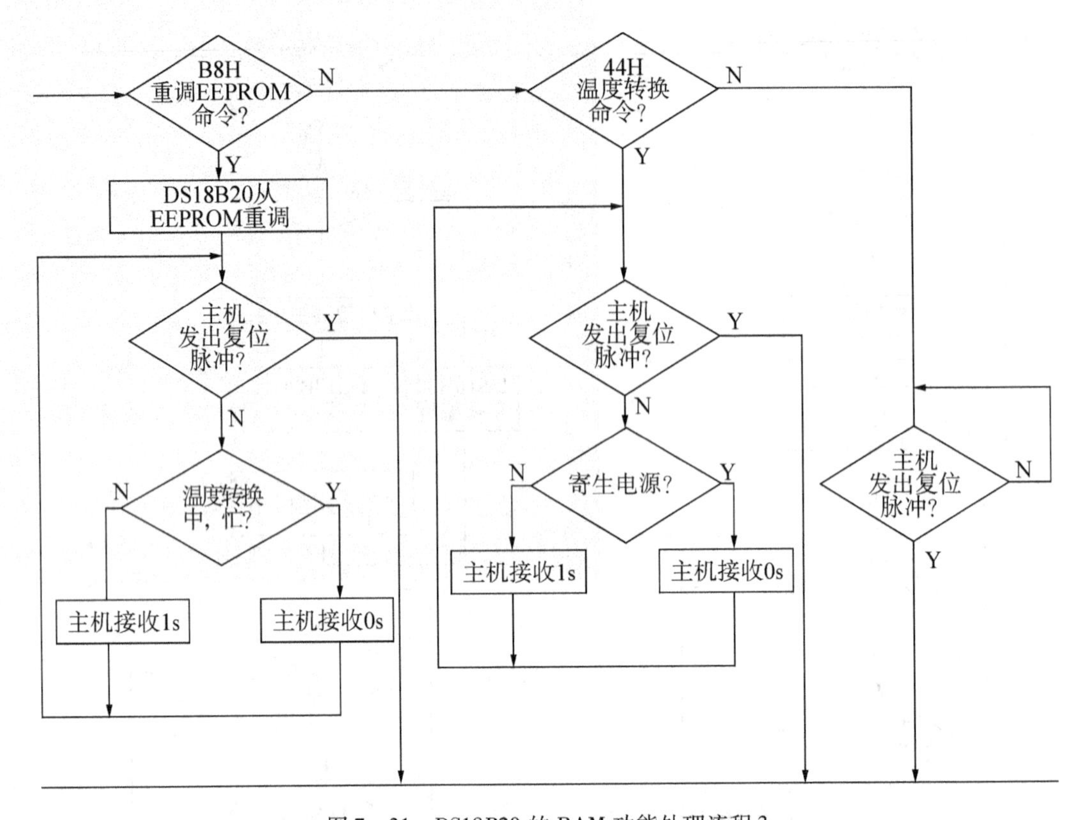

图7－31　DS18B20的RAM功能处理流程3

（1）每一次读写之前都要对DS18B20进行复位，复位成功后发送一条ROM指令，最后发送RAM指令，这样才能对DS18B20进行预定的操作。复位要求主CPU将数据线下拉500μs，然后释放，DS18B20收到信号后等待16～60μs，然后发出60～240μs的存在低脉冲，主CPU收到此信号表示复位成功。所有的读写时序至少需要60μs，且每个独立的时序之间至少需要1μs的恢复时间。在写时序时，主机将在拉低总线15μs之内释放总线，并向单总线器件写“1”；若主机拉低总线后能保持至少60μs的低电平，则向单总线器件写“0”。单总线仅在主机发出读写时序时才向主机传送数据，所以，当主机向单总线器件发出读数据指令后，必须马上产生读时序，以便单总线器件能传输数据。

（2）在写数据时，写“0”时单总线至少被拉低60μs，写“1”时，15μs内就得释放总线。

（3）转化后得到的12位数据，存储在DS18B20的两个8比特的RAM中，二进制中的前面5位是符号位，如果测得的温度高于0℃，这5位为“0”，只要将测到的数值乘以0.0625，即可得到实际温度；如果温度低于“0℃”，这5位为“1”，测到的数值取反加1再乘以0.0625，即可得到实际温度。

（4）较小的硬件开销需要相对复杂的软件进行补偿，由于DS18B20与微处理器间采用串行数据传送，因此，在对DS18B20进行读写编程时，必须严格地保证读写时序，否则将无法读取测温结果。在使用PL/M、C等高级语言进行系统程序设计时，对DS18B20操作部分最好采用汇编语言实现。

（5）在 DS18B20 的有关资料中均未提及单总线上所挂 DS18B20 数量问题，容易使人误认为可以挂任意多个 DS18B20，在实际应用中并非如此。当单总线上所挂 DS18B20 超过 8 个时，就需要解决微处理器的总线驱动问题，这一点在进行多点测温系统设计时要加以注意。

（6）连接 DS18B20 的总线电缆是有长度限制的。试验中，当采用普通信号电缆而传输长度超过 50m 时，读取的测温数据将发生错误。当将总线电缆改为双绞线带屏蔽电缆时，正常通信距离可达 150m。当采用每米绞合次数更多的双绞线带屏蔽电缆时，正常通信距离进一步加长。这种情况主要是由总线分布电容使信号波形产生畸变造成的。因此，在用 DS18B20 进行长距离测温系统设计时，要充分考虑总线分布电容和阻抗匹配问题。测温电缆线建议采用屏蔽四芯双绞线，其中一对接地线与信号线，另一组接 V_{CC} 和地线，屏蔽层在源端单点接地。

（7）在 DS18B20 测温程序设计中，向 DS18B20 发出温度转换命令后，程序总要等待 DS18B20 的返回信号，一旦某个 DS18B20 接触不好或断线，当程序读该 DS18B20 时，将没有返回信号，程序进入死循环。这一点在进行 DS18B20 硬件连接和软件设计时也要给予一定的重视。

【任务实施】

（1）准备元器件。

元器件清单如表 7－8 所示，清单中数码管显示部分对应图 2－50，图 7－32 中的数码管显示部分只能用于仿真。为了能快速得到不同的温度值，还需要准备一把热风枪或者一把电烙铁，用于快速加热，还需有冷热风功能的电吹风、酒精、棉签，用于快速冷却。

表 7－8　元器件清单

序号	种类	标号	参数	序号	种类	标号	参数
1	电阻	R_1	10kΩ	6	三极管	Q1 ～ Q4	S8550
2	电阻	R_{10}～R_{21}	1kΩ	7	单片机	U1	STC89C52
3	电阻	R_6	4.7kΩ	8	4 位数码管	SM1	3461BS
4	电容	C_1，C_2	30pF	9	晶振	X_1	11.0592MHz
5	电容	C_3	10μF	10	数字温度传感器	U3	DS18B20

（2）搭建硬件电路。

本任务对应的仿真电路图如图 7－32 所示，本图在任务 6 的基础上增加了 U3（DS18B20）和 R_6（4.7kΩ），只需要对前章节的电路稍微改动即可实现。

对应的配套实验板 DS18B20 部分的电路原理图如图 7－33 所示，图中单片机 P3.5 与 DS18B20 进行数据通信。4.7kΩ 的电阻 R_6 为上拉电阻，用来保持总线在无通信时为高电平状态。

配套实验板所对应的任务 15 的电路制作实物照片如图 7－34 所示，用万能板制作的任务 15 的正反面电路实物照片如图 7－35 和图 7－36 所示。

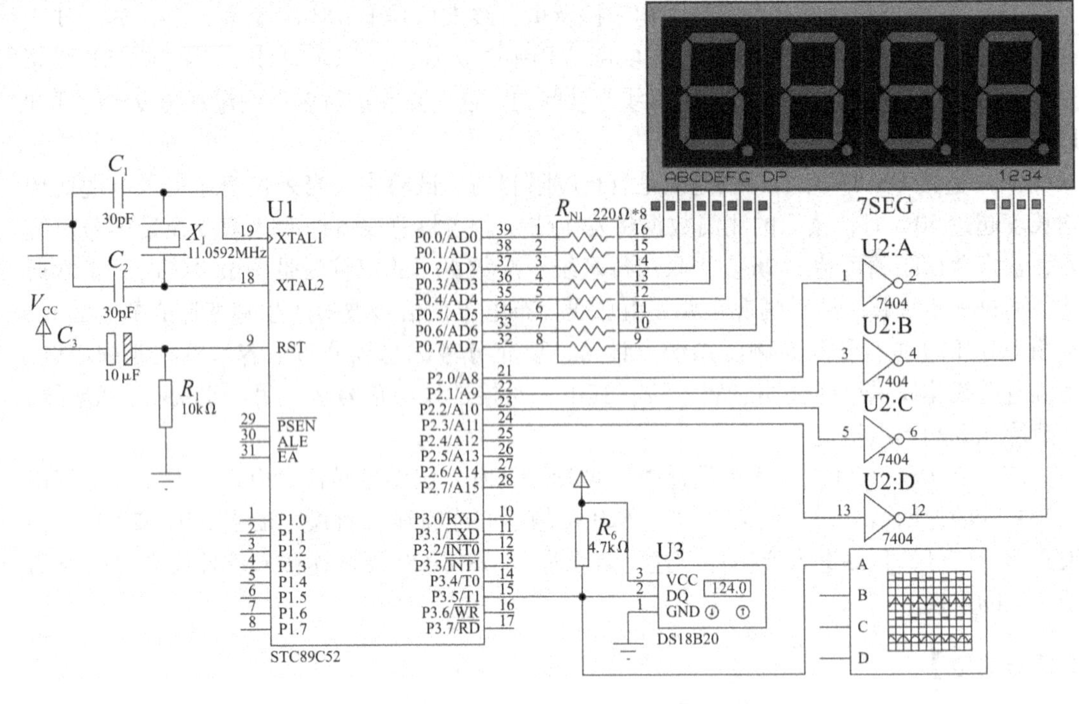

图 7－32　用 DS18B20 测量温度并用数码管显示仿真电路图

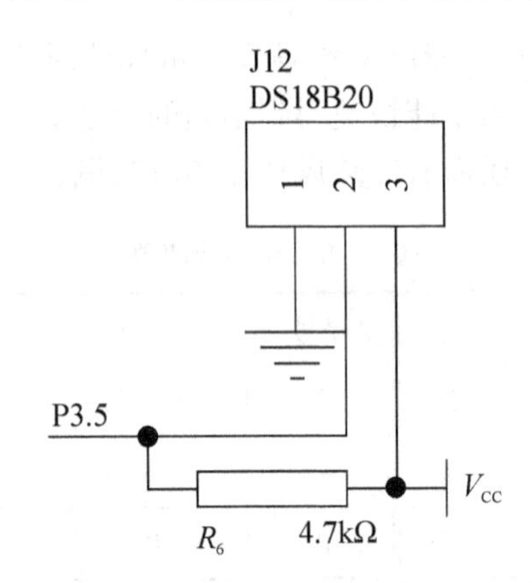

图 7－33　任务 15 所对应的配套实验板 DS18B20 部分的电路原理图

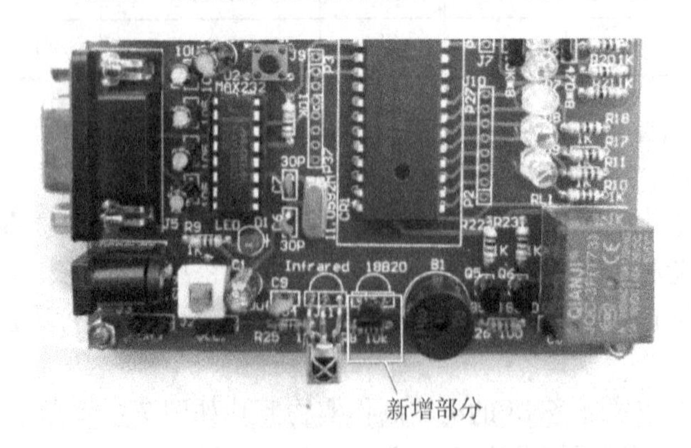

图 7－34　任务 15 的双面 PCB 板电路制作实物照片

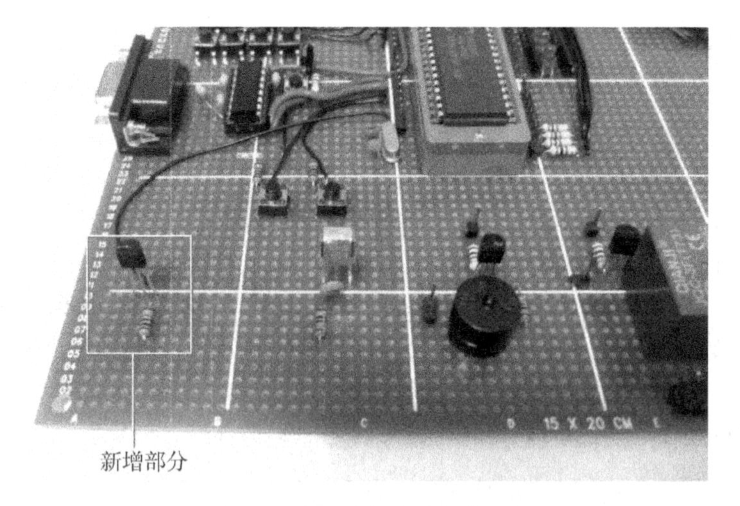

图 7-35　任务 15 的万能板电路制作实物照片正面

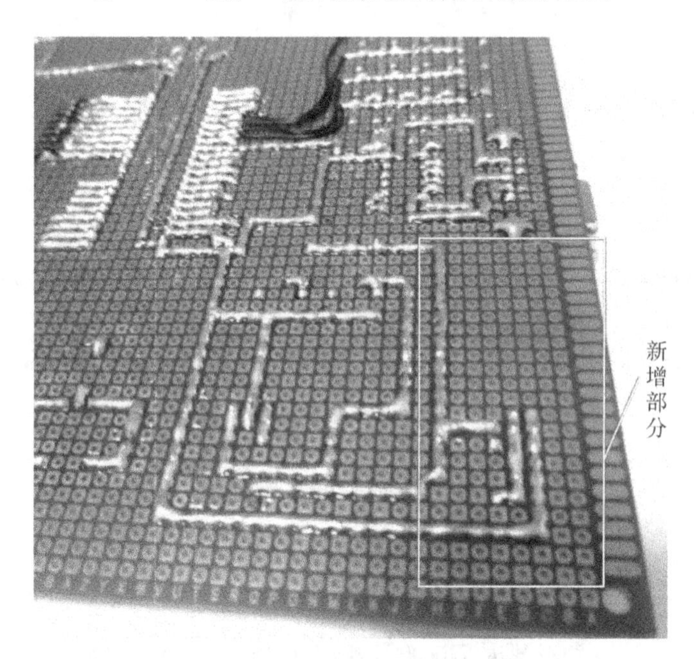

图 7-36　任务 15 的万能板电路制作实物照片反面

（3）程序设计。

程序清单如下：

```
/** 任务 15　用 DS18B20 测量温度并用数码管显示 **/
#include <stc.h>
#define uint unsigned int
#define uchar unsigned char
sbit DQ = P3^5;
sbit P2_0 = P2^0;
sbit P2_1 = P2^1;
```

```
sbit P2_2 = P2^2;
sbit P2_3 = P2^3;
bit DS18B20_IS_OK = 1;
uchar CurrentT = 0;
uchar Temp_Value[ ] = {0};
uchar Display_Digit[ ] = {0, 0, 0, 0};
uchar code DSY_CODE[ ] = {0xc0, 0xf9, 0xa4, 0xb0, 0x99, 0x92, 0x82, 0xf8, 0x80, 0x90};
//数码管的段码，对应数字 0～9

void delayms( uint x)          //ms 延时子程序，延时 x 毫秒
{
  uchar i;
  while( x -- )
  {
    for( i = 0; i < 120; i ++ );
  }
}

void delayus( uchar us)        //μs 延时子程序，延时时间为“5 +2 * μs” μs
{
  while( - - us);
}

uchar Init_DS18B20( )          //DS18B20 初始化子程序
{
  uchar status;
  DQ = 1;
  delayus( 1);                 //延时 7μs（实测），DQ = 0;
  delayus( 250);               //延时 505μs（实测）
  DQ = 1;
  delayus( 28);                //延时 61μs（实测）
  status = DQ;
  delayus( 240);               //延时 485μs（实测）
  return status;               //根据返回值可以判断是否复位成功，“0”表示复位成功
}

uchar ReadOneByte( )           //DS18B20 读一个字节子程序
{
```

```
    uchar i, dat = 0;
    DQ = 1;
    for( i = 0; i < 8; i ++ )
    {
        DQ = 0;
        delayus( 3) ;                    //延时 11μs（实测）
        DQ = 1;
        dat  >>= 1;
        if( DQ)
            dat |= 0x80;
        DQ = 1;
        delayus( 30) ;
    }
    return dat;
}

void WriteOneByte( uchar dat)         //DS18B20 写入一个字节子程序
{
    uchar i;
    for( i = 0; i < 8; i ++ )
    {
        DQ = 1;
        delayus( 1) ;
        DQ = 0;
        delayus( 1) ;
        DQ = ( bit) ( dat&0x01) ;
        dat  >>= 1;
        delayus( 40) ;
    }
}

void Display_Temperature( )           //数码管显示温度子程序
{
    uchar i;
    for( i = 0; i < 140; i ++ )       //输出到数码管显示
    {
        P0 = 0xff;                    //关闭数码管，防止闪烁
```

```
        P2_1 = 0;                                   //低电平对应的位显示
        P0 = DSY_CODE[ Display_Digit[ 2] ];
        delayms( 2);

        P0 = 0xff;                                  //关闭数码管，防止闪烁
        P2_1 = 1; P2_2 = 0;                         //低电平对应的位显示
        P0 = DSY_CODE[ Display_Digit[ 1] ];
        delayms( 2);

        P0 = 0xff;                                  //关闭数码管，防止闪烁
        P2_2 = 1; P2_3 = 0;                         //低电平对应的位显示
        P0 = DSY_CODE[ Display_Digit[ 0] ];
        delayms( 2);
        P2_3 = 1;
    }
}

void Read_Temperature( )
{
    if( Init_DS18B20( ) == 1)                       //判断是否复位成功
        DS18B20_IS_OK = 0;                          //DS18B20 没有准备好
    else
    {
        WriteOneByte( 0xcc);
        WriteOneByte( 0x44);
        DQ = 1;
        Display_Temperature( );
//等待温度转换，耗时约 840ms，边等边显示上次测量到的温度
        Init_DS18B20( );
        WriteOneByte( 0xcc);
        WriteOneByte( 0xbe);
        Temp_Value[ 0] = ReadOneByte( );            //读取 RAM 的第 0 字节
        Temp_Value[ 1] = ReadOneByte( );            //读取 RAM 的第 1 字节
        CurrentT = ( ( Temp_Value[ 0] &0xf0) >>4) | ( ( Temp_Value[ 1] &0x07) <<4);
        Display_Digit[ 2] = CurrentT/100;
        Display_Digit[ 1] = CurrentT%100/10;
        Display_Digit[ 0] = CurrentT%10;
```

```
        DS18B20_IS_OK = 1;
    }
}

void main()                         //主程序
{
    while(1)
    {
        Read_Temperature();         //实时读取温度并显示
    }
}
```

程序说明：

- 只用了3位数码管显示了个位、十位和百位，没有显示小数位。
- 共阳极数码管用P0端口控制，是低电平有效（即“0”亮），数码管的位由P2端口控制，也是低电平有效，分别是：P2.1为百位，P2.2为十位，P2.3为个位。
- 本例程序专为高职类初学者提供，尽量简单明了，此处没有编写负温度的显示。

写出用DS18B20测量温度并用数码管显示程序后，在Keil uVision2中编译并生成Hex文件“任务15.hex”。

（4）使用Proteus仿真。

将“任务15.hex”加载（相同于实际单片机程序的下载）到仿真电路图的单片机U1中，点击仿真开始，将看到数码管上显示“030”，表示目前温度为30℃，如图7-37所示。点击DS18B20的上、下箭头调节测量到的温度从0℃至+125℃变化，数码管上将跟随显示“000”至“125”。如图7-38所示是DS18B20测量到30℃时向主机发送的仿真数据波形。

（5）使用实验板调试所编写的程序。

将“任务15.hex”程序下载到单片机中，上电后单片机板将实时显示测量到的温度，一开始测量到的是室内温度。当用手握紧DS18B20时，显示的温度逐渐上升，最高可以升到35℃。然后松开手，温度逐渐下降到室温。若想快速看到温度变化，可采用热风枪对着DS18B20吹，这时将看到温度快速上升，但应该注意将热风枪的温度调到150℃以下，否则可能会伤到电路板。若没有热风枪也可用电吹风或电烙铁替代，但使用电烙铁时切记不要让烙铁头碰到DS18B20。当需要快速降低温度时，可采用棉签在DS18B20上擦拭酒精，然后用冷风吹，这时将看到温度迅速下降。

注意：

- 使用热风枪时应将温度调到150℃以下；
- 使用电烙铁时一定要让烙铁头和DS18B20保持一定的距离；
- 擦拭酒精时不要将酒精擦到DS18B20引脚和电路板上。

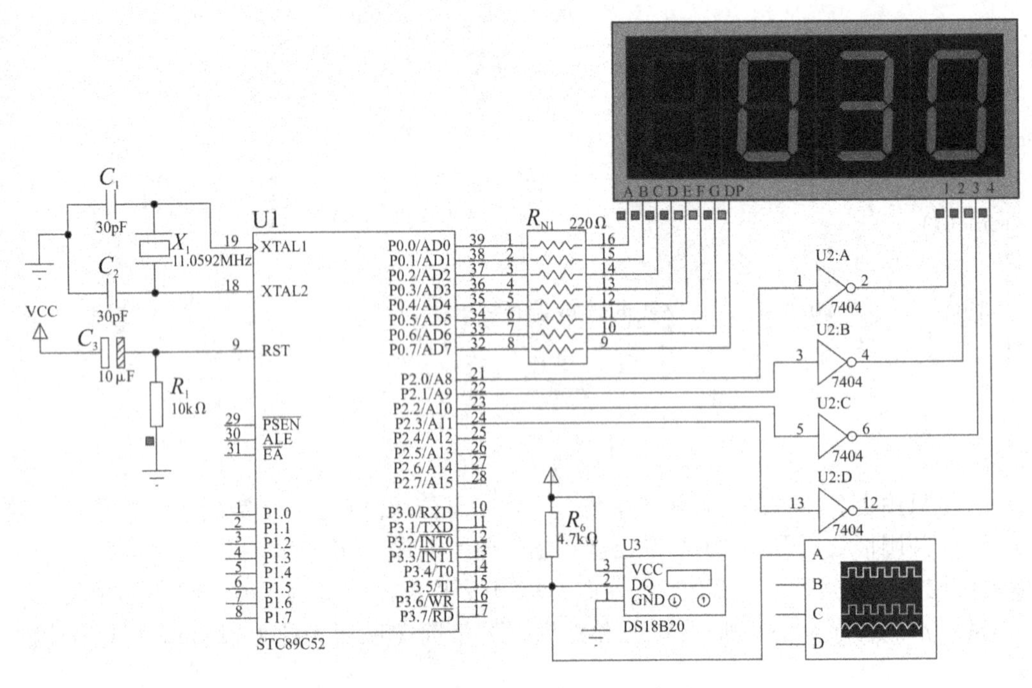

图 7－37　DS18B20 测量到 30℃的仿真显示

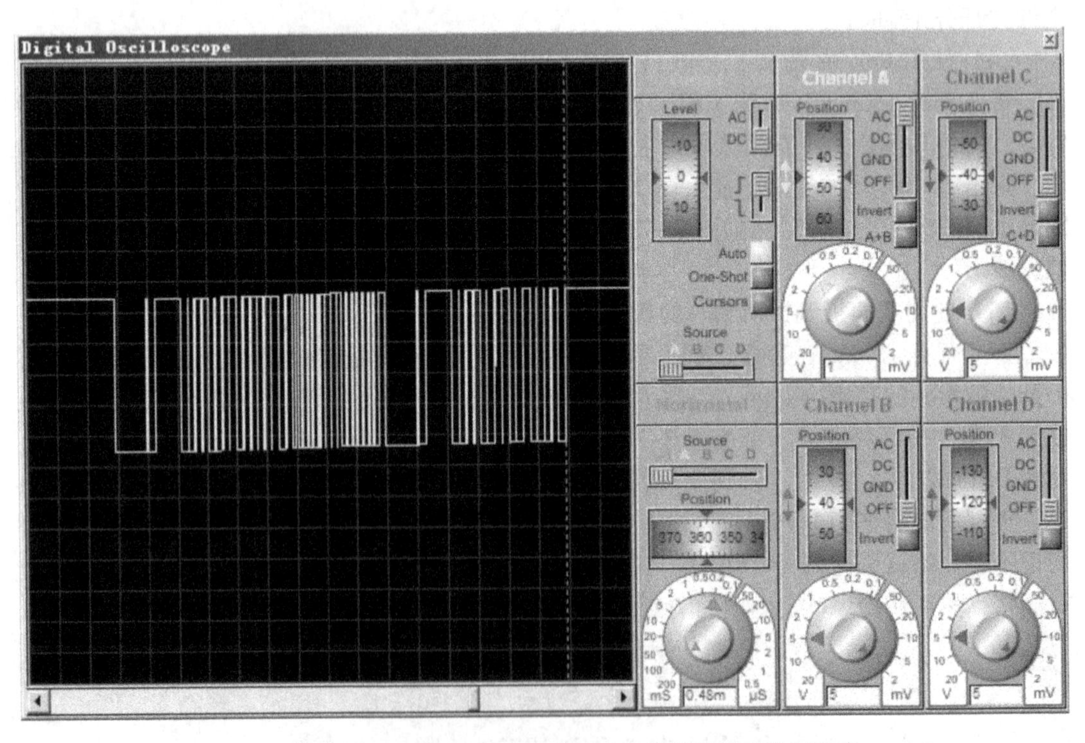

图 7－38　DS18B20 测量到 30℃时向主机发送的仿真数据波形

为了验证 DS18B20 测量温度时向主机发送的数据，还可以用示波器实时监测，可以看到示波器监测到的波形与如图 7－38 所示的仿真波形完全一致。

【任务小结】

本任务是一个综合性的单片机开发项目，需要读者在完全读懂 DS18B20 的使用手册的基础上才能进行编程。通过制作 DS18B20 数字温度测量系统，可让读者熟悉 DS18B20 的使用方法，熟悉单片机处理单总线通信编程的具体方法，也能深入了解单片机系统开发过程，并提高系统开发能力。

【习题】

1．DS18B20 单总线通信协议是怎样的？当需要读取一个 DS18B20 的 ID 并用数码管显示时，应如何编写程序流程图和具体程序？

2．试制作单总线上有两个 DS18B20 时的两点温度测量系统，编写程序并调试。